Mentes maravillosas

Los matemáticos que cambiaron el mundo

Ian Stewart

Traducción castellana de
Joan Lluís Riera

CRÍTICA
BARCELONA

Primera edición: septiembre de 2018
Primera edición en esta nueva presentación: septiembre de 2025

Mentes maravillosas. Los matemáticos que cambiaron el mundo
Ian Stewart

Título original: *Significant Figures. Lives and Works of Trailblazing Mathematicians*

Av. Diagonal, 662-664, 08034 Barcelona (España)
Crítica es un sello editorial de Editorial Planeta, S. A.

editorial@ed-critica.es
www.ed-critica.es

ISBN: 978-84-9199-795-5
Depósito legal: B. 11.471-2025
Impresión y encuadernación: Arteos Digital
Printed in Spain - Impreso en España

PEFC Certificado
Este libro procede de bosques gestionados de forma sostenible
PEFC/14-38-00305
www.pefc.es

A John Davey, editor y amigo
(19 de abril de 1945-21 de abril de 2017)

Introducción

Todas las ramas de la ciencia hunden sus raíces en las nieblas de la historia, pero para la mayoría esa historia se matiza con un «hoy sabemos que aquello era erróneo» o «iban por buen camino, pero ahora lo vemos de otro modo». Por ejemplo, el filósofo griego Aristóteles creía que un caballo al trote nunca quedaba del todo suspendido en el aire, algo que refutó Eadweard Muybridge en 1878 con la ayuda de una batería de cámaras conectadas a un hilo que las iba disparando al paso del caballo. Las teorías del movimiento de Aristóteles quedaron arrumbadas por los trabajos de Galileo Galilei e Isaac Newton, y sus teorías de la mente no guardan ninguna relación útil con la neurociencia y la psicología modernas.

Las matemáticas son distintas: perduran. Cuando los antiguos babilonios descubrieron cómo resolver ecuaciones cuadráticas (probablemente alrededor del 2000 a. C., aunque la primera prueba tangible se remonta al 1500 a. C.), su resultado ya nunca quedó obsoleto. Era correcto, sabían por qué, y sigue siendo correcto a día de hoy. Aunque ahora lo expresamos de manera simbólica, el razonamiento es idéntico. Hay una línea continua de pensamiento matemático que discurre desde Babilonia hasta el mañana. Cuando Arquímedes averiguó cómo calcular el volumen de una esfera, ni usó símbolos algebraicos ni pensó en un número π concreto como hoy hacemos, sino que expresó el resultado de forma geométrica, usando proporciones, como era habitual entre los griegos. Sin embargo, su respuesta se reconoce al instante como equivalente al actual $4/3\,\pi r^3$.

Hay, desde luego, algunos descubrimientos antiguos fuera de las matemáticas que también han sobrevivido mucho tiempo. El Principio de Arquímedes, que dice que un objeto desplaza su propio peso en líquido, es uno de ellos, como lo es la Ley de la Palanca. Algunas partes de la física y tica. No elegimos, tan solo podemos sacudir los árboles para ver si cae algo. En *What is Mathematics, Really?* [¿Qué es realmente la matemática?], Reuben Hersh nos ofrece una visión más realista de la matemática como un constructo mental humano. En este sentido, es un poco como el dinero, que no es «realmente» los pedazos de metal o los trozos de papel o unos números en un ordenador, sino un conjunto de convenciones compartidas sobre cómo intercambiamos pedazos de metal, trozos de papel o números en un ordenador entre sí o por otros bienes.

Hersh enfureció a no pocos matemáticos que, fijándose en lo del «constructo humano», replicaron que la matemática no es de ningún modo arbitraria. Aquí no vale el relativismo social. Eso es cierto, pero Hersh explica con absoluta claridad que la matemática no es un constructo humano «cualquiera». Elegimos abordar el Último Teorema de Fermat, pero no podemos decidir si es verdadero o falso. El constructo humano que es la matemática está sujeto a un rígido sistema de restricciones lógicas, y si se añade algo al constructo, es porque respeta esas restricciones. Potencialmente, las restricciones nos permiten distinguir lo verdadero de lo falso, pero no descubrimos cuál de los dos se aplica simplemente declamando a viva voz que solo uno de ellos es posible. La gran pregunta es, ¿cuál de los dos? He perdido la cuenta de las veces que alguien ha atacado algún resultado matemático controvertido argumentando que las matemáticas son una tautología: todo lo nuevo es una consecuencia lógica de cosas que ya sabemos. Y sí, así es: lo nuevo está implícito en lo viejo. Lo difícil es hacerlo explícito. Y si no, que se lo pregunten a Andrew Wiles; de nada serviría decirle que el estatus del Último Teorema de Fermat siempre había estado predeterminado por la estructura lógica de las matemáticas. No cuando necesitó siete años para descubrir cuál es ese estatus predeterminado. Mientras no se consigue eso, saber que algo está predeterminado es tan útil como preguntar cómo se llega a la Biblioteca Británica y que la respuesta sea que está en Gran Bretaña.

❋

Mentes maravillosas no es una historia organizada de todas las matemáticas, pero he intentado presentar los temas matemáticos que van surgiendo de una forma coherente, de tal manera que los conceptos se construyan de una forma sistemática a medida que avanza el libro. En general, esto obliga a seguir un orden aproximadamente cronológico. Un orden cronológico por temas habría resultado ilegible, pues constantemente estaríamos saltando de un matemático a otro, de modo que he ordenado los capítulos por fecha de nacimiento y ocasionalmente proporciono referencias cruzadas.[1]

Mis mentes maravillosas* son veinticinco, antiguas y modernas, hombres y mujeres, orientales y occidentales. Sus historias personales comienzan en la antigua Grecia, con el gran geómetra e ingeniero Arquímedes, cuyos logros van desde una aproximación de π o el cálculo del área y el volumen de una esfera, hasta el tornillo de Arquímedes para subir agua o una máquina con aspecto de grúa para destruir barcos enemigos. Vienen a continuación tres representantes del Oriente lejano, que es donde se desarrolló la acción principal durante la Edad Media: el estudioso chino Liu Hui, el matemático persa Muhamad ibn Musa al-Juarismi, cuya obra nos dio las palabras «algoritmo» o «álgebra», y el indio Madhava de Sangamagrama, que fue el primero en explorar las series infinitas de funciones trigonométricas, redescubiertas en Occidente por Newton doscientos años más tarde.

La acción principal regresó a Europa durante el Renacimiento italiano, cuando encontramos a Girolamo Cardano, uno de los mayores granujas que nunca hayan adornado el panteón matemático. Jugador y pendenciero, Cardano también escribió uno de los textos de álgebra más importantes jamás impresos, además de practicar la medicina y llevar una vida que parecía salida de la prensa amarilla. También se dedicó a los horóscopos. En cambio, Pierre de Fermat, célebre por su Último Teorema, fue un abogado hasta tal punto embargado por su pasión por las matemáticas que a menudo desatendía su trabajo en las leyes. Convirtió la Teoría de los Números en una rama reconocida de las matemáticas, pero también hizo aportaciones a la óptica y propuso algunos precursores del cálculo infinitesimal. Quien realmente desarrolló este último fue Isaac Newton, cuya obra maestra fue *Philosophiae naturalis principia mathematica* (*Principios matemáticos de la filosofía natural*), que suele abreviarse *Principia*. En ella enunció sus Leyes del Movimiento y la Ley de la Gravedad, y las aplicó al movimiento del sistema solar. Newton marca un punto de inflexión en la física matemática, a la que convirtió en un estudio matemático organizado de lo que él llamaba «Sistema del Mundo».

Durante un siglo después de Newton, el foco de las matemáticas se centró en Europa continental y Rusia. Leonhard Euler, el matemático más prolífico de la historia, produjo artículos importantes a ritmo de periodista al tiempo que sistematizaba muchas áreas de las matemáticas en una

* El título original del libro, *Significant figures*, es un juego de palabras entre «figuras significativas» (es decir, personajes importantes) y «cifras significativas». (*N. del t.*)

tema no aleatorio. También estuvo cerca de descubrir la Relatividad Especial antes que Einstein.

Como contrapunto alemán a Poincaré tenemos a David Hilbert, cuya carrera se divide en cinco períodos distintos. Primero siguió una línea de pensamiento que tenía su origen en Boole, sobre «invariantes», expresiones algebraicas que se mantienen igual frente a cambios en las coordenadas. Luego desarrolló un tratamiento sistemático de algunas áreas del núcleo de la Teoría de los Números. Más tarde revisó los axiomas de la geometría de Euclides y, al hallar que eran insuficientes, añadió un par más para rellenar las lagunas lógicas. A continuación pasó a ocuparse de la lógica matemática y de sus fundamentos, iniciando un programa para demostrar que las matemáticas se pueden asentar sobre una base axiomática, y que esta es coherente (ninguna deducción lógica puede llevar a una contradicción) y completa (todo enunciado puede demostrarse o refutarse). Por último, dedicó su atención a la física matemática, en la que estuvo a punto de ganar a Einstein en el desarrollo de la Relatividad General, e introdujo el concepto de espacio de Hilbert, que ocupa un lugar central en la mecánica cuántica.

Emmy Noether, nuestra tercera y última matemática, vivió en un tiempo en que la participación de las mujeres en las cuestiones académicas todavía era desaprobada por la mayoría masculina que ocupaba las posiciones titulares. Comenzó en la Teoría de Invariantes, como Hilbert, con quien más tarde acabaría colaborando. Hilbert intentó por todos los medios, pero con éxito parcial, romper el techo de cristal y conseguir para ella una posición académica permanente. Noether abrió el camino hacia el álgebra abstracta, siendo pionera de estructuras axiomáticas actuales como grupos, anillos y cuerpos. También demostró un teorema esencial que relaciona las simetrías de leyes físicas respecto a magnitudes conservadas, como la energía.

Llegados a este punto, ya estamos de lleno en el siglo XX. Para demostrar que una gran habilidad para las matemáticas no queda restringida a las clases cultas del mundo occidental, seguiremos la vida y carrera del genio indio autodidacta Srinivasa Ramanujan, quien se crio en la pobreza. Su insólita habilidad para intuir fórmulas extrañas pero verdaderas rivaliza, si lo hace, con la de gigantes como Euler y Carl Jacobi. El concepto de demostración de Ramanujan era un tanto borroso, pero logró hallar fórmulas que nadie hubiera podido siquiera soñar. Todavía hoy se rebusca en sus artículos y libros de notas a la caza de ideas nuevas y frescas.

Dos matemáticos con inclinaciones filosóficas nos llevan de nuevo a los fundamentos del tema y a su relación con la computación. El primero es Kurt Gödel, cuya demostración de que todo sistema axiomático para la aritmética debe ser incompleto e indecidible echó por tierra el programa de Hilbert que pretendía demostrar lo contrario. El segundo es Alan Turing, cuyas investigaciones sobre las capacidades de una computadora programable condujeron a una demostración más simple y natural de los mismos resultados. Turing es célebre, naturalmente, por sus contribuciones al descifrado de códigos en Bletchley Park durante la segunda guerra mundial. También propuso el Test de Turing de la inteligencia artificial, y tras la guerra trabajó sobre patrones en las marcas de los animales. Era gay y murió en trágicas y misteriosas circunstancias.

He decidido no incluir ningún matemático vivo, y finalizar con dos matemáticos modernos que fallecieron hace poco, uno puro y el otro aplicado (pero heterodoxo). Este último es Benoit Mandelbrot, bien conocido por sus trabajos sobre los fractales, formas geométricas que tienen una estructura detallada a todas las escalas de ampliación y con frecuencia modelan la naturaleza mucho mejor que las tradicionales superficies suaves, como las esferas o los cilindros. Aunque varios otros matemáticos trabajaron sobre estructuras que hoy vemos como fractales, Mandelbrot dio un gran salto al reconocer su potencial como modelos del mundo natural. No fue un matemático de los de teorema y demostración, sino que gozaba de una comprensión visual e intuitiva de la geometría que lo llevó a ver relaciones y enunciar conjeturas. También tenía su parte de *showman*, y promovió sus ideas con energía. Eso no lo hizo particularmente grato entre algunos miembros de la comunidad matemática, pero no se puede complacer a todos.

Por último, he elegido un matemático (puro) de matemáticos, William Thurston. También gozó de una profunda comprensión intuitiva de la geometría, en un sentido más amplio y profundo que Mandelbrot. Podía hacer matemáticas de teoremas y demostraciones como el que más, aunque a medida que avanzó en su carrera tendió a centrarse en los teoremas, esbozando tan solo las pruebas. En concreto, se dedicó a la topología, donde se percató de una inesperada conexión con la geometría no euclidiana. Con el tiempo, su círculo de ideas motivó a Grigori Perelmán a demostrar una esquiva conjetura de la topología debida a Poincaré. Sus métodos también llevaron a demostrar una conjetura más general de Thurston que nos proporciona una comprensión inesperada de todas las variedades tridimensionales.

❋

En el último capítulo retomo algunas de las hebras que se entrelazan a lo largo de las veinticinco historias de estos asombrosos personajes y exploro lo que nos enseñan sobre los pioneros de las matemáticas: quiénes son, cómo trabajan, de dónde sacan sus extrañas ideas, qué los lleva a convertirse en matemáticos.

Por el momento, sin embargo, me gustaría añadir dos advertencias. La primera es que necesariamente he tenido que ser selectivo; no hay espacio suficiente para ofrecer biografías completas, ni para repasar todo aquello en lo que trabajaron mis pioneros, ni para entrar en los detalles sobre cómo evolucionaron sus ideas y cómo interactuaron con sus colegas. En su lugar, he intentado ofrecer una selección representativa de sus descubrimientos y conceptos más importantes (o interesantes), con el suficiente detalle histórico para retratarlos como personas y situarlos en su sociedad. Para algunos matemáticos de la Antigüedad, incluso eso tiene que quedarse en un boceto porque es muy poca la información que nos ha llegado sobre su vida (y a menudo ningún documento original de su obra).

La segunda es que los veinticinco matemáticos que he elegido no constituyen en modo alguno las «únicas» mentes maravillosas en el desarrollo de las matemáticas. He basado mi elección en muchas razones, entre ellas la importancia de sus matemáticas, el interés intrínseco de su área de investigación, el atractivo de su historia humana, el período histórico, la diversidad y esa cualidad esquiva, el «equilibrio». Si el lector echa en falta a su matemático preferido, la razón más probable es la limitación de espacio junto al deseo de escoger representantes que se encuentren ampliamente distribuidos sobre la variedad tridimensional cuyas coordenadas son la geografía, el período histórico y el género. Creo que todos los que están en el libro lo merecen de sobra, aunque uno o dos puedan ser controvertidos. No me cabe duda alguna de que hay muchos otros que podría haber elegido con una justificación comparable.

1

No perturbéis los círculos
Arquímedes

Arquímedes de Siracusa.
Nacimiento: Siracusa, Sicilia, *c.* 287 a. C.
Muerte: Siracusa, *c.* 212 a. C.

El año: 1973. El lugar: la base naval de Skaramangas, cerca de Atenas. Todas las miradas se dirigen, concentradas, a una réplica de madera contrachapada de un navío romano. También se dirigen al navío los rayos del Sol, reflejados por setenta espejos de cobre, cada uno de un metro de ancho y metro y medio de alto.

A los pocos segundos, el navío empieza a arder, envuelto en llamas.

Ioannis Sakkas, un científico moderno, está recreando un posible mito de la ciencia de la antigua Grecia. En el siglo II a. C. el autor romano Luciano escribió que durante el sitio de Siracusa, alrededor de 214-212 a. C., el ingeniero y matemático Arquímedes inventó un ingenio para destruir barcos enemigos con el fuego. Se desconoce si ese ingenio existió y, en su caso, cómo funcionaba. La historia de Luciano podría no ser más que una referencia al uso común de flechas de fuego o trapos ardiendo disparados desde catapultas, pero cuesta imaginar que eso se presentase como un nuevo invento. En el siglo VI, Antemio de Trales sugirió, en *Sobre las lentes que queman*, que Arquímedes había utilizado una enorme lente. Según la leyenda más extendida, Arquímedes habría usado un espejo gigante, o tal vez una serie de espejos dispuestos en arco para formar una suerte de reflector parabólico.

La parábola es una curva en forma de U, bien conocida por los geómetras griegos. Arquímedes sin duda conocía su propiedad focal: todas las líneas paralelas a su eje, cuando son reflejadas en la parábola, pasan por el mismo punto, llamado «foco». Más incierto es que alguien se percatara de que un espejo parabólico puede enfocar la luz (y el calor) del Sol del mismo modo, dado lo rudimentario del conocimiento de la luz que poseían los griegos. Sin embargo, como muestra el experimento de Sakkas, Arquímedes no habría necesitado espejos dispuestos en parábola. Un montón de soldados, armado cada uno con un escudo reflector que de manera independiente usasen para dirigir los rayos del Sol a la misma parte del barco, habría sido igual de eficaz.

Hasta qué punto es práctico lo que suele conocerse como «rayo de calor de Arquímedes» es algo que se ha discutido acaloradamente. El filósofo René Descartes, un pionero de la óptica, no creía que pudiera funcionar. El experimento de Sakkas sugiere que sí, pero su réplica era de madera fina, y recubierta de una pintura de brea, así que ardía fácilmente. Aun así, en tiempos de Arquímedes era habitual calafatear los barcos con brea para proteger el casco. En 2005 un grupo de estudiantes del MIT repitieron el experimento de Sakkas, y consiguieron prender fuego a una réplica de madera de un barco, pero solo después de enfocar en él los rayos del Sol durante diez minutos mientras se mantenía totalmente quieto. Lo intentaron de nuevo para el programa de televisión *Mythbusters* [Cazadores de mitos] usando una barca de pescador en San Francisco, y lograron chamuscar la madera y producir unas pocas llamas, pero el fuego no llegó a prender. *Mythbusters* llegó a la conclusión de que el mito era falso.

❋

Arquímedes fue un polímata: astrónomo, ingeniero, inventor, matemático, físico. Probablemente fuese el mayor científico (por usar el término moderno) de su tiempo. Aparte de importantes descubrimientos matemáticos, concibió inventos que sorprenden por la amplitud de sus ámbitos de aplicación, como el tornillo de Arquímedes para subir agua y el polipasto* para levantar grandes pesos; descubrió el Principio de Arquímedes sobre la flotación de los cuerpos y la ley (no el artilugio, que apareció mucho antes) de la palanca. También se le atribuye una segunda máquina de guerra, la garra. Supuestamente utilizó este artilugio con aspecto de grúa en la batalla de Siracusa para levantar del agua buques enemigos hasta hundirlos. El documental de televisión *Superweapons of the Ancient World* [Superarmas del mundo antiguo], producido en 2005, construyó su propia versión de la *manus ferrea*, y funcionó. En los textos antiguos se encuentran muchas otras intrigantes referencias a teoremas e invenciones atribuidos a Arquímedes, entre ellos una calculadora planetaria mecánica, parecida al célebre mecanismo de Anticitera, de hacia el año 100 a. C., que se descubrió en 1900-1901 en los restos de un naufragio, aunque no logró entenderse hasta hace poco.

Es muy poco lo que sabemos de Arquímedes. Nació en Siracusa, una ciudad histórica siciliana situada hacia el extremo meridional de la costa oriental de la isla. Fue fundada en el 734 o 733 a. C. por colonos griegos, supuestamente dirigidos por el semimítico Arquias tras su exilio voluntario de Corinto. Según Plutarco, Arquias había quedado prendado de Acteón, un joven de gran belleza. Cuando sus intentos por seducirlo fracasaron, intentó secuestrarlo y en la pelea Acteón quedó descuartizado. Las súplicas de su padre Meliso no recibían respuesta, de modo que subió a lo alto de un templo de Poseidón, clamó a los dioses venganza por su hijo, y se tiró a las rocas. A estos dramáticos acontecimientos les siguió una sequía y una hambruna, y el oráculo de la ciudad declaró que solo la venganza apaciguaría a Poseidón. Arquias comprendió el mensaje y se exilió voluntariamente para evitar su sacrificio, se dirigió a Sicilia y fundó Siracusa. Más tarde su pasado lo atrapó cuando Télefo, que de niño también había sido objeto del deseo de Arquias, lo mató.

La tierra era fértil, los nativos, amables, y Siracusa no tardó en convertirse en la ciudad griega más próspera y poderosa de todo el Mediterráneo. En *El contador de arena*, Arquímedes dice que su padre fue Fidias, un astrónomo. En *Vidas paralelas*, Plutarco dice que era pariente cercano de Hierón II, tirano de Siracusa. Se cree que el joven Arquímedes estudió en la ciudad egipcia de Alejandría, en la costa del delta del Nilo, donde cono-

* Aparejo formado, en su forma más simple, por una polea fija y una móvil. (*N. del t.*)

ció a Conón de Samos y a Eratóstenes de Cirene. Entre las pruebas de que así era aduce su afirmación de que Conón era amigo suyo, y el hecho de que los prefacios a sus libros *El método relativo a los teoremas mecánicos* y *El problema del ganado* están dedicados a Eratóstenes.

Hay también algunas historias sobre su muerte, pero llegaremos a ellas a su debido tiempo.

✻

La reputación matemática de Arquímedes descansa en las obras que han llegado hasta nuestros días, todas ellas como copias posteriores. *La cuadratura de la parábola*, que adopta la forma de una carta dirigida a su amigo Dositeo, contiene 24 teoremas sobre parábolas, el último de los cuales da el área de un segmento parabólico en función de un triángulo inscrito. La parábola ocupa un lugar destacado en su obra. Es un tipo de sección cónica, una familia de curvas que desempeñaron un importante papel en la geometría griega. Para crear una sección cónica hay que usar un plano para cortar un doble cono, formado por la unión de dos conos idénticos por su ápice. Hay tres tipos principales: la elipse, que es un óvalo cerrado; la parábola, que es una curva abierta en forma de U; y la hipérbola, dos curvas en forma de U que se dan la espalda.

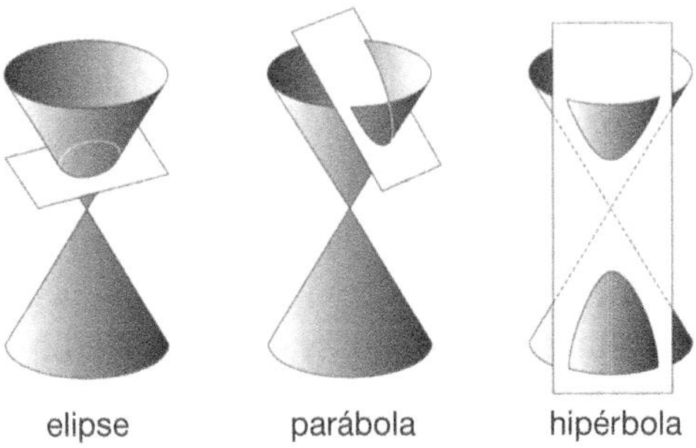

Los tres tipos principales de sección cónica.

La obra *Sobre el equilibrio de los planos* está formada por dos libros distintos, y establece algunos resultados fundamentales sobre lo que hoy llamamos «estática», la rama de la mecánica que analiza las condiciones bajo las cuales un cuerpo permanece en reposo. El desarrollo posterior de este tema subyace a toda la ingeniería civil, pues permite calcular las fuerzas que actúan sobre los elementos estructurales de puentes y edificios para garantizar que realmente se mantengan en reposo en lugar de ceder y derrumbarse.

El primer libro se centra en la Ley de la Palanca, que Arquímedes enuncia del siguiente modo: «Las magnitudes se encuentran en equilibrio a distancias recíprocamente proporcionales a sus pesos». Una consecuencia de ello es que una palanca larga amplifica una fuerza pequeña. Plutarco nos dice que Arquímedes lo explicó con un toque dramático en una carta al rey Hierón: «Dadme un punto de apoyo y moveré el mundo». Habría necesitado para ello una larguísima palanca rígida, pero el principal inconveniente de las palancas es que, aunque la fuerza aplicada se amplifica, el extremo de la palanca se mueve una distancia mucho más corta que la que recorre la fuerza. Arquímedes habría podido mover la Tierra esa misma (minúscula) distancia simplemente saltando. No obstante, la palanca es muy eficaz, al igual que una variante que Arquímedes también comprendió: la polea. Cuando un escéptico Hierón le pidió una demostración, Arquímedes

> en una de las naves reales de carga, de tres palos, recién sacada a tierra firme con gran esfuerzo y abundante mano de obra, introdujo muchos hombres y la carga habitual, y sentado él mismo a distancia, no con esfuerzo, sino sencillamente moviendo con la mano el origen de un polipasto, la acercó suavemente y sin sacudidas y como si corriera sobre el mar.*

El segundo libro se ocupa principalmente de hallar el centro de gravedad de diversas figuras: triángulo, paralelogramo, trapecio y segmento de una parábola.

Sobre la esfera y el cilindro contiene resultados de los que Arquímedes se sentía tan orgulloso que hizo que los inscribieran en su tumba. Demostró, de forma rigurosa, que el área de una esfera es cuatro veces la de cualquier círculo máximo (como el ecuador de una Tierra esférica); que su volumen es dos tercios del de un cilindro circunscrito a la esfera; y que el área de cualquier segmento de la esfera cortado por un plano es la misma que la del segmento correspondiente de ese cilindro.** Su demostración se basa en una enrevesada técnica conocida como «método exhaustivo», introducida

* Plutarco, *Vidas paralelas. Marcelo*, Gredos, Madrid, 2006. Trad. de Paloma Ortiz. (*N. del t.*)

** En otras palabras, el área de un segmento de esfera (un casquete esférico), sin contar la base, es igual al área lateral del cilindro circunscrito, que para un radio r y una altura h es $A = 2\pi rh$. (*N. del t.*)

por Eudoxo para tratar con proporciones que implicasen números irracionales, es decir, que no pueden representarse exactamente en forma de fracción. En términos modernos, demostró que el área de una esfera de radio r es $4\pi r^2$, y su volumen, $4/3\pi r^3$.

Los matemáticos tienen la costumbre de presentar sus resultados finales y pulidos de una forma organizada y bella, escondiendo el proceso, a menudo difícil y embrollado, que les ha llevado hasta ellos. Tenemos la suerte de conocer algo más sobre cómo realizó Arquímedes sus descubrimientos sobre la esfera gracias a *El método relativo a los teoremas mecánicos*. Esta obra se dio por perdida durante mucho tiempo, hasta que en 1906 el historiador danés Johan Heiberg descubrió una copia incompleta en el llamado «palimpsesto de Arquímedes». Un palimpsesto es un texto que fue lavado o borrado en la Antigüedad para volver a usar el pergamino o el papel. Las obras de Arquímedes fueron compiladas por Isidoro de Mileto hacia el año 530 en Constantinopla (la actual Estambul), capital del imperio bizantino. En 950 fueron copiadas por algún amanuense bizantino en la época en que León de Tesalónica dirigía una escuela de matemáticas que estudiaba las obras de Arquímedes. El manuscrito llegó a Jerusalén, y fue allí, en 1229, donde fue desmontado, lavado (no muy bien), plegado por la mitad y encuadernado de nuevo como una liturgia cristiana de 177 páginas.

En la década de 1840 el estudioso de la Biblia Konstantin von Tischendorf descubrió este texto, que entonces volvía a estar en una biblioteca ortodoxa griega en Constantinopla, y observó que contenía algunos débiles restos de matemáticas griegas. Se llevó una página y la depositó en la Biblioteca de la Universidad de Cambridge. En 1899 Athanasios Papadopoulos-Kerameus tradujo un fragmento mientras catalogaba los manuscritos de la biblioteca. Heiberg se percató de que era obra de Arquímedes, y le siguió el rastro a la página hasta Constantinopla, donde le fue permitido fotografiar el documento completo. Entonces lo transcribió, y publicó el resultado entre 1910 y 1915, y Thomas Heath tradujo el texto al inglés. Tras una compleja serie de acontecimientos, entre ellos una subasta impugnada en un litigio relativo a su propiedad, fue vendido a un americano anónimo por dos millones de dólares. El nuevo propietario lo puso a disposición de los estudiosos, que lo sometieron a diversas técnicas de imagen para sacar a la luz el texto oculto.

El método exhaustivo requiere conocer por adelantado la respuesta, de modo que durante mucho tiempo los estudiosos se preguntaban cómo había logrado conjeturar Arquímedes las reglas para el área y el volumen de una esfera. *El método* nos da una explicación:

> Ciertas cosas las comprendí primero por un método mecánico, aunque hubiera que demostrarlas después por geometría porque su investigación mediante dicho método no proporcionaba una auténtica prueba. Pero naturalmente era más fácil desarrollar la demostración una vez adquirido, por medio del método, algún conocimiento de las cuestiones, que obtenerla sin la ayuda de ningún conocimiento previo.

Arquímedes se imagina que cuelga una esfera, un cilindro y un cono de una balanza, para cortarlos después en rodajas infinitamente pequeñas, distribuidas de tal manera que se preserve el nivel de la balanza. Entonces utiliza el principio de la palanca para relacionar los tres volúmenes (los del cilindro y el cono ya se conocían) y deducir de este modo las magnitudes buscadas. Se ha propuesto que Arquímedes fue un pionero en el uso de los infinitos en las matemáticas. Eso seguramente es ver más de la cuenta en un oscuro documento, pero está claro que *El método* se anticipa a algunas de las ideas del cálculo.

❋

El resto de las obras de Arquímedes ilustra lo diverso de sus intereses. *Sobre las espirales* demuestra algunos enunciados fundamentales sobre las longitudes y las áreas relacionadas con la espiral de Arquímedes, la curva descrita por un punto que se mueve a velocidad uniforme a lo largo de una recta en rotación a velocidad uniforme. *Sobre conoides y esferoides* estudia los volúmenes de segmentos de sólidos formados por la rotación de secciones cónicas alrededor de un eje.

Sobre los cuerpos flotantes es la obra más antigua sobre hidrostática, las posiciones de equilibrio de los objetos en flotación. Incluye el Principio de Arquímedes: un cuerpo sumergido en un líquido está sujeto a una fuerza de flotación igual al peso del fluido desplazado. Este principio es el asunto de una célebre anécdota en la que se solicita a Arquímedes que ingenie un método para determinar si una corona votiva hecha para el rey Hierón II era realmente de oro. Sentado en su baño, le llega de repente la inspiración, y tanto se entusiasma que sale a la calle corriendo y gritando «¡Eureka!» (¡lo encontré!), olvidándose de vestirse primero, aunque la desnudez pública no debía de ser nada particularmente escandaloso en la antigua Grecia. El punto álgido del libro, desde el punto de vista técnico, es una condición para que un paraboloide flotante permanezca estable, un precursor de las ideas básicas de arquitectura naval sobre la estabilidad o tendencia a volcar de los buques.

Sobre la medida de un círculo aplica el método exhaustivo a la demostración de que el área de un círculo es la mitad del radio multiplicado por la circunferencia, lo que hoy escribimos πr^2. Para demostrarlo, Arquímedes inscribe y circunscribe polígonos regulares de 6, 12, 24, 48 y 96 lados. Con el polígono de 96 lados demuestra un resultado equivalente a una estimación del valor de π, que sitúa entre 3 1/7 y 3 10/71.

El contador de arena está dedicado a Gelón II, tirano de Siracusa e hijo de Hierón II, lo que aporta una prueba más de que Arquímedes tenía conexiones con la realeza. Explica así su objetivo:

> Hay quienes piensan, rey Gelón, que el número de granos de arena es infinito en cantidad [...] Pero intentaré mostraros [...] que, de las cifras que nombro y que se dan en la obra que envío a Zeuxipo, algunas exceden no solo el número de una masa de arena igual en magnitud a una Tierra llena, sino también al de una masa igual en magnitud al universo.

Aquí Arquímedes promociona su nuevo sistema para nombrar grandes números al tiempo que combate el mal uso habitual del término «infinito» para significar «muy grande». Tiene un claro sentido de la distinción. Su texto combina dos ideas principales. La primera es una extensión de los guarismos griegos ordinarios para que sirvan para números muy superiores a una miríada de miríada (100 millones, 10^8).* La segunda es una estimación del tamaño del universo, que fundamenta en la teoría heliocéntrica (centrada en el Sol) de Aristarco. Su resultado final es que, en la notación actual, se necesitarían a lo sumo 10^{63} granos para llenar el universo.

Existe en la matemática una larga tradición recreativa centrada en los juegos y los puzles. Estos a veces no son más que un entretenimiento, y a veces ocurre que un problema desenfadado arroja luz sobre conceptos más serios. *El problema del ganado* plantea preguntas que todavía se estudian en la actualidad. En 1773 Gotthold Lessing, un bibliotecario alemán, halló un manuscrito griego, un poema de 44 líneas que invitaba al lector a calcular el número de vacas y toros del rebaño del dios Sol. El título del poema lo presenta como una carta de Arquímedes a Eratóstenes. Comienza así:

* Una miríada es el término griego para referirse a 100 × 100 (10^4), aunque en castellano ha adquirido el significado más laxo de «cantidad muy grande». (*N. del t.*)

> Calcula, oh amigo, el número de vacas del Sol que otrora pastaron en los llanos de Sicilia, divididas según su color en cuatro rebaños, unas blancas como la leche, otras negras, otras moteadas y otras rubias. El número de toros es mayor que el número de vacas y las relaciones entre ellas son como sigue.

Da a continuación una lista de siete ecuaciones del tipo de

> toros blancos = $(\frac{1}{2} + \frac{1}{3})$ toros negros + toros amarillos

y prosigue:

> Si no puedes, oh amigo, dar el número de toros y vacas de cada tipo, no eres novato en los números, pero no se te podrá considerar de gran destreza. Considera, sin embargo, las siguientes relaciones adicionales entre los toros del Sol:
>
> Toros blancos + toros negros = un número cuadrado,
>
> Toros moteados + toros rubios = un número triangular.
>
> Si has calculado también estos, oh amigo, y hallado la cantidad total de ganado, puedes exaltarte como conquistador, pues has demostrado tener una gran habilidad con los números.

Los números cuadrados son 1, 4, 9, 16, y así sucesivamente, y se obtienen multiplicando cada número entero por sí mismo. Los números triangulares son 1, 3, 6, 10, y así en adelante, formados por la adición de números enteros consecutivos; por ejemplo, 10 = 1 + 2 + 3 + 4. Estas condiciones constituyen lo que hoy llamamos un sistema de ecuaciones diofánticas, por Diofanto de Alejandría, que escribió sobre ellas hacia el 250 d. C. en *Arithmetica*. La solución debe darse en números enteros, pues es poco probable que el dios Sol tenga media vaca en su rebaño.

El primer conjunto de condiciones conduce a un número infinito de soluciones posibles, la menor de las cuales da 7.460.514 toros negros y números comparables de otros animales. Las condiciones suplementarias seleccionan entre esas soluciones, y conducen a un tipo de ecuación diofántica conocida como ecuación de Pell (capítulo 6). Esta pide enteros x e y tales que $nx^2 + 1 = y^2$, con soluciones como $x = 2, y - 3$ o $x = 12, y = 17$. En 1965 Hugh Williams, R. A. German y Charles Zarnke hallaron la solución de menor magnitud coherente con las dos condiciones adicionales, para lo que requirieron la ayuda de dos computadoras IBM. Es aproximadamente $7 \cdot 76 \times 10^{206544}$.

Es imposible que Arquímedes encontrase esta solución a mano, y no hay indicio alguno de que tuviera nada que ver con este problema más allá del título del poema. El problema del ganado todavía atrae la atención de teóricos de los números, y ha inspirado nuevos resultados para la ecuación de Pell.

El registro histórico de la vida de Arquímedes es endeble, pero sabemos algo más acerca de su muerte, suponiendo que los relatos de ella se ajusten a la verdad. Probablemente contengan al menos algo de lo que sucedió.

Durante la segunda guerra púnica, hacia el año 212 a. C., el general romano Marco Claudio Marcelo asedió Siracusa, que capturó al cabo de dos años. Plutarco relata que el anciano Arquímedes estaba examinando un diagrama geométrico en la arena cuando el general envió un soldado para que le dijera que se reuniera con él. Cuando el matemático protestó, alegando que no había concluido su problema, el soldado perdió la paciencia y lo mató con su espada. Las últimas palabras del sabio fueron, presuntamente, «¡No perturbéis los círculos!». Conociendo como conozco a los matemáticos, me parece del todo plausible, pero Plutarco da otra versión en la que Arquímedes intenta rendirse a un soldado, quien cree que los instrumentos que acarrea son valiosos y lo mata para robárselos. En ambas versiones, Marcelo queda molesto con la muerte de su admirado genio matemático.

La tumba de Arquímedes fue decorada con una escultura que representa su teorema favorito, de *Sobre la esfera y el cilindro*: una esfera inscrita en un cilindro tiene dos terceras partes del volumen de este y la misma área.* Más de un siglo después de la muerte de Arquímedes, el orador romano Cicerón fue cuestor (auditor del Estado) en Sicilia. Al oír hablar de la tumba, consiguió hallarla en un estado dilapidado cerca de la puerta Agrigentina de Siracusa. Ordenó su restauración, lo que le permitió leer algunas de sus inscripciones, entre ellas el diagrama de la esfera y el cilindro.

En la actualidad, el lugar de la tumba se desconoce, y no parece haber sobrevivido. Pero Arquímedes pervive gracias a sus matemáticas, que en buena parte, dos mil años más tarde, todavía son importantes.

* Igual al área lateral del cilindro, sin contar sus bases. (*N. del t.*)

— 2 —

Maestro del sendero
Liu Hui

Liu Hui
Floreció: Cao Wei, China, siglo III d. C.

Z*houbi suanjing* (*El clásico matemático del gnomon y los senderos circulares del cielo*), el texto matemático chino más antiguo que se conoce, data del período de los Reinos Combatientes, entre el 400 y el 200 a. C. Se inicia con un bello pasaje de propaganda educativa:

> Tiempo atrás, Rong Fang le preguntó a Chen Zi: «Maestro, recientemente he oído algo sobre su Sendero. ¿Es cierto que su Sendero permite comprender la altura y tamaño del Sol, el área iluminada por su luz, la magnitud de su movimiento diario, las cifras de sus mayores y menores distancias, el alcance de la visión humana, los límites de los cuatro polos, las constelaciones en que se ordenan las estrellas, y la longitud y amplitud de los cielos y la Tierra?».

> En el pasado, el tirano Qin hizo quemar documentos escritos y destruyó el conocimiento clásico. Más tarde, Zhang Cang, el marqués de Peiping, y Geng Shouchang, vicepresidente del ministro de agricultura, se hicieron célebres por su talento para el cálculo. Como los textos antiguos se habían deteriorado, Zhang Cang y su equipo produjeron una nueva versión eliminando las partes más pobres y rellenando las lagunas. De este modo, revisaron algunas partes, y estas resultaron ser diferentes de las antiguas.

En concreto, Liu Hui proporcionó demostraciones de que los métodos del libro funcionaban, para lo cual utilizó técnicas que hoy en día no consideraríamos rigurosas, de modo parecido a las de Arquímedes en *El método*. También hizo aportaciones a la prospección, que luego publicó de forma separada con el título de *Haidao Suanjing* [Manual de matemáticas para islas marinas].

❃

El primer capítulo de *Jiuzhang* explica cómo calcular las áreas de campos que tengan distintas formas, como rectángulos, triángulos, trapecios y círculos. Sus reglas eran correctas, salvo para el círculo. Aun así, también en este caso la «receta» era correcta: multiplicar el radio por la mitad de la circunferencia. Sin embargo, calculaba la circunferencia como tres veces el diámetro del círculo, lo que equivale a tomar $\pi = 3$. Desde un punto de vista práctico, la regla subestima el área en menos del 5 %.

A finales del siglo I d. C. el regente Wang Mang solicitó al astrónomo y hacedor de calendarios Liu Hsing que pensara en una medida estándar para el volumen. Liu Hsing fabricó una vasija cilíndrica de bronce muy precisa para que sirviera de patrón, es decir, como una medida de referencia. Se usaron en China miles de copias de esta vasija, cuyo original se encuentra hoy en un museo de Beijing. Sus dimensiones han llevado a algunos a sugerir que Liu Hsing, en términos prácticos, habría utilizado un valor de π en torno a 3,1547. (Cómo se puede obtener una cifra tan precisa a partir de la medición de un contenedor de bronce es algo que se me escapa.) El *Sui Shu* (la historia oficial de la dinastía Sui) contiene una afirmación que equivale a decir que Liu Hsing habría hallado un nuevo valor para π. Liu Hui señala que, por aquel entonces, el astrólogo de la corte Chang Heng había propuesto calcular π como la raíz cuadrada de 10, que es 3,1622. Está claro que se comenzaba a manejar valores de π claramente mejores.

En su comentario sobre el *Jiuzhang*, Liu Hui señala que la regla tradicional «$\pi = 3$» es errónea: en lugar de la circunferencia del círculo, da el perímetro de un hexágono inscrito, que claramente es menor. Calculó entonces un valor más preciso para la circunferencia (y, de manera implícita, para π). De hecho, fue más allá, pues describió un método de cálculo para estimar π con precisión arbitraria. Su enfoque era parecido al de Arquímedes: aproximarse al círculo mediante polígonos regulares de 6, 12, 24, 48, 96, ... lados. Para aplicar el método exhaustivo, Arquímedes usó una secuencia de polígonos inscritos en el círculo, y una segunda secuencia de polígonos circunscritos, ajustados por fuera. Liu Hui usó únicamente polígonos inscritos, pero al final de su cálculo ofreció un argumento geométrico para acotar el valor verdadero de π por arriba y por abajo. Este método arroja aproximaciones de π de precisión arbitraria sin usar nada más difícil que raíces cuadradas. Estas pueden calcularse sistemáticamente; el método es laborioso pero no más complejo que una larga multiplicación. Un matemático hábil podía obtener diez decimales de π en un día.

Más tarde, hacia el 469 d. C., Zu Chongzhi extendió el cálculo hasta demostrar que

$$3{,}1415926 < \pi < 3{,}1415927$$

El resultado quedó registrado, no así su método, que tal vez explicase en su obra perdida *Su Shu* [Método de interpolación]. Tal vez usase el método de Liu Hui, pero el título del libro sugiere la estimación de un valor más preciso a partir de un par de aproximaciones, una demasiado pequeña y la otra demasiado grande. Métodos como este se encuentran en las matemáticas hasta nuestros días. Hasta no hace mucho se enseñaban en la escuela, para usarlas con las tablas de logaritmos. Zu encontró además dos fracciones simples que dan una aproximación a π: el arquimédico 22/7, con dos decimales de precisión, y 355/113, con seis decimales. La primera todavía se usa en la actualidad, la segunda es bien conocida entre los matemáticos.

❋

Una de las reconstrucciones de la demostración de Liu Hui del Teorema de Pitágoras a partir de las instrucciones que da en su libro es una ingeniosa e inusual disección. El triángulo rectángulo se muestra en color negro. El cuadrado de uno de los lados está dividido en dos por una diagonal (gris claro). El otro cuadrado se escinde en cinco trozos: un pequeño cuadrado (gris oscuro), un par de triángulos dispuestos de forma geométrica y con la misma forma y tamaño que el triángulo rectángulo original (gris medio) y un par de triángulos simétricos que rellenan el espacio sobrante (blanco). Entonces los siete trozos se juntan para formar el cuadrado correspondiente a la hipotenusa.

Hay otras disecciones, más simples, que también sirven para demostrar el teorema.

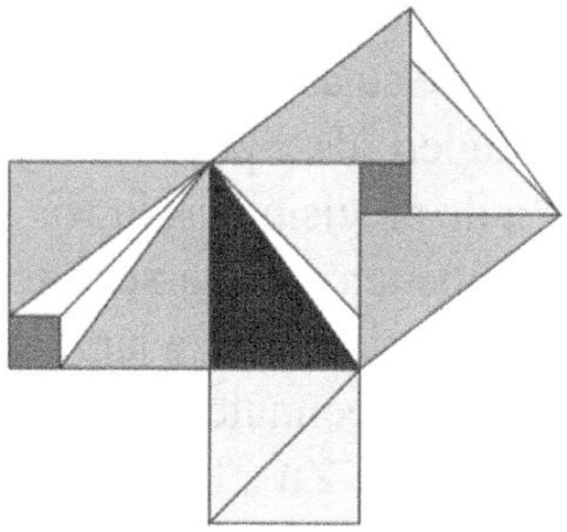

Posible reconstrucción de la demostración de Liu Hui del Teorema de Pitágoras.

Los matemáticos de la antigua China tenían tanto talento como sus contemporáneos griegos, y el curso que siguió la matemática china después del período de Liu Hui incluye muchos descubrimientos que se adelantaron a su aparición en la matemática europea. Por ejemplo, las estimaciones de π halladas por Liu Hui y Zu Chongzhi no fueron superadas en mil años.

Joseph se pregunta si algunas de sus ideas se podrían haber transmitido a la India y Arabia a caballo del comercio, y, por consiguiente, desde allí a Europa. De ser así, los posteriores redescubrimientos europeos podrían no haber sido del todo independientes. En el siglo VI había diplomáticos chinos en la India, y en el siglo VII se realizaron traducciones chinas de libros indios de matemática y astronomía. En cuanto a Arabia, un hadiz (un pronunciamiento de significado religioso) del profeta Mahoma dice así: «Busca el conocimiento, aunque esté tan lejos como China». En el siglo XIV los viajeros árabes nos informan de la existencia de vínculos comerciales formales con China, y el viajero y estudioso marroquí Muhamad ibn Battuta escribió en su *rihla* (libro de viaje) sobre la ciencia y la tecnología chinas, además de su cultura.

Sabemos de ideas que llegaron a la Europa medieval desde la India y Arabia, como ilustran los dos próximos capítulos, de modo que no es en absoluto imposible que también llegase conocimiento chino. La presencia jesuita en China en los siglos XVII y XVIII sirvió de inspiración a la filosofía de Leibniz, a través de Confucio. Es posible que existiera una red más compleja que transmitiese matemática, ciencia y mucho más entre Grecia, Oriente Medio, India y China. De ser así, quizá la historia convencional de la matemática necesite de una revisión.

3

Dixit Algorismi
Muhamad al-Juarismi

Muhamad ibn Musa al-Juarismi
Nacimiento: Jorasmia (actual Jiva), Persia, *c*. 780
Muerte: *c*. 850

Tras la muerte del profeta Mahoma en 632, el control del mundo islámico pasó a una serie de califas. En un principio, los califas se escogían por sus méritos, de modo que el sistema de poder del califato no era exactamente una monarquía. Sin embargo, el califa concentraba mucho poder. En 654, bajo el mandato de Uzmán, el tercer califa, el califato se había convertido en el mayor imperio que había conocido el mundo. Su territorio (en la geografía actual) incluía la península arábiga, el norte de África desde Egipto hasta el este de Túnez pasando por Libia, el Levante, el Cáucaso y buena parte de Asia central, desde Irán hasta Pakistán, Afganistán y Turkmenistán.

Los cuatro primeros califas constituyeron el califato Rashidun,* al que sucedió la dinastía omeya, y a esta la dinastía abasí, que depuso a los omeyas con la ayuda de Persia. El centro del gobierno, que al principio estaba en Damasco, se desplazó a Bagdad, una ciudad fundada por el califa al-Mansur (Almanzor) en 762. Su ubicación, cerca de Persia, vino dictada en parte por la dependencia de los servicios de los administradores persas, que entendían las interacciones entre las diversas regiones del imperio islámico. Se creó el cargo de visir, que permitía al califa delegar las responsabilidades administrativas; el visir, a su vez, delegaba los asuntos locales en los emires regionales. Poco a poco el califa fue perdiendo poder, que pasó a residir en el visir, pero los primeros califas ejercían un control considerable.

Hacia el año 800 Harun al-Rahid fundó el Bayt al-Hikma, o Casa del Saber, una biblioteca en la que los escritos de otras culturas se traducían al árabe. Su hijo al-Ma'mun continuó el proyecto hasta su fruición, reuniendo una enorme colección de manuscritos griegos y un gran número de estudiosos. Bagdad se convirtió en un centro de la ciencia y el comercio, atrayendo estudiosos y comerciantes de lugares tan lejanos como China e India. Entre ellos estaba Muhamad ibn Musa al-Juarismi, una figura clave en la historia de las matemáticas.

Al-Juarismi nació en o cerca de Jorasmia o Juarism, en Asia central, hoy Jiva, en Uzbekistán. Realizó la mayor parte de su obra bajo al-Ma'mun, ayudando a mantener vivo el conocimiento que Europa se apresuraba a perder. Tradujo manuscritos esenciales del griego y el sánscrito, hizo sus propios progresos en ciencia, matemáticas, astronomía y geografía, y escribió una serie de libros que hoy describiríamos como superventas científicos. *Sobre el cálculo con números indios*, escrito alrededor del 825, fue traducido al latín como *Algoritmi de numero indorum*, y casi él solo se bastó para diseminar por la Europa medieval la noticia de esta nueva y sorprendente manera de hacer cálculos aritméticos. Por el camino, *algoritmi* pasó a *algorismi*, y los métodos de cálculo con estos números pasaron a llamarse «alguarismos». En el siglo XVIII, la palabra cambió a algoritmo.

Su obra *al-Kitab al-mukhtasar fi hisab al-jabr wa-l-muqabala* (*Compendio de cálculo por compleción y comparación*), escrita alrededor de 830, fue traducida al latín en el siglo XII por Robert de Chester como *Liber Algebrae et Almucabola*. De este modo, *al-jabr*, latinizado *algebra*, se

* Los califas «bien guiados», o califas ortodoxos. (*N. del t.*)

convirtió en una palabra de nuestro vocabulario. Hoy hace referencia al uso de símbolos como *x* o *y* para designar cantidades desconocidas, junto a los métodos para hallar esas incógnitas mediante la solución de ecuaciones, aunque el libro no usara símbolos.

❋

El *Álgebra* se escribió cuando el califa al-Ma'mun animó a al-Juarismi a escribir un libro de divulgación sobre el cálculo. Su autor describe su propósito como el de explicar

> lo que es más fácil y útil de la aritmética, y que los hombres necesitan en casos de herencias, legados, repartos, litigios y comercio, y en todos sus tratos entre ellos, o siempre que se precise medir tierras, excavar canales, hacer cálculos geométricos y otros propósitos variados.

Eso no se parece mucho a un libro de álgebra. De hecho, el álgebra ocupa solamente una pequeña parte. Al-Juarismi comienza explicando los números en términos muy simples (unidades, decenas, centenas) porque «cuando tomo en consideración lo que la gente suele necesitar para sus cálculos, hallo que siempre es un número». No era tanto un tratado erudito dirigido a los estudiosos como un libro de divulgación de la matemática, uno de esos libros educativos que intentan enseñar y formar al lector general. Eso era lo que deseaba el califa, y eso es lo que obtuvo. Al-Juarismi no consideraba que su libro se situara en la frontera de la investigación matemática. Sin embargo, es así como vemos hoy la parte dedicada a *al-jabr*. Esta es la sección más profunda del libro: un desarrollo sistemático de los métodos para la resolución de ecuaciones con alguna cantidad desconocida.

Al-jabr, que suele traducirse como «compleción», hace referencia a la suma del mismo término a cada lado de la ecuación, con el fin de simplificarla. *Al-muqabala*, «comparación» o «balance», se refiere a la eliminación de un término de uno de los lados de la ecuación para ponerlo en el otro lado (pero con signo opuesto) y la cancelación de los términos iguales a ambos lados.

Por ejemplo, si la ecuación, expresada en la moderna notación simbólica, es

$$x - 3 = 7$$

al-jabr nos permite sumar 3 a los dos lados para obtener

$$x = 10$$

que en este caso resuelve la ecuación. Si se trata de

$$2x^2 + x + 6 = x^2 + 18$$

al-muqabala nos permite trasladar el 6 del lado izquierdo al derecho, como sustracción, para obtener

$$2x^2 + x = x^2 + 12$$

Un segundo *al-muqabala* nos permite mover x^2 del lado derecho al izquierdo y restarlo, con lo que obtenemos

$$x^2 + x = 12$$

que es más simple, pero todavía no es la respuesta.

Debo insistir en que al-Juarismi no usaba símbolos, así que el padre del álgebra no hacía realmente lo que la mayoría de nosotros concebimos como álgebra. Todo lo enunciaba verbalmente. Los números concretos eran *unidades*, la cantidad desconocida que hoy llamamos x era una *raíz* y nuestro x^2 era un *cuadrado*. La ecuación anterior se leería: «*cuadrado* más *raíz* igual a doce *unidades*» sin un solo símbolo. Así que lo que toca ahora es explicar cómo se pasa de este tipo de ecuación a la respuesta. Al-Juarismi clasifica las ecuaciones en seis tipos, y uno de los casos típicos es «cuadrados y raíces igual a números», como en $x^2 + x = 12$.

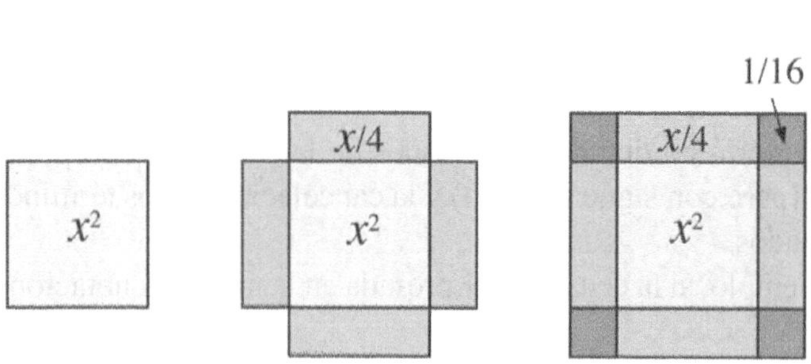

Solución geométrica a «cuadrados y raíces igual a números».

A continuación procede a analizar cada uno de los tipos, resolviendo la ecuación con una mezcla de métodos algebraicos y geométricos. Así, para resolver la ecuación $x^2 + x = 12$, al-Juarismi dibuja un cuadrado para representar x^2 (dibujo de la izquierda). Para sumar la raíz x, añade cuatro rectángulos con lados x y ¼ (dibujo central). La forma resultante nos lleva a la idea de «compleción del cuadrado», lo que se consigue añadiendo cuatro pequeños cuadrados con lados igual a ¼ y área igual a 1/16. Por consiguiente, añade 4 × 1/16 = ¼ al lado izquierdo de la ecuación (dibujo de la derecha). Siguiendo la regla de *al-jabr*, debe añadir también ¼ al lado derecho de la ecuación, que pasa a ser 12¼. Ahora

$$(x + \tfrac{1}{2})^2 = 12\tfrac{1}{4} = 49/4 = (7/2)^2$$

Y, si sacamos la raíz cuadrada,

$$x + \tfrac{1}{2} = 7/2$$

de manera que $x = 3$. Hoy sacaríamos también la raíz cuadrada negativa, –7/2, obteniendo una segunda solución $x = -4$. Los números negativos empezaban a entenderse en tiempos de al-Juarismi, pero no los menciona.

Tanto babilonios como griegos habrían entendido este método, puesto que más o menos habrían resuelto el cálculo del mismo modo. De hecho, hay cierta controversia acerca de si al-Juarismi conocía los *Elementos* de Euclides. Debería, puesto que al-Hajjaj, otro estudioso de la Casa del Saber, había traducido a Euclides al árabe cuando al-Juarismi era joven. Por otro lado, el principal trabajo de la Casa del Saber era la traducción, y sus trabajadores estaban obligados a leer a sus compañeros las obras que traducían. Algunos historiadores sostienen que la geometría de al-Juarismi no se presenta en el estilo de Euclides, lo que sugiere una falta de familiaridad. Sin embargo, insisto, el *Álgebra* era una obra de divulgación matemática, de modo que no habría seguido el estilo axiomático de Euclides por mucho que al-Juarismi conociese Euclides a fondo. Sea como fuere, la idea de completar el cuadrado se remonta a los babilonios, y podía haberles llegado a través de varias fuentes.

Entonces, ¿por qué muchos historiadores consideran a al-Juarismi el padre del álgebra, sobre todo si tenemos en cuenta que no usa símbolos? Hay un fuerte competidor, el griego Diofanto de Alejandría. Su *Arithmetica*, una serie de libros sobre la resolución de ecuaciones de números enteros o fraccionarios, escrito hacia el 250 d. C., sí usaba símbolos. Una respuesta es que el principal interés de Diofanto era la Teoría de los Números y sus símbolos eran poco más que abreviaturas. Un argumento más profundo, y que me parece más convincente, es que al-Juarismi a menudo, aunque no siempre, proporciona «recetas» generales. El estilo típico de las presentaciones de sus predecesores consistía en utilizar un ejemplo con números específicos, explicar cómo resolverlo, y dejar que el lector infiriese la regla general. Así que la conclusión del anterior argumento geométrico se podría haber presentado como «tómese 1, divídase por 2 para obtener ½, elévese al cuadrado para obtener ¼, añádase luego ¼ a ambos lados», dejando que el lector infiera que la regla general consiste en reemplazar el 1 inicial por la mitad del coeficiente de x, elevarlo al cuadrado y añadir el resultado a ambos lados, y así sucesivamente. Naturalmente, este nivel de generalidad lo habría puesto de manifiesto el tutor, que lo reforzaría haciendo que el estudiante se ejercitara con muchos otros ejemplos.

A veces al-Juarismi parece hacer lo mismo, pero tiende a ser más explícito acerca de la regla que se aplica. Así que la razón más profunda para atribuirle el crédito por la invención del álgebra es que se centra más en las generalidades de la manipulación de expresiones algebraicas que en los números que representan. Por ejemplo, enuncia una regla para expandir el producto

$$(a + bx)(c + dx)$$

en términos del cuadrado x^2, la raíz x y números. Simbólicamente, escribiríamos su regla de este modo:

$$ac + (ad + bc)x + (bd)x^2$$

y eso es lo que enuncia, verbalmente, sin utilizar números concretos para a, b, c, o d. Explica a sus lectores cómo manejar expresiones «generales» de números, raíces y cuadrados. No se conciben como versiones codificadas de un número desconocido, sino como un nuevo tipo de objeto matemático con el que se pueden hacer cálculos incluso cuando no se conocen los números concretos. Es este paso hacia la abstracción (si lo aceptamos como tal) lo que sostiene la declaración de que al-Juarismi inventó el álgebra. No hay en *Arithmetica* nada que se le parezca.

Otros temas de los que trata el libro son más prosaicos: reglas para el cálculo de áreas y volúmenes de figuras como rectángulos, círculos, cilindros, conos y esferas. Aquí al-Juarismi sigue el tratamiento que aparece en los textos indios y hebreos, y en nada se parece a Arquímedes o Euclides. El libro acaba con asuntos más mundanos: un extenso tratamiento de las reglas islámicas para la herencia de las propiedades, que requiere la división en varias proporciones, pero nada más complicado, desde el punto de vista matemático, que las ecuaciones lineales o la aritmética básica.

❋

La obra más influyente de al-Juarismi, en el momento en que la escribió y durante varios siglos, fue *Sobre el cálculo con números indios*, que, como ya se ha explicado, nos dio la palabra «algoritmo». La expresión *dixit Algorismi* («así dijo al-Juarismi»), era un poderoso argumento en cualquier disputa matemática. El maestro ha hablado: acatad sus palabras.

Los números indios son, naturalmente, las primeras versiones de la notación decimal, en la que todo número puede escribirse como una secuencia de diez símbolos, 0 1 2 3 4 5 6 7 8 9. Tal como indica el título del libro, al-Juarismi atribuía el mérito a los matemáticos indios, pero fue tan grande su influencia en la Europa medieval que hoy los conocemos como números arábigos (o como números indoarábigos, lo que sigue siendo injusto para los indios). La contribución principal del mundo árabe fue inventar sus propios guarismos, relacionados con los indios, pero distintos, y diseminar su notación y alentar su uso. Los símbolos de los diez dígitos han cambiado repetidas veces con el paso del tiempo, y distintas regiones del mundo moderno todavía usan símbolos diferentes.

En la actualidad, un algoritmo es un procedimiento por pasos para el cálculo de una cantidad determinada, o para producir algún resultado concreto, con la garantía de que se acabará con la respuesta correcta. «Sigue probando con números al azar hasta que uno de ellos funcione» no es un algoritmo: si se llega a una respuesta, será correcta, pero se podría estar intentándolo indefinidamente sin hallarla. Como ejemplo antiguo de algoritmo, recordemos que un número primo es aquel que no es divisible más que por sí mismo y por 1; los primeros números primos son 2, 3, 5, 7, 11, 13. Cualquier otro número entero positivo mayor que 1 se denomina número compuesto. Por ejemplo, 6 es compuesto porque $6 = 2 \times 3$. El número 1 se considera especial, y en este contexto recibe el nombre de «unidad». La criba de Eratóstenes, que data de alrededor del 250 a. C., es un algoritmo para hallar todos los números primos hasta un límite determinado, y funciona del siguiente modo. Se comienza escribiendo los números enteros positivos hasta ese límite. Se eliminan todos los múltiplos de 2 excepto el 2,

¿Qué nos viene a la mente? En realidad, se trata de una traducción de un poema sobre π escrito hacia 1400 por Madhava de Sangamagrama, probablemente el mayor de los matemáticos-astrónomos medievales de la India. Los dioses, elefantes, serpientes, etc., son símbolos numéricos, guarismos que se habrían escrito como pequeños dibujos. En conjunto (hay que repasar la lista al revés) representan el número

282.743.388.233

que, dividido por 900.000 millones da

3,14159265359222...

que sí debe resultarnos familiar. El cociente en cuestión es la definición geométrica de π, que es

3,141592653589793...

Las dos cifras coinciden en once decimales (redondeando 589 a 59 para los decimales 10 y 11). En su época, era una de las mejores aproximaciones que se conocían. En 1430, el matemático persa Jamshid al-Kashi había batido el récord con 16 posiciones decimales en *Miftah al-hisab* (*La llave de la aritmética*).

Algunos de los textos astronómicos de Madhava han llegado hasta nuestros días, pero su obra matemática solo se conoce a través de comentarios posteriores. El eterno problema de otorgar al gran fundador y maestro el mérito por los resultados obtenidos por sus descendientes intelectuales (de modo que, por ejemplo, todo lo que descubriera un miembro del culto pitagórico se atribuía por omisión a Pitágoras) hace que no podamos estar del todo seguros sobre qué resultados fueron descubiertos por Madhava. En lo que sigue, les tomo la palabra a sus sucesores.

El mayor de sus logros fue introducir las series infinitas, dando así los primeros pasos hacia el análisis matemático. Lo que descubrió fue lo que en Occidente se conoce como serie de Gregory de la función arcotangente, que conduce a expresiones de π como serie infinita. Sus descubrimientos más impresionantes son las series infinitas para las funciones trigonométricas seno y coseno, cuyo hallazgo en Occidente tuvo que esperar a Newton, más de doscientos años más tarde.

Es poco lo que sabemos de la vida de Madhava. Vivió en el pueblo de Sangamagrama, que suele añadirse a su nombre para distinguirlo de otros Madhava, como el astrólogo Vidya Madhava. El pueblo tenía un templo dedicado a un dios del mismo nombre. Se cree que se encontraba cerca del actual pueblo brahmánico de Irinjalakuda, cerca de Cochín, en el estado de Kerala, una región estrecha y alargada que se extiende cerca de la punta meridional de la India, emparedada entre el mar de Arabia por su costa oeste y la cadena montañosa de las Ghats occidentales por el este. Durante el período medieval tardío, Kerala fue uno de los centros neurálgicos de la investigación matemática. La mayoría de los matemáticos indios anteriores procedían de más al norte, pero por alguna razón que se desconoce, Kerala experimentó un renacimiento intelectual. En la antigua India, la matemática solía verse como una rama de la astronomía, y Madhava fundó la escuela de Kerala de astronomía y matemática.

Esta escuela contó con varios matemáticos muy competentes. Parameshvara (o Paramésuara) fue un astrónomo hindú que utilizó observaciones de eclipses para comprobar la precisión de los métodos de cálculo de su época. Escribió al menos veinticinco manuscritos. Kelallur Nilakantha Somayaji escribió un importante texto de astronomía, el *Tantrasamgraha*, en 1501, formado por 432 versos sánscritos organizados en ocho capítulos. En particular, incluye sus modificaciones sobre la teoría del movimiento de Mercurio y Venus debida al gran matemático indio Aryabhata. También escribió un extenso comentario, *Aryabhatiya Bhasya,* sobre otros trabajos de Aryabhata, en el que trató sobre álgebra, trigonometría y series infinitas de funciones trigonométricas. Jyesthadeva escribió *Yuktibhasa*, un comentario sobre *Tantrasamgraha* en el que añadió demostraciones de sus principales resultados. Algunos lo consideran el primer texto de cálculo. Melpathur Narayana Bhattathiri, un lingüista matemático, amplió en *Prkriyasarvawom* el sistema axiomático de Panini de 3.959 reglas de la gramática sánscrita. Es célebre por *Narayaneeyam*, una canción de alabanza a Krishna que todavía se usa en la actualidad.

La trigonometría, el uso de triángulos para hacer mediciones, se remonta a los antiguos griegos, especialmente Hiparco, Menelao y Ptolomeo. Tiene dos aplicaciones principales: la topografía y la astronomía. (Más tarde se añadiría a la lista la navegación.) Lo esencial es que a menudo es difícil medir una distancia directamente (en el caso de la astronomía, imposible), mientras que los ángulos se pueden medir siempre que haya una línea de visión clara. La trigonometría hace que sea posible deducir las longitudes de los lados de un triángulo a partir de sus ángulos, siempre y cuando se conozca al menos la longitud de uno de sus lados. En topografía, una línea base accesible y bien medida y un buen número de ángulos permiten dibujar un mapa preciso, y lo mismo puede decirse de la astronomía, aunque con diferencias tácticas.

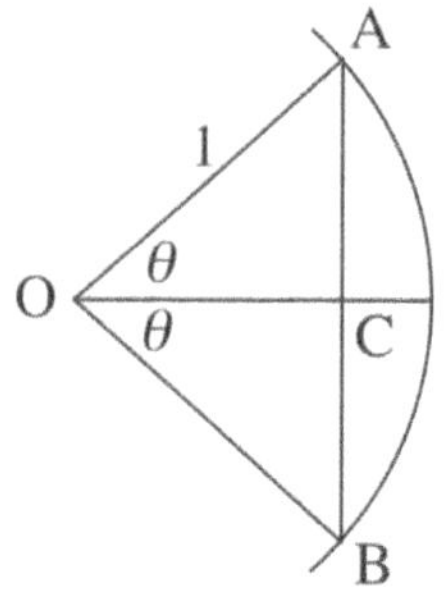

Sea AB un arco de un círculo de radio 1 y centro O. La cuerda del ángulo AOB (que vale 2θ) es la longitud AB. El seno del ángulo AOC (que vale θ) es la longitud de AC. El coseno de θ es la longitud de OC, y la tangente es AC/OC.

Los griegos trabajaban con la cuerda de un ángulo (véase la ilustración superior). Hiparco elaboró la primera tabla de cuerdas en el 140 a. C., y la aplicó tanto a la trigonometría plana como a la esférica. Esta última trata de los triángulos formados por arcos de círculos máximos sobre una esfera, y es esencial para la astronomía porque las estrellas y los planetas parecen situarse sobre una esfera celeste, una esfera imaginaria con su centro en la Tierra. De manera más precisa, las direcciones a estos cuerpos corresponden a puntos sobre una de estas esferas. En el siglo II Ptolomeo incluyó tablas de cuerdas en su *Almagesto*, y sus resultados se utilizaron ampliamente durante los 1.200 años siguientes.

Los matemáticos de la antigua India construyeron sobre los cimientos que habían puesto los griegos, realizando grandes avances en trigonometría. Les pareció más conveniente no usar cuerdas, sino las funciones seno (sen) y coseno (cos), muy relacionadas con aquellas y que todavía utilizamos en la actualidad. Los senos aparecieron por primera vez en el *Suria siddhanta*, una serie de textos hindúes de astronomía que datan de alrededor del año 400, y fueron desarrollados por Aryabhata en *Aryabhatiya* hacia el 500. Ideas parecidas evolucionaron de manera independiente en China. La tradición india fue continuada por Varaja Mijira, Brahmagupta y Bhaskara Acharia, cuya obra incluye útiles aproximaciones a la función seno y algunas de las fórmulas básicas, como la de Varaja Mijira

$$\operatorname{sen}^2\theta + \cos^2\theta = 1$$

que es la interpretación trigonométrica del Teorema de Pitágoras.

Hasta hace poco, los estudiosos pensaban que la matemática india se había quedado estancada después de Bhaskara Acharia, continuada únicamente con comentarios que solo refinaban los resultados clásicos, y solo cuando Gran Bretaña agregó la India a su creciente imperio volverían a surgir allí nuevos matemáticos. Eso quizá sea cierto de buena parte del subcontinente, pero no de Kerala. Joseph[2] señala que «la calidad de la matemática que presentaban los textos [de la escuela de Kerala] [...] es de un nivel tan alto en comparación con lo que se produjo en el período clásico que parece imposible que la una surgiera de la otra». Sin embargo, las únicas ideas comparables son las que se desarrollaron siglos más tarde en Europa, de modo que no parece plausible que pueda haber un «eslabón perdido». Los progresos de la escuela de Kerala parecen haber sido sui géneris.

El comentario de Jyesthadeva, *Yuktibhasa*, describe una serie atribuida a Madhava:

> El primer término es el producto del seno y radio del arco buscado dividido por el coseno del arco. Los términos sucesivos se obtienen por un proceso de iteración cuando el primer término se multiplica repetidamente por el cuadrado del seno y se divide por el cuadrado del coseno. Todos los términos se dividen entonces por los números impares 1, 3, 5, [...] El arco se obtiene sumando y restando respectivamente los términos de orden impar y los de orden par.

Traducido a notación moderna, y recordando que la tangente, tan θ, es el seno dividido por el coseno, se convierte en

$$\theta = \tan\theta - \frac{1}{3}\tan^3\theta + \frac{1}{5}\tan^5\theta - \frac{1}{7}\tan^7\theta + \ldots$$

una serie que, reescrita en función del arcotangente, se conoce en Occidente como Serie de Gregory, por haber sido descubierta en «nuestra» civilización por James Gregory en 1671, o quizá un poco antes. De acuerdo con el

Mahajyanayana Prakara [Métodos para los grandes senos], Madhava usó esta serie para calcular π. Un caso especial ($\theta = \pi/4 = 45^\circ$) de la serie anterior corresponde a una serie infinita para π, el primer ejemplo de su tipo:

$$\frac{\pi}{4} = 1 - \frac{1}{3} + \frac{1}{5} + \frac{1}{7} + \frac{1}{9} - \frac{1}{11} + \ldots$$

Esta no es una manera práctica de calcular π, pues los términos decrecen muy lentamente y se necesita un gran número de ellos para obtener siquiera unos pocos decimales. Tomando $\theta = \pi/6 = 30^\circ$, Madhava obtuvo una variante que converge más deprisa:

$$\pi = \sqrt{12}\left(1 - \frac{1}{3\times 3} + \frac{1}{5\times 3^2} - \frac{1}{7\times 3^3} + \ldots\right)$$

Calculó los primeros 21 términos para obtener π con once decimales. Esta serie constituye el primer nuevo método para el cálculo de π desde que Arquímedes usara polígonos cada vez más finos.

Hay un aspecto de la obra de Madhava que es sorprendentemente sofisticado, y es que estimó el error cuando se trunca la serie en algún número finito de términos. De hecho, enunció tres expresiones del error, que pueden añadirse como término de corrección para mejorar la precisión. Sus expresiones para el error tras la adición de n términos de la serie son:

$$\frac{1}{4n} \quad \frac{n}{4n^2+1} \quad \frac{n^2+1}{4n^3+5n}$$

Usó el tercero para obtener un valor mejorado de la suma, obteniendo así trece posiciones decimales del número π. En toda la literatura matemática no se da nada parecido hasta los tiempos modernos.

En 1676 Newton escribió una carta a Henry Oldenburg, secretario de la Royal Society de Londres, para comunicarle dos series infinitas para el seno y el coseno:

$$\operatorname{sen}\theta = \theta - \frac{\theta^3}{3!} + \frac{\theta^5}{5!} - \frac{\theta^7}{7!} + \frac{\theta^9}{9!} - \frac{\theta^{11}}{11!} + \ldots$$

$$\cos\theta = 1 - \frac{\theta^2}{2!} + \frac{\theta^4}{4!} - \frac{\theta^6}{6!} + \frac{\theta^8}{8!} - \frac{\theta^{10}}{10!} + \ldots$$

que había obtenido mediante un método indirecto, con la ayuda del cálculo. Hoy sabemos que estas expresiones, que durante mucho tiempo se creyó que tenían su origen en Newton, ya las había obtenido Madhava casi cuatrocientos años antes. Los detalles de la derivación de estas series se presentan en *Yuktibhasa*. El método es complicado, pero puede verse como un temprano antecedente del método de cálculo de integración de una serie término a término.

De hecho, hay quien defiende que Madhava llegó a desarrollar algunas nociones básicas del cálculo matemático mucho antes que Newton, a saber, la diferenciación, la integral como el área bajo una curva y la integración término a término. Halló métodos para expandir polinomios en el álgebra, ideó un método numérico para resolver ecuaciones por iteración y trabajó sobre fracciones continuas infinitas.

❋

Joseph se pregunta si las ideas de Madhava se podrían haber filtrado en Europa. Hace notar que algunos exploradores europeos, como Vasco da Gama, conocían bien Kerala porque es un buen lugar donde hacer escala los buques que cruzaban el mar de Arabia de camino a China y otros destinos del Lejano Oriente. Su papel como centro comercial se remonta a los tiempos de Babilonia. Su aislamiento geográfico, confinado entre el mar de Arabia y las Ghats occidentales, la protegía de las turbulencias políticas del resto de la India medieval, lo que suponía un beneficio adicional para los viajeros extranjeros. Parece ser que parte de la tecnología de Kerala, y sus bienes, llegaban a Europa en aquellos tiempos, pero hasta el momento no se ha hallado ninguna prueba directa de la transferencia de ideas matemáticas. Mientras no se obtenga nueva evidencia (si es que se obtiene), debemos pensar que Kerala y Europa descubrieron muchas ideas matemáticas importantes de manera independiente.

El trabajo de grandes figuras de la India como Aryabhata y Brahmagupta se reconoce en Europa desde hace mucho tiempo. La obra de la escuela de Kerala, en cambio, no atrajo la atención de los estudiosos europeos hasta 1835, cuando Charles Whish escribió un artículo sobre cuatro de los textos principales: el *Tantrasamgraha* de Nilakantha, el *Yuktibhasa* de Jyesthadeva, el *Karana paddhati* de Putumana Somayaji, y el *Sadratnamala* de Sankara Varman. Whish causó un gran revuelo cuando sentenció que el *Tantrasamgraha* contenía los fundamentos de las fluxiones, el término que utilizaba Newton para referirse al cálculo (capítulo 7): que «abunda en formas fluxionales y series que no se encuentran en ninguna otra obra de los países extranjeros». En los días en que la Compañía Occidental de las Islas controlaba el comercio con la India y el propio país parecía estar maduro para la conquista, esta afirmación sentó como un tiro. Las matemáticas de Kerala prácticamente se olvidaron. Más de un siglo después, en la década de 1940, se puso de manifiesto una vez más su naturaleza avanzada en una serie de artículos de Cadambur Rajagopal y colaboradores, quienes analizaron las matemáticas de Kerala y demostraron que los matemáticos hindúes habían descubierto muchos resultados importantes mucho antes que los europeos, a quienes por lo general se les había otorgado el mérito.

5

El astrólogo jugador Girolamo Cardano

Girolamo (Gerolamo, Geronimo) Cardano / Hyeronymus Cardanus
Nacimiento: Pavía, ducado de Milán, 24 de septiembre de 1501
Muerte: Roma, 21 de septiembre de 1576

> En un período muy temprano de mi vida, comencé a aplicarme en serio al manejo de la espada, hasta que, gracias a mi persistencia en el entrenamiento, adquirí cierto prestigio incluso entre los más temerarios [...] Por la noche, en contra incluso de los decretos del Duque, me armaba y salía a merodear por las ciudades en las que habitaba [...] Llevaba un capuchón negro de lana para ocultar mis rasgos y calzaba zapatos de cuero de oveja. A menudo deambulaba durante toda la noche hasta el alba, empapado en sudor por el esfuerzo de las serenatas que daba con mis instrumentos musicales.

Así era la vida en la Italia del Renacimiento alrededor de 1520, o al menos así era para Girolamo Cardano, que reveló estas actividades y mucho más en una franca autobiografía, *De vita propria*. Cardano, un polímata con un especial talento para la matemática y la medicina, disfrutó (si así puede decirse) de una carrera que parece salida de los culebrones y la prensa amarilla. Dilapidó la fortuna de la familia, fue adicto al juego y soportó la ruina y la vida en un hospicio. A un hombre que sospechó que le hacía trampas, le sajó la cara con su cuchillo. Fue acusado de herejía y encarcelado; su hijo fue ejecutado por envenenar a su esposa. Pero Cardano también restableció el habla del obispo de Saint Andrews, en Escocia, que había enmudecido, lo que le valió una recompensa de 1.400 coronas de oro. A su regreso triunfal a Italia, fue admitido en el Colegio de Médicos, que durante décadas había intentado desesperadamente mantenerlo fuera.

Pero lo más importante es que fue un matemático magistral que escribió uno de los mejores libros de texto de todos los tiempos, *Ars magna*. Su subtítulo: *Las reglas del álgebra*. Con *Ars magna*, el álgebra alcanzó su madurez al adquirir tanto una expresión simbólica como un desarrollo sistemático. Cardano puede verse como otro candidato al título de «padre del álgebra». Sin embargo, fiel a su estilo, no alcanzó este estatus sin controversia y doble juego.

Cardano fue hijo ilegítimo. Su padre, Fazio, un abogado con un sólido talento para la matemática y un temperamento explosivo, vivió en Pavía y fue amigo de Leonardo da Vinci. Solía vestir con una insólita capa púrpura y un pequeño casquete negro, y a los cincuenta y cinco años ya había perdido todos sus dientes. La madre de Girolamo, Chiara (de soltera Micheria), una joven viuda con tres hijos, se casó con su padre muchos años más tarde. Era gorda, y su temperamento rivalizaba con el de Fazio: a la mínima se ofendía. También era profundamente religiosa y muy inteligente. Cuando quedó embarazada de Girolamo, y comoquiera que la peste había llegado a Milán, se desplazó a una zona rural, mientras que sus tres hijos mayores se quedaron en la ciudad y murieron por la enfermedad. La inminente llegada de Cardano parece que no la alegró: «Aunque se probaron en vano varias medicinas abortivas, nací de manera natural el 24 de septiembre el año 1500».*

Aunque se formó como abogado, Fazio estaba lo bastante versado en matemáticas como para haber aconsejado a Da Vinci sobre geometría; ade-

* Aunque en *Vita* Cardano da el 24 de septiembre de 1500 como fecha de su nacimiento, en *De consolatione* da el mismo día pero del año 1501, y dice que nació «medio muerto». (*N. del t.*)

más enseñó en la Universidad de Pavía y en la Fundación Piatti de Milán. Transmitió su habilidad para las matemáticas y la astrología a su hijo ilegítimo: «Mi padre me enseñó desde mi más tierna infancia los rudimentos de la aritmética, y por aquel mismo tiempo me introdujo en los arcanos [...] Me instruyó en los elementos de la astrología de Arabia [...] Cuando cumplí los doce años me enseñó los seis primeros libros de Euclides».

Girolamo fue un niño enfermizo, y los planes de su padre de atraerlo al negocio de abogacía de su familia fracasaron. Se matriculó como estudiante de medicina en la Universidad de Pavía, donde realizó una brillante carrera, y aunque a muchos su naturaleza franca les parecía ofensiva, fue elegido rector de la universidad por el margen de un único voto. El éxito se le subió a la cabeza: hablamos del período de su vida en el que deambulaba por las calles de la ciudad armado con su espada y sus instrumentos musicales, y se dio al juego. Su conocimiento matemático del azar le concedía una clara ventaja, y alrededor de 1564 escribió uno de sus primeros libros sobre probabilidad: *El libro de los juegos de azar*, que no fue publicado hasta 1663. Su habilidad con el ajedrez (motivada por el dinero) también ayudó. Pero a medida que se tornaba más disoluto, fue perdiendo su suerte y su herencia.

Aun así, no cejó en su empeño. Ya en posesión de un título de medicina, intentó ingresar en el Colegio de Médicos de Milán, lo que le permitiría acceder a una profesión lucrativa y una vida confortable. Esta vez su tendencia a hablar con franqueza le fue en contra; denegado su ingreso, buscó un puesto de médico en un pueblo cercano. Ganaba así lo justo para vivir, y se casó con Lucia Bandarini, la hija de un capitán de la milicia. Rechazado una vez más por el colegio, volvió a sus antiguas ocupaciones y perdió una fortuna. Tras empeñar todas sus posesiones, incluidas las joyas de Lucia, acabaron en un asilo. «¡Me arruiné! ¡Me eché a perder!», escribió Cardano. Él y Lucia tuvieron un hijo que sufrió varios defectos congénitos menores pero que, en aquel tiempo, no se consideraba deforme. Para entonces, Fazio había fallecido, y Girolamo fue designado como su sucesor; parecía que las cosas se enderezaban. En 1539 hasta el Colegio de Médicos dejó de intentar mantenerlo fuera. También intentó desarrollar un talento más publicando varios libros de matemáticas. Uno de ellos lo sitúa firmemente en la élite de los matemáticos que abrieron nuevos caminos.

❋

La mayoría de las ramas de las matemáticas emergen a través de un proceso histórico complejo y confuso en el que no se puede discernir una dirección clara, precisamente porque esa misma dirección se va creando a medida que se enlazan ideas fragmentarias. La jungla crece mientras la exploramos. Algunos aspectos del álgebra se remontan a los antiguos griegos, que carecían de una notación eficaz siquiera para los números enteros. Al inventar una notación abreviada para las incógnitas, Diofanto le dio un buen impulso a la protoálgebra, pero se centró en la resolución de ecuaciones con números enteros, lo cual conducía de forma más directa a la Teoría de los Números. Los geómetras griegos y persas resolvieron problemas que hoy consideramos algebraicos por medios exclusivamente geométricos. Al-Juarismi formalizó los procesos algebraicos, pero no logró introducir representaciones simbólicas.

Mucho antes de que ocurriera todo esto, los babilonios ya habían descubierto la primera técnica algebraica realmente importante: cómo resolver ecuaciones cuadráticas. Hoy vemos que este tipo de pregunta abre las puertas al álgebra en la forma que adquirió en el siglo XIX, que es la mayor parte de lo que hoy se enseña bajo este título en las clases de matemáticas de las escuelas. Me refiero a deducir el valor (o una lista breve de valores posibles) de una cantidad desconocida a partir de alguna relación numérica entre esa cantidad y sus «potencias», es decir, su cuadrado, su cubo, etc. En otras palabras, resolver una ecuación polinómica.

Si la potencia más alta que aparece de la incógnita es su cuadrado, decimos que la ecuación es cuadrática. Los escribas-matemáticos de la antigua Babilonia sabían cómo resolverlas, y se lo enseñaban a sus pupilos. Para demostrarlo tenemos las tablillas de barro, con su arcana escritura cuneiforme. El paso más difícil es sacar la raíz cuadrada de una cantidad apropiada.

Desde nuestra perspectiva, el siguiente paso es obvio: ecuaciones cúbicas, en las que aparece el cubo de la incógnita además de su cuadrado y la propia incógnita. Una tablilla babilónica apunta a un método especial para resolver las cúbicas (el mote que usan los matemáticos en lugar de «ecuaciones cúbicas», un término más engorroso), pero eso es todo lo que sabemos sobre sus descubrimientos en esta área. Los métodos geométricos de los griegos y los persas lo lograron; la descripción más detallada es la de Omar Jayam, más famoso por su poesía, especialmente *Rubaiyat* (sobre todo en la traducción al inglés de Edward FitzGerald). Una solución puramente algebraica parecía quedar fuera de su alcance.

Todo eso cambió durante los emocionantes días del Renacimiento italiano.

Alrededor del 1515, Scipione del Ferro, un profesor de Bolonia, descubrió cómo resolver algunos tipos de cúbicas. La distinción entre tipos surgió porque por aquel entonces aún no se reconocían los números negativos, de modo que las ecuaciones se escribían de manera que hubiera términos positivos a ambos lados. Del Ferro le transmitió algunas notas a su yerno Annibale del Nave que demuestran que podía resolver el caso «cubo más incógnita igual a número». Es más que probable que también pudiera resolver otros dos tipos, que en conjunto cubren todas las posibilidades tras ciertas manipulaciones preparatorias. Su método implica el uso de raíces cuadradas y raíces cúbicas.

Además de hasta Del Nave, el método para el caso que acabamos de citar llegó también a conocimiento de un estudiante de Del Ferro, Antonio Fior. De manera independiente, Niccolò Fontana (generalmente conocido por su mote, hoy políticamente incorrecto, de Tartaglia, «tartamudo») descubrió también la solución para el mismo caso. Fior, que intentaba colocarse como profesor de matemáticas, tuvo una idea brillante: retar a Tartaglia a una competición pública en la que cada uno desafiaría al otro a resolver problemas matemáticos. Este tipo de combate intelectual era común en la época. Pero su fraude le estalló en la cara cuando Tartaglia, espoleado por rumores de que ya se habían resuelto los tres casos, y muy preocupado de que Fior supiera cómo hacerlo, hizo un enorme esfuerzo y halló las soluciones justo a tiempo para la competición. Habiendo descubierto al fin que Fior solo podía resolver un tipo, Tartaglia solamente le planteó casos que no supiera responder, y le dio una paliza.

La noticia era jugosa y se extendió como la pólvora, llegando así a oídos de Cardano, que se dedicaba con tesón a recoger materiales para su *Ars magna*. Atento a cualquier novedad que pudiera mejorar su libro, vio enseguida una oportunidad de oro. Los trabajos previos de Del Ferro estaban prácticamente olvidados, de modo que Cardano visitó a Tartaglia, rogándole que le revelase el secreto de las cúbicas. Tartaglia acabó por ceder. Dice la leyenda que hizo jurar a Cardano que mantendría el secreto, pero eso parece poco probable a la luz de la intención de Cardano de publicar un libro de álgebra. Sea como fuere, cuando apareció *Ars magna*, este contenía la solución de Tartaglia para las ecuaciones cúbicas. Le reconocía el mérito, pero poco consuelo era eso por haberle robado la primicia. Enfurecido, Tartaglia respondió con sus *Questi et invenzioni diverse*, que incluye toda la correspondencia entre él y Cardano. El libro afirmaba que en 1539 Cardano había jurado solemnemente «nunca publicar vuestros descubrimientos». Ahora había roto el juramento.

Como cabe suponer, la historia probablemente sea más compleja. Algún tiempo más tarde, Lodovico Ferrari, que más tarde se convertiría en estudiante de Cardano, afirmó que había estado presente en aquel encuentro y Cardano no había estado de acuerdo con mantener en secreto el método de Tartaglia. Su respuesta a la afirmación de Tartaglia de que había roto el juramento fue publicar un *cartello* retando a Tartaglia a debatir con él sobre el tema que deseara. En agosto de 1548 se congregó una gran multitud en una iglesia para presenciar la contienda. Dudo que muchos se sintieran atraídos por las matemáticas, o que siquiera las entendieran; lo que la mayoría deseaban era una buena bronca. Aunque no sabemos cómo acabó, Ferrari no tardó en recibir la oferta de ser tutor del hijo del emperador; en cambio, Tartaglia nunca declaró una victoria, perdió su empleo en Brescia y no dejó de lamentarse del resultado. Así que podemos imaginarnos lo que ocurrió.

La ironía es que nada de ello habría sido necesario. Durante la preparación de *Ars magna*, Cardano y Ferrari vieron los artículos de Bolonia de Del Ferro, que contenían su solución previa a la ecuaciones cúbicas. Esta, según sostenía, había sido la auténtica fuente del método. Si Cardano mencionaba el trabajo de Tartaglia era solo para explicar cómo había llegado a sus oídos el trabajo de Del Ferro. Eso es todo.

O tal vez no. ¿Por qué habría de suplicarle Cardano a Tartaglia que le revelase el secreto si ya lo conocía a través de una fuente anterior? Tal vez no le suplicó. Solo tenemos la palabra de Tartaglia al respecto. Por otro lado, «algo» retuvo a Cardano durante algún tiempo, pues no quería solamente la solución de las cúbicas. Bajo la dirección de Cardano, Ferrari había logrado llevar las cosas un paso más allá, resolviendo la ecuación cuártica (cuarta potencia de la incógnita, además de las potencias inferiores). La cuestión crucial, sin embargo, es que su solución funcionaba reduciéndolo todo a una cúbica relacionada. Así que Cardano no podía revelar al mundo la solución a la cuártica sin explicar al mismo tiempo cómo se resolvían las cúbicas.

Quizá todo ocurrió tal como lo explicaban Cardano y Ferrari. La derrota de Fior hizo que Cardano se enterase de que se podían resolver las cúbicas. Luego un poco de indagación lo condujo al manuscrito de Del Ferro, que le dio el método que necesitaba para su libro. Estimulado por este descubrimiento, Ferrari conquistó entonces las cuárticas. Cardano lo puso todo en su libro. Ferrari, siendo su alumno, difícilmente podía quejarse de que incluyese sus resultados, y al parecer se sintió orgulloso de que así fuese. Por deferencia a Tartaglia, Cardano le atribuyó el mérito de redescubrir el método y que llegase a su conocimiento.

Ars magna es importante por otra razón. Cardano aplicó sus métodos algebraicos a hallar dos números cuya suma fuera 10 y su producto 40, y obtuvo como respuesta $5+\sqrt{-15}$ y $5-\sqrt{-15}$. Como los números negativos no tienen raíces cuadradas, declaró que este resultado era «tan sutil como inútil». La fórmula para las cúbicas también conduce a estas cantidades cuando las tres soluciones son reales, y en 1572 Rafael Bombelli observó que si se ignora lo que puedan significar estas expresiones y se hacen las sumas, se obtienen las soluciones correctas. Con el tiempo, esta línea de pensamiento llevó a la creación del sistema de los números complejos, en los que -1 tiene raíz cuadrada. Esta extensión del sistema de los números reales es fundamental para las matemáticas, física e ingeniería de nuestros tiempos.

❋

En la década de 1540, Cardano volvió a practicar la medicina. Y entonces (ya lo dije: todo un culebrón) le golpeó la tragedia. Su hijo mayor, Giambatista, se había casado en secreto con Brandonia di Seroni, que en opinión de Cardano era una mujer sin valor y sin vergüenza. Sus padres eran buscadores de oro, y la esposa de Giambatista se mofaba de él en público, voceando que no era el padre de sus tres hijos. Él la envenenó y no tardó en confesar su crimen. El juez insistió en que la única manera de evitar la pena de muerte era que Cardano conviniera una compensación para los Di Seroni. La suma demandada era tan grande que no podía pagarla, de modo que su hijo fue torturado, le cortaron la mano izquierda y lo decapitaron.

Cardano, un hombre duro que ya lo había visto todo, se vio obligado a mudarse, ocupando un puesto de profesor de medicina en Bolonia. Allí, su arrogancia convirtió en enemigos a sus colegas de profesión, que intentaron que lo despidieran. Su hijo menor, Aldo, acumuló una enorme deuda en el juego, y allanó la casa de su padre para robarle dinero y joyas. Cardano sintió que no le quedaba más opción que denunciar el robo, y Aldo fue desterrado de Colonia. Con todo, Cardano siguió siendo optimista, y escribió que a pesar de estos sucesos trágicos, «es tanto lo bueno que tengo, que si lo tuviera otro se contaría entre los afortunados». Pero el destino le tenía guardados otros desastres, cuya causa fue su dedicación a la astrología. En 1570 hizo el horóscopo de Jesús. También escribió alabando a Nerón, que había martirizado a los primeros cristianos. Todo ello propició una denuncia por herejía. Fue encarcelado, y luego liberado, pero se le prohibió ocupar ningún puesto académico.

Se desplazó a Roma, donde para su sorpresa recibió una calurosa acogida. Al parecer, el papa Gregorio XIII lo había perdonado y le concedía una pensión. Fue admitido en el Colegio de Médicos de aquella ciudad, y escribió, aunque no publicó, su autobiografía, que apareció por fin a los sesenta años de su muerte. Dice la leyenda que murió por su propia mano porque había predicho el día de su muerte, y el orgullo profesional requería que su predicción fuese correcta.

6

El Último Teorema
Pierre de Fermat

Pierre de Fermat
Nacimiento: Beaumont-de-Lomagne, Francia, 17 de agosto de 1601
(o 31 de octubre-6 de diciembre de 1607)
Muerte: Castres, Francia, 12 de enero de 1665

Pocos son los matemáticos que logran plantear un problema que durante siglos queda sin respuesta, y aún menos si este llega a ocupar un lugar central en áreas de la matemática que ni siquiera existían cuando se hizo la pregunta. Pierre Fermat (el «de» se añadió más tarde, cuando se convirtió en oficial del gobierno) posiblemente sea el más célebre de los de su enaltecida condición. Pero no fue exactamente un matemático; tenía un título en derecho y fue magistrado en el Parlamento de Toulouse. No obstante, sería inapropiado calificarlo de aficionado. Quizá lo mejor sea considerarlo un profesional no pagado que se se ganaba la vida con el ejercicio de la ley.

Fermat publicó muy poco, posiblemente porque sus responsabilidades no relacionadas con las matemáticas apenas le dejaban tiempo para escribir sobre sus descubrimientos. Lo que sabemos de ellos nos ha llegado sobre todo a través de su correspondencia con matemáticos y filósofos como Pierre de Carcavi, René Descartes, Marin Mersenne y Blaise Pascal. Fermat sabía muy bien qué era una demostración y, en particular, el único enunciado incorrecto que encontramos en los papeles que de él nos han llegado (sobre una fórmula que creía que siempre arrojaba un número primo) viene acompañada de la advertencia de que no disponía de una demostración. Son muy pocas las demostraciones de Fermat que nos han llegado; de ellas, la principal es la prueba de que dos cuartas potencias no pueden sumar un cuadrado, que consiguió con un nuevo método al que llamó Descenso Infinito.

Fermat tiene muchos méritos que le hacen merecedor de su fama como matemático. Hizo grandes progresos en geometría, desarrolló precursores del cálculo y trabajó sobre las probabilidades y la física matemática de la luz. Sin embargo, su principal contribución fue su trabajo seminal sobre la Teoría de los Números, que le llevó a enunciar la conjetura que logró que su fama persistiera entre el público en general, gracias en parte a un documental de la televisión y a un libro que se hizo muy popular. Me refiero a la conjetura que se conoce como su Último Teorema. Este simple pero enigmático enunciado adquirió su nombre no porque lo susurrara en su lecho de muerte, sino porque durante un siglo, más o menos, los sucesores de Fermat consiguieron demostrar (o, en un caso, refutar) todos y cada uno de los teoremas que había enunciado, con esa única excepción. Fue el último que sobrevivió al asedio, y desconcertó a las mentes más agudas.

Entre ellas, la de Gauss, una de las más finas. Casi doscientos años después de que Fermat escribiera su nota al margen, Gauss desestimó el Último Teorema de Fermat declarando que era típico de una gran familia de enunciados que eran fáciles de conjeturar pero prácticamente imposibles de demostrar o refutar. Gauss solía gozar de un olfato exquisito para la matemática, pero esta vez se quedó muy corto en cuanto a su importancia matemática. En defensa de Gauss, la mayoría de los matemáticos se sintieron igual durante tres siglos y cuarto después de que Fermat enunciara el problema. Solo cuando se vislumbraron sus sutiles vínculos con otras áreas de las matemáticas que ocupan un lugar más central se puso de manifiesto su verdadera importancia.

❋

En la actualidad, Beaumont-de-Lomagne es una *commune* francesa (un distrito administrativo) de la región de Midi-Pyrénées, en el sur de Francia. Fue fundada en 1276 como bastida (los pueblos medievales fortificados de esa región) y tuvo una historia turbulenta. Fue capturada durante algún tiempo por los ingleses durante la guerra de los Cien Años y luego perdió a quinientos de sus habitantes por la peste. Era católica, pero estaba rodeada de tres pueblos protestantes. Enrique III la vendió al futuro Enrique IV, quien la atacó en 1580 y masacró a un centenar de sus habitantes. Luis XIII la sitió a principios del siglo XVII; tomó parte en la rebelión contra el rey y fue ocupada militarmente en 1651 y sometida a graves multas; luego, la peste causó estragos en ella una vez más.

En medio de estos acontecimientos nació el más célebre habitante del lugar: Pierre Fermat, hijo de Dominique, un rico comerciante de pieles, y su esposa Claire (de soltera Long) que provenía de una familia de abogados. Hay incertidumbre sobre el año de su nacimiento (1601 o 1607) porque tal vez tuviera un hermano mayor, también llamado Pierre, que habría muerto joven. Su padre fue también cónsul segundo de Beaumont-de-Lomagne, de manera que Fermat creció en una familia implicada en la política. La posición de su padre hace que sea más que probable que Fermat se criase en su lugar de nacimiento, y en este caso debió de educarse en un monasterio franciscano. Tras una breve estancia en la Universidad de Toulouse se desplazó hasta Burdeos, donde comenzaron a florecer sus intereses matemáticos. Primero probó a restaurar *De Locis Planis* [Sobre los lugares planos], una obra perdida del geómetra griego Apolonio de Perge; luego escribió sobre máximos y mínimos, anticipándose a algunos de los primeros desarrollos del cálculo.

Su carrera legal también floreció tras graduarse en derecho por la Universidad de Orleans. En 1631 compró para sí una posición como magistrado (*conseiller*) en el Parlamento de Toulouse, lo que le confirió el derecho a añadir un «de» a su nombre. Actuó desde esta posición, y como abogado, durante el resto de su vida, viviendo en Toulouse pero trabajando ocasionalmente en Beaumont-de-Lomagne y Castres. Al principio estuvo en la cámara baja del Parlamento, pero ascendió a una cámara superior en 1638, y desde allí, en 1652, hasta el escalafón más alto del tribunal criminal. Le ayudó en su ascenso la peste, que mató a muchos de los magistrados más viejos en la década de 1650. En 1653 se informó de que Fermat había muerto por esta enfermedad, pero (como en el caso de Mark Twain) la noticia se había exagerado.* Al parecer, Fermat había mordido más de lo que podía tragar, y su interés por la matemática lo estaba distrayendo de sus deberes legales. Un documento dice: «Está bastante preocupado, no informa correctamente sobre los casos y anda confundido».

Su obra *Ad locos planos et solidos isagoge* (*Introducción a los lugares geométricos planos y sólidos*) fue pionera en el uso de coordenadas para relacionar la geometría y el álgebra. Esta idea suele atribuirse a Descartes, en un ensayo de 1637, *La geometría*, uno de los tres tratados para los que servía de introducción su *Discurso del método*, pero ya se había apuntado en escritos mucho más antiguos, incluso de los griegos. La idea es utilizar un par de ejes de coordenadas para representar cada punto del plano mediante un par único de números (x, y), un método que hoy nos resulta tan familiar que apenas merece comentario.

En su obra de 1679, *De tangentibus linearum curvarum* (*Sobre las tangentes a líneas curvas*), Fermat hallaba justamente eso, tangentes a curvas, que son una versión geométrica del cálculo diferencial. Su método para hallar máximos y mínimos también fue un precursor del cálculo. En el campo de la óptica, enunció el Principio del Tiempo Mínimo:** un rayo de luz sigue aquella trayectoria que minimiza el tiempo total de recorrido. Este fue un primer paso hacia el cálculo de variaciones, una rama del análisis que busca las curvas o superficies que minimizan o maximizan alguna cantidad relacionada. Por ejemplo, ¿qué superficie cerrada de volumen fijo tiene la menor área? La respuesta es la esfera, lo que explica por qué las pompas de jabón son esféricas, porque la energía de la tensión superficial es proporcional al área, y las burbujas adoptan la forma que minimiza esa energía.

En la misma línea, Fermat discutió con Descartes sobre la deducción que hizo este de la Ley de la Refracción de los rayos luminosos. Descartes, probablemente molesto porque Fermat se llevara el crédito por las coordenadas, respondió criticando su trabajo sobre máximos, mínimos y tangentes. La disputa llegó a ser tan acalorada que hubo que solicitar al ingeniero y pionero de la geometría Girad Desargues que actuara como árbitro. Cuando dijo que Fermat tenía razón, Descartes lo aceptó a regañadientes: «Si lo hubiera explicado de este modo desde el principio, no le habría contradicho para nada».

* Durante una estancia en Londres en 1897, el rumor de que Mark Twain había fallecido llegó a un periódico americano, que publicó su obituario. Al enterarse, Mark Twain respondió que la noticia de su muerte se había exagerado. (*N. del t.*)

** Hoy se conoce más a menudo como «Principio de Fermat». (*N. del. t.*)

❋

El principal legado de Fermat es la Teoría de los Números. Su correspondencia contiene muchos desafíos para otros matemáticos, entre ellos demostrar que la suma de dos cubos perfectos no puede ser un cubo perfecto,* y resolver la mal llamada «ecuación de Pell», $nx^2 + 1 = y^2$, donde n es un número entero y el reto consiste en hallar soluciones x e y que también sean enteros. Leonhard Euler erróneamente atribuyó una solución de lord Brouncker a John Pell. En realidad, el *Brahmasphutasiddhanta* (*La doctrina de Brahma correctamente establecida*) de Brahmagupta ya incluía en el año 628 un método para resolverlo.

Uno de los resultados más bellos e importantes de Fermat es el que caracteriza los números que se pueden expresar como la suma de dos cuadrados perfectos. Albert Girard enunció la respuesta en una obra publicada póstumamente, en 1634. Fermat fue el primero en presentar una demostración, que anunció en una carta a Mersenne en 1640. Lo crucial es resolver el problema para números primos. La respuesta depende del tipo de primo, en el siguiente sentido. El único primo par es 2. Los números impares son o bien múltiplos de 4 con la adición de 1, o múltiplos de 4 con la adición de 3; es decir, son de la forma $4k + 1$ o $4k + 3$, y, naturalmente, lo mismo vale para los primos impares. Fermat demostró que 2 y todos los primos de la forma $4k + 1$ son sumas de dos cuadrados; en cambio, los de la forma $4k + 3$ no lo son.

Con un poco de experimentación, es fácil de ver. Por ejemplo, $13 = 4 + 9 = 2^2 + 3^2$, y $13 = 4 \times 3 + 1$. En cambio, $7 = 4 \times 1 + 3$, y una suma de dos cuadrados no puede dar 7. Demostrar el Teorema de Fermat de los dos cuadrados, sin embargo, es mucho más difícil. La parte más sencilla es demostrar que los primos de la forma $4k + 3$ no son sumas de cuadrados; lo mostraré en el capítulo 10 con un truco que desarrolló Gauss para sistematizar un método básico de la Teoría de los Números. Demostrar que los primos del tipo $4k + 1$ sí se pueden expresar como la suma de dos cuadrados es bastante más difícil. La demostración de Fermat no nos ha llegado, pero se conocen demostraciones que utilizan métodos que tenía a su disposición. Euler dio la primera demostración conocida, que anunció en 1747 y publicó en dos artículos en 1752 y 1755.

La conclusión es que un número entero es la suma de dos cuadrados si y solo si todo factor primo de la forma $4k + 3$ que aparezca en la descompo-

* Un cubo perfecto es un número entero que puede expresarse como un entero elevado al cubo. (*N. del t.*)

sición en números primos está elevado a una potencia par. Por ejemplo, $245 = 5 \times 7^2$. El factor 7 es de la forma $4k + 3$ y aparece elevado a una potencia par, de manera que 245 es la suma de dos cuadrados. En efecto, $245 = 14^2 + 7^2$. En cambio, $35 = 5 \times 7$, donde el factor 7 aparece elevado a una potencia impar, de manera que 35 no se puede descomponer en la suma de dos cuadrados. Este resultado puede parecer una curiosidad aislada, pero dio pie a varias líneas de investigación que acabaron floreciendo en la teoría de las formas cuadráticas de Gauss (capítulo 10), de gran alcance. En tiempos modernos se ha llevado aún más lejos. Un teorema relacionado, demostrado por Lagrange, establece que todo número entero es la suma de cuatro cuadrados (donde $0 = 0^2$ está permitido).* También esto ha tenido amplias ramificaciones.

❋

La historia del Último Teorema de Fermat ya se ha explicado muchas veces, pero no voy a disculparme por relatarla una vez más. Es una gran historia.

Es tal vez irónico que la mayor fama de Fermat se deba a un teorema que casi con seguridad no demostró. Aunque «afirmó» que tenía una demostración, y aunque hoy sabemos que el teorema es cierto, el veredicto de la historia es que los métodos de que disponía no estaban a la altura de la tarea. Su afirmación de que tenía una demostración aparece solamente en una nota manuscrita en el margen de un libro que ni siquiera ha sobrevivido como documento original, así que es posible que la hiciera de forma prematura. En la investigación matemática no es raro levantarse una buena mañana con el convencimiento de que se puede demostrar algo importante, solo para ver cómo la prueba se evapora al mediodía cuando se encuentra un error.

El libro en cuestión era una traducción al francés de la *Arithmetica* de Diofanto, la primera gran obra sobre la Teoría de los Números, salvo que se cuenten los *Elementos* de Euclides, que desarrolla muchas propiedades básicas de los números primos y resuelve algunas ecuaciones importantes. Sin duda *Arithmetica* es el primer libro especializado sobre el tema. Recor-

* El Teorema de los Cuatro Cuadrados se conoce también como Conjetura de Batchet, por Claude Gaspard Bachet de Méziriac (1581-1638), que lo enunció en las notas a su traducción al latín de la *Arithmetica* de Diofanto, una obra que, como se verá, ocupa un lugar central en esta historia. (*N. del t.*)

demos que fue esta obra la que dio a la matemática el término técnico «ecuación diofántica» para referirse a una ecuación polinómica que debe resolverse con números enteros o racionales. Diofanto elaboró un catálogo sistemático de estas ecuaciones, y una de las principales es la ecuación $x^2 + y^2 = z^2$ para las llamadas ternas pitagóricas, porque un triángulo con esos lados x, y y z tendrá un ángulo recto de acuerdo con el Teorema de Pitágoras. La solución más simple con números naturales, sin incluir el cero, es $3^2 + 4^2 = 5^2$, el famoso triángulo 3-4-5. Hay infinitas soluciones más: Euclides dio un procedimiento para generarlas todas, que Diofanto incluyó en su obra.

Fermat poseía una copia de la traducción de *Arithmetica* al latín realizada por Claude Bachet de Méziriac en 1621, y anotó algunas observaciones en los márgenes. Según el hijo de Fermat, Samuel, el Último Teorema aparece como una nota a la Cuestión VIII del Libro II de Diofanto. Lo sabemos porque Samuel publicó su propia edición de *Arithmetica* con las notas de su padre. Las fechas de las notas no se conocen, pero Fermat comenzó a estudiar *Arithmetica* hacia 1630. La fecha que suele darse es 1637, pero es solo una conjetura. Mientras reflexionaba, probablemente sobre las generalizaciones posibles de los triángulos pitagóricos, Fermat se inspiró para escribir su épica apostilla:

> Es imposible convertir un cubo en la suma de dos cubos, o una cuarta potencia en la de dos cuartas potencias, o, en general, cualquier potencia superior a la segunda en la suma de dos potencias iguales. He descubierto una demostración realmente asombrosa de esto, pero no cabe en este estrecho margen.

Es decir, la ecuación diofántica $x^n + y^n = z^n$ no tiene soluciones en los números enteros si n es un entero igual o superior a tres.

Hay indicios circunstanciales de que Fermat posteriormente cambió de opinión acerca de que disponía de una demostración. En su correspondencia, solía enunciar sus teoremas en forma de rompecabezas para que los resolvieran otros matemáticos (y al menos uno de ellos se quejó de que eran demasiado difíciles). Sin embargo, ninguna de las cartas que de él nos han llegado menciona este teorema. Aún más revelador es el hecho de que planteara dos casos especiales, las potencias de tres y de cuatro, como problemas para sus correspondientes. ¿Por qué habría de hacerlo si dispusiera de una demostración de un resultado más general? Parece seguro que podía probar el caso de los cubos, y sabemos cómo demostró el teorema para las cuartas potencias. De hecho, esa demostración es la «única» en todas las obras y artículos que nos dejó. Su enunciado empieza así: «El área de un triángulo rectángulo no puede ser un cuadrado». Claramente hacía referencia a las ternas pitagóricas. La solución de Euclides-Diofanto implica fácilmente que este problema es equivalente a hallar dos cuartas potencias cuya suma dé un cuadrado. Si existiera una solución a $x^4 + y^4 = z^4$, con exponente 4, entonces z^4 sería un cuadrado (de z^2); el enunciado de Fermat implica entonces que esa solución no existe.

Su demostración es ingeniosa, y al mismo tiempo una innovación radical. La llamó Método del Descenso Infinito. Suponemos que existe una solución, aplicamos la solución de Euclides-Diofanto, la trabajamos un poco y deducimos que existe una solución «más pequeña». Entonces, decía Fermat, se puede construir una cadena infinita de soluciones cada vez más pequeñas. Sin embargo, una cadena descendente de este tipo, formada por números naturales, debe acabar en algún momento, por lo que llegamos a una contradicción lógica. Por consiguiente, la solución hipotética de la que partimos no puede existir.

✵

Fermat podría haber escondido sus demostraciones deliberadamente. Era de carácter travieso y le gustaba atormentar a otros matemáticos planteando sus resultados como acertijos. Su nota marginal no es la única que anuncia algo importante y a renglón seguido urde una excusa para no demostrarlo. Descartes creía que Fermat era un fanfarrón, y Wallis se refería a él como «ese maldito franchute». Sea como fuere, la táctica, si es que eso es lo que era, funcionó. Tras la muerte de Fermat (e incluso durante su vida) muchos grandes matemáticos dejaron su huella resolviendo alguno de los puzles que había dejado para la posteridad. Euler, por ejemplo, anunció que había demostrado que la suma de dos cubos no puede dar un cubo en una carta de 1753 a su amigo Christian Goldbach. Hoy sabemos que su demostración tenía una laguna, pero que puede arreglarse fácilmente, de modo que suele atribuirse a Euler el mérito de la primera demostración publicada. Adrien-Marie Legendre demostró el Último Teorema para las quintas potencias en 1825, y en 1832 Peter Dirichlet lo demostró para las potencias de grado 14, claramente un intento fallido de demostrarlo para potencias de grado 7 que pudo salvarse apuntando a un problema más débil. Gabriel Lamé se ocupó de las séptimas potencias en 1839, y en 1847 explicó las ideas principales de la demostración en la Academia de las Ciencias de

París. Implicaba un análogo de la factorización en números primos para un tipo especial de número complejo.

Inmediatamente después de su conferencia, Joseph Liouville se levantó para señalar un posible fallo en el método de Lamé. Para los números normales, la factorización en primos es «única»: aparte del orden en que se escriban los factores, solo hay una manera de hacerla. Por ejemplo, la factorización en primos de 60 es $2^2 \times 2 \times 5$ y nada que sea esencialmente distinto funciona. A Liouville le preocupaba que la factorización única no fuese válida para la clase de números complejos que usaba Lamé, y al final sus dudas resultaron estar justificadas: la propiedad falla para potencias de grado 23.

Ernst Kummer logró recomponer la idea añadiendo nuevos ingredientes a la mezcla, algo a lo que llamó «números ideales». Estos se comportan como números, pero no lo son. Utilizó los números ideales para demostrar el Último Teorema de Fermat para muchos grados de potencia, incluidos todos los números primos hasta 100 con la excepción de 37, 59 y 67, y en 1993 se sabía que el Último Teorema de Fermat era cierto para todas las potencias hasta $n = 4$ millones, pero este tipo de competición, cada vez más desesperada, no arrojaba ninguna luz sobre el caso general. Empezaron a surgir nuevas ideas en 1955, mientras Yutaka Taniyama trabajaba en otra área de la Teoría de los Números, aparentemente sin relación alguna, llamada «curvas elípticas». (El nombre es equívoco, pues la elipse no es una de ellas. Una curva elíptica es un tipo especial de ecuación diofántica.) Taniyama conjeturó un interesante vínculo entre estas curvas y el análisis complejo, la teoría de las funciones modulares. Durante años, prácticamente nadie creyó que tuviera razón, pero poco a poco se fueron acumulando indicios de que la llamada Conjetura de Shimura-Taniyama-Weil podría ser realmente cierta.

En 1975 Yves Hellegouarch se percató de una relación entre el Último Teorema de Fermat y las curvas elípticas que sugería que todo contraejemplo del Último Teorema de Fermat conducía a una curva elíptica con unas propiedades muy extrañas. En dos artículos publicados en 1982 y 1986, Gerhard Frey mostró que esta curva debía de ser tan extraña que no podía existir. El Último Teorema de Fermat se seguiría entonces por contradicción, pero Frey hacía un uso fundamental de la Conjetura de Shimura-Taniyama Weil, que todavía estaba por demostrar. Pese a ello, estos desarrollos convencieron a muchos teóricos de números de que Hellegouarch y Frey estaban en el camino correcto. Jean-Pierre Serre predijo que alguien demostraría el Último Teorema de Fermat por esta vía, más o menos una década antes de que así fuera.

Andrew Wiles dio el paso final en 1993 al anunciar la demostración de un caso especial de la Conjetura de Shimura-Taniyama-Weil que era suficiente para demostrar el Último Teorema de Fermat. Por desgracia, se puso de manifiesto una laguna lógica, algo que a menudo es el preludio del colapso total. Pero Wiles tuvo suerte. Ayudado por su antiguo estudiante Richard Taylor logró remediar la laguna en 1995. Ahora la demostración era completa.

Todavía se debate si Fermat realmente tenía una demostración. Como ya he dicho, hay pruebas circunstanciales que sugieren poderosamente que no fue así, pues en caso de poseerla, la habría planteado como desafío para otros. Es más probable que creyese que tenía una demostración cuando escribió la nota al margen, y después cambiara de opinión. En el improbable caso de que realmente tuviera una demostración, no podría parecerse en nada a la de Wiles. Los conceptos necesarios y el punto de vista abstracto sencillamente no existían en tiempos de Fermat. Es como esperar que Newton hubiera inventado las armas nucleares. Con todo, cabe imaginar que Fermat hubiera dado con algún método para abordar el problema que no se le haya ocurrido a nadie más. Esas cosas pasan. En cualquiera caso, nadie encontrará esa demostración a no ser que posea el talento matemático de Pierre de Fermat, y eso es pedir mucho.

7

El sistema del mundo
Isaac Newton

Sir Isaac Newton
Nacimiento: Woolsthorpe, Inglaterra, 4 de enero de 1643
Muerte: Londres, 31 de marzo de 1727

En 1696 la Real Casa de la Moneda, la ceca de Inglaterra, recibió un nuevo alcaide, Isaac Newton. Le concedió el puesto el conde de Halifax, Charles Montagu, quien a la sazón era canciller del Tesoro, el responsable de las finanzas del gobierno. Newton recibió el encargo de rehacer la moneda de Gran Bretaña,* que por aquel entonces se encontraba en un estado deplorable. Newton estimó que alrededor del 20% de las monedas que estaban en circulación eran falsas o se habían recortado, es decir, les habían afeitado los cantos para fundir y vender el oro o la plata. En princi-

* En rigor, Inglaterra y Escocia eran entonces reinos distintos bajo el mismo monarca, Guillermo III de Inglaterra y II de Escocia; Gran Bretaña no se fundaría hasta once años después, en 1707, bajo el reinado de la reina Ana. (*N. del t.*)

pio, la falsificación y el recorte de monedas eran actos de traición que podían acarrear castigos de tortura judicial como la horca, el ahogamiento o el descuartizamiento. En la práctica, casi nunca se había sentenciado a nadie, y aún menos castigado.

En tanto que catedrático lucasiano de Matemáticas en la Universidad de Cambridge, el nuevo alcaide era un académico de los de torre de marfil que había dedicado la mayor parte de su vida a asuntos esotéricos de matemáticas, física y alquimia. También había escrito breves tratados religiosos sobre interpretaciones de la Biblia, y había datado la Creación en el 4000 a. C. Su historial de servicio público era pobre. Había servido como miembro del Parlamento para la Universidad de Cambridge en 1689-1690 y lo haría de nuevo en 1701-1702, pero al parecer la única vez que participó en un debate fue para quejarse de que en la cámara hacía frío y solicitar que se cerraran las ventanas. Así que no era difícil suponer que, habiendo obtenido el puesto como una sinecura gracias a un enchufe político, Newton no sería más que un pelele.

A los pocos años, 28 falsificadores de moneda convictos comprenderían que no era así. Newton se entregó a la búsqueda de pruebas de delito con la pericia de un Sherlock Holmes. Se disfrazó como habitual de tabernas y cervecerías de mala reputación para espiar a los clientes y presenciar sus actividades criminales. Tras comprender que la naturaleza enrevesada de la legislación inglesa era uno de los mayores obstáculos para que las imputaciones tuvieran éxito, Newton recurrió a las antiguas costumbres y precedentes judiciales de su país. Los juzgados de paz gozaban de una considerable autoridad que les permitía hacer acusaciones, interrogar a testigos y, a todos los efectos, actuar como juez y jurado. Así que Newton se las arregló para que lo designaran juez de paz en todos los condados adyacentes a Londres. En dieciocho meses, a partir del verano de 1698, interrogó a más de un centenar de testigos, sospechosos e informadores, consiguiendo así aquellas 28 condenas.

Sabemos todo esto porque Newton introdujo un borrador de una carta sobre este asunto en su propia copia de la que se considera su obra maestra, los *Principia*, el libro con el que, a todos los efectos, fundó la física matemática al enunciar las Leyes del Movimiento y la Ley de la Gravedad, y mostrar cómo explican un amplio abanico de fenómenos naturales.

El caso ilustra el hecho de que cuando Newton se ponía con algo, solía lograr grandes cosas, con la salvedad de la alquimia y, probablemente, en la exégesis bíblica. Llegó a ser director de la Casa de la Moneda y presidente de la Royal Society de Londres, y fue investido caballero por la reina

Ana en 1705. Sus mayores contribuciones a la humanidad, sin embargo, fueron en matemáticas y en física. Inventó el cálculo y lo utilizó para formular leyes fundamentales de la naturaleza, a partir de las cuales dedujo, tal como establece el subtítulo del Libro 3 de los *Principia*, el «sistema del mundo». Cómo funciona el universo.

Sus propios principios, sin embargo, fueron mucho más humildes.

⁂

Newton nació el día de Navidad de 1642. O, al menos, esa es la fecha en la que nació según el entonces vigente calendario juliano; cuando este fue reemplazado por el gregoriano, notorio por sus «días perdidos», la fecha oficial pasó a ser el 4 de enero de 1643. De niño vivió en una granja, Woolsthorpe Manor, en la aldea de Woolsthorpe-by-Colsterworth en Lincolnshire, no muy lejos de Grantham.

El padre de Newton, que también se llamaba Isaac, murió dos meses antes de que naciera su hijo. Los Newton eran una familia de granjeros bien establecida, e Isaac Newton, el viejo, gozaba de una buena hacienda como propietario de una granja de buen tamaño, una casa y mucho ganado. Su madre Hannah (de soltera Ayscough) gestionaba la granja. Cuando Isaac tenía dos años, se casó con Barnabas Smith, ministro de la Iglesia en el cercano pueblo de North Witham. Al niño lo criaba en Woolsthorpe su abuela Margery Ayscough. No tuvo una infancia feliz. Isaac no se llevaba demasiado bien con su abuelo James Ayscough, y menos aún con su madre y su padrastro: cuando confesó sus pecados a la edad de diecinueve años, mencionó que había «amenazado a su padre y madre Smith con quemarlos en su casa».

Su padrastro murió en 1653, e Isaac comenzó sus estudios en la Free Grammar School [instituto] de Grantham, donde se alojaba con la familia Clarke. William Clarke era farmacéutico, y su casa estaba en High Street, cerca de George Inn. Newton se hizo famoso entre la gente del lugar por sus extraños inventos e ingenios mecánicos. Se gastaba su mensualidad en herramientas y, en lugar de entretenerse con juegos, fabricaba cosas con madera: casas de muñecas para las niñas, pero también el modelo funcional de un molino, al que añadió una cinta continua sobre la que corría un ratón, para impulsarlo. Construyó también un pequeño carricoche en el que podía sentarse y moverlo accionando una manivela. Y montó una linterna de papel en una cometa para asustar a los vecinos por la noche. Según su biógrafo William Stukeley, aquello «espantaba estupendamente a los habitantes del entorno, y provocaba no pocas discusiones entre los lugareños en los días de mercado, alrededor de unas jarras de cerveza».

Desde entonces, los historiadores han descubierto la fuente de la mayor parte de esas invenciones de Newton, *The Mysteries of Nature and Art* [Los misterios de la naturaleza y el arte], de John Bate. Uno de los cuadernos de Newton contiene numerosos extractos de este libro. En todo caso, las invenciones ilustran su temprano interés por las cuestiones científicas, aunque no fuesen originales. También le fascinaban los relojes de sol (la iglesia de Colsterworth posee uno que se le atribuye y que supuestamente construyó cuando tenía tan solo nueve años), hasta el punto de que el joven Newton distribuía relojes de sol a su antojo por toda la casa. Clavaba tachuelas en las paredes para marcar las horas, las medias y los cuartos. Aprendió a detectar las fechas significativas, como los solsticios y los equinoccios, con tanto éxito que la familia y sus vecinos solían acudir a mirar lo que llamaban «los relojes de Isaac». Podía decir la hora con solo mirar las sombras en una habitación. También aprovechó la oportunidad que le ofrecía vivir en la casa de un farmacéutico para investigar la composición de medicinas, una temprana introducción a la química que sentó las bases de sus amplios intereses alquímicos en su vida adulta. En las paredes de su habitación hacía con carbón dibujos muy convincentes de aves, animales, barcos e incluso retratos.

Es evidente que se trababa de un joven inteligente, pero no dio señal alguna de poseer el menor talento para las matemáticas, y sus informes de la escuela lo describen como un estudiante perezoso y poco atento. En ese momento, su madre lo sacó del colegio para formarlo en la gestión de su hacienda, la tarea que típicamente le correspondía al primogénito, pero para la cual demostró todavía menos interés. Un tío la convenció para que Isaac fuera a la Universidad de Cambridge, de modo que lo envió de vuelta a Grantham para completar su educación.

Ingresó en el Trinity College, en la Universidad de Cambridge, en 1661 con la intención de obtener un título en Derecho. El curso se basaba en la filosofía aristotélica, pero al tercer año le permitieron leer obras de Descartes, del filósofo-científico Pierre Gassendi, del filósofo Thomas Hobbes y del físico Robert Boyle. Estudió a Galileo, aprendiendo así astronomía y la teoría copernicana de que la Tierra da vueltas alrededor del Sol. Leyó también la *Óptica* de Kepler. De qué modo se introdujo en la matemática avanzada no está tan claro. Abraham de Moivre escribió que todo empezó cuando Newton adquirió un libro de astrología en una feria, y se dio cuenta de que no entendía la matemática. Al intentar dominar la trigonometría, descubrió que no sabía bastante geometría, así que se agenció una copia de la edición de Euclides de Isaac Barrow. Aquello le pareció trivial hasta que dio con un teorema sobre las áreas de los paralelogramos que lo impresionó. Entonces se apresuró a leer toda una serie de obras mayores de las matemáticas: *The Key of Mathematics* [La clave de las matemáticas], de William Oughtred, *La Géométrie* de Descartes, las obras de François Viète, la *Geometry of René Descartes* [La geometría de René Descartes], de Frans van Schooten, y el *Algebra* de John Wallis. Wallis usaba indivisibles (infinitesimales) para calcular el área contenida por una parábola y una hipérbola. Newton pensó en ello y escribió: «Así lo hace Wallis, pero se podría hacer así...». Ya estaba desarrollando sus propias ideas y demostraciones, inspirado por los grandes matemáticos, pero sin subordinarse a ellos. Los métodos de Wallis eran interesantes, pero de ningún modo sagrados. Newton podía hacerlo mejor.

En 1663 Barrow ocupó la Cátedra Lucasiana,* convirtiéndose de este modo en *Fellow* del Trinity College, donde estudiaba el joven Newton, pero nada indica que observara entonces en este ningún talento especial, pues no se manifestó hasta 1665, cuando los estudiantes de la universidad fueron enviados a sus casas para evitar la gran peste.** En la paz y tranquilidad de la campiña de Lincolnshire, libre de las distracciones de la ajetreada vida de la ciudad, Newton dirigió su atención a la ciencia y la matemática. Entre 1665 y 1666 desarrolló su Ley de la Gravedad, que explica los movimientos de la Luna y los planetas, definió las Leyes de la Mecánica para explicar el movimiento de los cuerpos, inventó el cálculo diferencial e integral, y realizó descubrimientos importantes en óptica. No publicó nada de todo este trabajo, sino que regresó a Cambridge para defender su grado de maestría, y fue elegido *Fellow* del Trinity College. En 1669 fue seleccionado para la Cátedra Lucasiana de Matemáticas después de que Barrow dejase libre la plaza, y fue elegido *Fellow* de la Royal Society en 1672.

A partir de 1690 Newton escribió numerosos ensayos sobre la interpretación de la Biblia y realizó experimentos de alquimia. Ocupó puestos administrativos de importancia, llegando a ser director de la Real Casa de la Moneda. Fue elegido presidente de la Royal Society en 1703, y fue nombrado caballero en 1705, cuando la reina Ana visitó el Trinity College en

* George Barrow fue el primero de los ocupantes de esta prestigiosa cátedra fundada por el miembro del Parlamento Henry Lucas (*c.* 1610-1663), que dejó fondos con este fin en su testamento. (*N. del t.*)

** La gran peste de 1665-1666 mató cerca de 100.000 personas en toda Inglaterra, y sucumbieron a ella una quinta parte de los habitantes de Londres. (*N. del t.*)

dia» durante ese tiempo será de sesenta kilómetros por hora. Pero la velocidad puede haber sido más rápida en algunos momentos y más lenta en otros. Si reducimos el intervalo de tiempo a un segundo, obtenemos una estimación más precisa, la velocidad media en un segundo. Pero la velocidad todavía podría haber cambiado ligeramente durante ese tiempo. Podemos aproximar la velocidad instantánea en un momento dado hallando la distancia que recorre el coche durante un intervalo de tiempo muy breve, y dividiendo esa distancia por el tiempo que tardó en recorrerla. Sin embargo, por muy pequeño que hagamos ese intervalo, el resultado no es más que una aproximación. No obstante, si probamos a usar esa fórmula con la posición del coche, veremos que a medida que el intervalo se va acercando a cero, la velocidad media durante ese intervalo se va acercando a «un valor concreto». Ese valor es lo que definimos como la velocidad instantánea.

La forma habitual de calcular las sumas nos obliga a dividir la distancia recorrida por el tiempo transcurrido. Críticos como el obispo George Berkeley se apresuraron a señalar que cuando el tiempo transcurrido es cero, esa fracción será 0/0, que carece de sentido. Berkeley publicó sus críticas en 1734 en un panfleto titulado *El analista, o discurso dirigido a un matemático infiel*, refiriéndose con sarcasmo a los fluxiones (las velocidades instantáneas) de Newton como «los fantasmas de las cantidades muertas».

Newton y Leibniz tenían respuesta para tales objeciones. Newton usó la imagen física de un intervalo que fluye hacia el cero pero nunca lo alcanza. La distancia recorrida fluye hacia el cero, y lo mismo hace la velocidad instantánea. Lo importante, decía Newton, es hacia dónde fluye. Llegar allí es irrelevante. Por eso dio a su método el nombre de «fluxiones», cosas que fluyen. Leibniz prefería tratar el intervalo de tiempo como un infinitesimal, con lo cual no se refería a una cantidad distinta de cero y tan pequeña como uno desee (lo cual carece de toda lógica), sino a una cantidad variable distinta de cero que puede «hacerse» arbitrariamente pequeña. Es prácticamente la misma idea que la de Newton, y también, si dejamos de lado cierta imprecisión en la terminología, la idea que usamos hoy en día cuando hablamos de «sacar el límite». Pero hicieron falta siglos para poner orden en todo eso. Es un concepto sutil, y aún hoy a los estudiantes universitarios de matemáticas les cuesta hacerse con la idea.

❋

El obispo Berkeley podía sentirse tan infeliz con los fundamentos del cálculo como quisiera, pues los matemáticos siempre han estado dispuestos a ignorar a los filósofos, sobre todo cuando les piden que dejen de usar un método que funciona de maravilla. No, el verdadero debate en torno al cálculo tenía que ver con la prioridad de su invención.

Newton había escrito su *Método de las fluxiones y las series infinitas* en 1671, pero no lo había publicado. No vio la luz hasta 1736 en una traducción al inglés del latín original debida a John Colson. Leibniz publicó sobre el cálculo diferencial en 1684 y sobre el cálculo integral en 1686. Newton publicó sus *Principia* en 1687. Además, aunque muchos de sus resultados dependían del cálculo, Newton decidió presentarlo de una forma más clásica y acorde con la geometría, usando un principio que llamó «razones primeras y últimas». He aquí cómo definía la igualdad de fluxiones:

> Las cantidades, y las razones entre cantidades, que en un tiempo finito convergen de manera continua hacia la igualdad, y antes de que finalice ese tiempo se acercan más entre sí que cualquier diferencia dada, acaban siendo iguales.

La formulación actual del concepto de límite en el análisis es equivalente a esta, pero su significado es más explícito. Los críticos de Newton nunca entendieron esta definición.

Newton usó la geometría en lugar del cálculo en los *Principia* para evitar enmarañarse en discusiones sobre infinitesimales, pero al hacerlo perdió una oportunidad de oro para desvelar el cálculo a los ojos del mundo. Aquellas ideas circularon de manera informal entre los matemáticos británicos, pero pasaron prácticamente desapercibidas en el resto del mundo. Así que cuando Leibniz se convirtió en el primero en publicar sobre el cálculo, provocó protestas en Gran Bretaña. Un matemático escocés llamado John Keill dio el disparo de salida al publicar en *Transactions of the Royal Society* un artículo en el que acusaba a Leibniz de plagio. Cuando Leibniz lo leyó en 1711, exigió una retractación, pero solo consiguió que Keill subiera su apuesta argumentando que Leibniz había visto dos cartas de Newton que contenían las principales ideas del cálculo diferencial. Leibniz le pidió a la Royal Society que mediara en el asunto, y esta constituyó un comité. Este acabó fallando a favor de Newton... pero el informe lo había escrito el propio Newton, y nadie le había pedido a Leibniz que defendiera su propia posición. Algunos de los grandes nombres de la matemática de la Europa continental se unieron a la reyerta, quejándose de que no se estaba tratando a Leibniz de una manera justa. Luego Leibniz dejó de discutir con Keill, arguyendo que se negaba a discutir con un idiota. El asunto se les fue de las manos.

Historiadores posteriores consideran que la partida se quedó en empate. Newton y Leibniz desarrollaron sus métodos de manera básicamente independiente. Hasta cierto punto estaban al tanto del trabajo del otro, pero nadie le robó ninguna idea a nadie. Y varios matemáticos, entre ellos Fermat y Wallis, llevaban alrededor de un siglo dándoles vueltas. Por desgracia, esta absurda controversia hizo que los matemáticos británicos ignorasen lo que hacían sus primos continentales durante casi un siglo, lo cual es una lástima, puesto que aquello incluía la mayor parte de la física matemática.

❋

Los *Principia* se erigen sobre el trabajo de científicos anteriores, sobre todo de Kepler, cuyas tres leyes básicas de los movimientos planetarios llevaron a Newton a formular su Ley de la Gravedad, y de Galileo, quien investigó experimentalmente el movimiento de caída de un cuerpo, y descubrió algunas elegantes pautas en los números que obtuvo. Publicó sus descubrimientos en 1590 en *De motu* (*Sobre el movimiento*). Esto inspiró a Newton a enunciar tres leyes generales sobre el movimiento. La primera edición de los *Principia* salió a la luz en 1687, y a esta le siguieron otras ediciones con adiciones y correcciones. En 1747 Alexis Clairaut escribió que el libro «marcó la época de una gran revolución en la física». En el prefacio, Newton explica su gran tema:

> La mecánica racional será la ciencia de los movimientos resultantes de cualquier fuerza, y de las fuerzas necesarias para producir cualesquiera movimientos [...] y por ello presentamos esta obra como unos principios matemáticos de la filosofía. Pues toda la dificultad de la filosofía parece consistir en esto: en investigar, a partir de los fenómenos de los movimientos, las fuerzas de la Naturaleza, para luego, a partir de estas fuerzas, demostrar los otros fenómenos.

Es una afirmación ambiciosa, pero a la vista de lo conseguido, su optimismo estaba plenamente justificado. En menos de un siglo, las ideas iniciales de Newton habían crecido hasta constituir una enorme rama de la ciencia: la física matemática. Muchas de las ecuaciones desarrolladas durante este período siguen usándose en la actualidad, con aplicaciones al calor, la luz, el sonido, el magnetismo, la electricidad, la gravedad, las vibraciones, la geofísica y un largo etcétera. Hemos superado ese estilo «clásico» de la física con la relatividad y la teoría cuántica, pero es asombroso lo importante que sigue siendo la física newtoniana. Y su idea de describir la naturaleza mediante ecuaciones diferenciales se utiliza en todas las ciencias, de la astronomía a la zoología.

El Libro 1 de los *Principia* se ocupa del movimiento en ausencia de un medio que oponga resistencia, es decir, sin fricción, sin resistencia del aire o de otro fluido. Este es el tipo de movimiento más simple y con la matemática más elegante. Comienza explicando el método de la razón primera y última, sobre el que descansan todos los demás. Como ya se ha explicado, esto es cálculo disfrazado de geometría. Establece de buen principio que una ley de la atracción en función del inverso del cuadrado es equivalente a las Leyes de Kepler del movimiento planetario. A primera vista, la equivalencia lógica de la Ley de Newton y las tres Leyes de Kepler sugiere que Newton no logra más que reformular las Leyes de Kepler en el lenguaje de las fuerzas. Pero hay algo más, una predicción más que un teorema. Newton, al igual que Hooke antes que él, afirma que estas fuerzas son «universales». Todo cuerpo del universo atrae a todos los otros cuerpos. Esto le permite desarrollar principios aplicables a todo el sistema solar, y comienza a abordar el problema de los tres cuerpos en movimiento bajo atracción gravitatoria.

El Libro 2 trata del movimiento en medios resistentes, incluida la resistencia del aire. Desarrolla la hidrostática (el equilibrio de los cuerpos flotantes) y los fluidos compresibles. Un estudio de las ondas lo lleva a estimar la velocidad del sonido, 331 metros por segundo, y cómo varía con la humedad. La cifra actual, al nivel del mar, es de 340 metros por segundo. El Libro 2 acaba demoliendo la teoría de Descartes sobre la formación del sistema solar por medio de vórtices.

El Libro 3, subtitulado *Sobre el sistema del mundo*, aplica los principios desarrollados en los dos primeros libros al sistema solar y la astronomía. Las aplicaciones sorprenden por su nivel de detalle: irregularidades en el movimiento de la Luna, los movimientos de los satélites de Júpiter (de los que entonces se conocían cuatro), los cometas, las mareas, la precesión de los equinoccios, y especialmente la teoría heliocéntrica, que Newton formula de una forma muy meditada: «El centro de gravedad común de la Tierra, el Sol y todos los planetas debe estimarse como el Centro del Mundo [...] [y este centro] o bien está en reposo, o bien se desplaza con movimiento uniforme en una línea recta». Tras estimar las razones entre las masas del Sol, Júpiter y Saturno, calcula que este centro de gravedad común se encuentra muy cerca del centro del Sol, con un error, a lo sumo, como el diámetro del Sol. Tenía razón.

La Ley de la Atracción del Inverso del Cuadrado no es original de Newton. Kepler ya había aludido a este tipo de dependencia matemática en 1604, en el contexto de la luz, cuando argumentó que a medida que un haz de rayos de luz se expande, tiene que iluminar una esfera cuya área crece como el cuadrado de su radio. Si la cantidad de luz se conserva, el brillo debe ser inversamente proporcional al cuadrado de la distancia. También sugirió una ley parecida para la «gravedad», pero con ello se refería a una fuerza hipotética ejercida por el Sol que empujaba a los planetas a seguir sus órbitas, y creía que era inversamente proporcional a la distancia. Ismaël Bulliardus no estaba de acuerdo, y argumentaba que esta fuerza debía ser proporcional al cuadrado de la distancia.

Así pues, las ideas de la atracción gravitatoria, su universalidad y la Ley del Inverso del Cuadrado ya flotaban en el aire en 1670. Se trata, además, de una relación muy natural, por analogía con la geometría de los rayos de luz. En una conferencia pronunciada en la Royal Society en 1666, Robert Hooke dijo:

> Explicaré un sistema del mundo muy distinto de cualquiera de los ya conocidos. Se fundamenta en las siguientes proposiciones. 1. Que todos los cuerpos celestes tienen no solo una gravitación de sus partes hacia su propio centro, sino que se atraen mutuamente unos a otros dentro de sus esferas de acción. 2. Que todos los cuerpos que experimentan un movimiento simple seguirán desplazándose en una línea recta salvo que continuamente les desvíe de ella alguna fuerza ajena que les obligue a describir un círculo, una elipse u otra curva. 3. Que esta atracción es mayor cuanto más cerca se encuentren los cuerpos. En cuanto a la proporción en la que disminuyen esas fuerzas al aumentar la distancia, admito que todavía no lo he descubierto.

En 1679 escribió una carta privada a Newton[3] en la que le proponía una Ley del Inverso del Cuadrado para la dependencia de la gravedad. Así que le enojó descubrir que exactamente esa ley aparecía después en los *Principia*, por mucho que Newton le reconociese el mérito junto a Halley y Christopher Wren. Podemos empatizar con Hooke porque, pese a todo, Newton se llevó la mayor parte del crédito. Eso en parte se debe a que los

Principia ejercieron una enorme influencia, pero hay otra razón. Newton no se limitó a sugerir esa ley, sino que la «dedujo» de las Leyes de Kepler, asentándola de este modo sobre unas firmes bases científicas. Hooke estaba de acuerdo en que solo Newton había dado «la demostración de las curvas de aquel modo generadas», es decir, que las órbitas cerradas son elípticas. (La Ley del Inverso del Cuadrado también permite órbitas parabólicas e hiperbólicas, pero estas no son curvas cerradas y el movimiento no se repite periódicamente.)

Hoy tendemos a ver a Newton como el primero de los grandes pensadores racionales. Pasamos por alto su firme creencia en Dios y sus estudios bíblicos, y nos apresuramos a ignorar sus amplias investigaciones sobre alquimia, los intentos más bien místicos de convertir la materia de una forma en otra. La mayor parte de sus escritos sobre alquimia probablemente se perdieran cuando su laboratorio se incendió y dos décadas de investigación se convirtieron en humo. Al parecer, la causa fue su perro; según se dice, Newton le rio la gracia al animal, diciéndole «Ay, Diamond, Diamond, qué poco entiendes la trastada que has hecho».

Sea como fuere, nos han llegado libros y escritos suficientes para intuir que andaba detrás de la piedra filosofal que convierte el plomo en oro. Y posiblemente del elixir de la vida, la llave de la inmortalidad. Uno de los títulos reza así: *Nicolas Flamel, su exposición de las figuras jeroglíficas que hizo pintar sobre un arca en el camposanto de los Santos Inocentes de París, junto con el libro secreto de Artefius, y la epístola de Iohn Pontanus que contiene tanto la teórica como la práctica de las piedras filosofales*.* He aquí un fragmento:

> El espíritu de esta tierra es el fuego en el que Pontanus digiere su nauseabunda materia, la sangre de niños en la que ☉ y ☽ se bañan, el impuro león verde que, dice Ripley, es el medio de unir las tinturas de ☉ y ☽, el caldo que Medea vertió sobre las dos serpientes, la Venus por mediación de la cual decía Filaletes que debía hacerse la decocción de ☉ vulgar y el ☿ de 7 águilas.

* Flamel, Artefius y Pontanus fueron alquimistas de los que conocemos muy poco a causa de su tradición hermética. Nicolas Flamel (c. 1340-1418) fue un burgués y escribano público de París que la leyenda convirtió en alquimista conocedor de la piedra filosofal. Artefius fue un filósofo hermético del siglo XII, judío o árabe, posiblemente andalusí, supuesto autor de un *Libro secreto* y conocedor de una quintaesencia que prolongaba la vida. Johannes Pontanus, el pseudónimo de un alquimista del siglo XV, es el autor de la *Epistola de igne philosophorum* a la que se refiere Newton. (*N. del t.*)

Aquí los símbolos tienen los siguientes significados: ☉ = Sol, ☽ = Luna, ☿ = Mercurio. A nuestros ojos, esto no parece más que un sinsentido místico. Pero Newton abría caminos, y no sabía adónde podrían llevarlo. Este, sin embargo, resultó ser un callejón sin salida. En unas notas para una conferencia que nunca llegó a pronunciar,[4] el economista John Maynard Keynes decía de Newton que había sido «el último de los magos [...] el último niño prodigio a quien los magos podrían rendir sincero y merecido homenaje». Hoy solemos pasar por alto los aspectos místicos de Newton y lo recordamos por sus logros científicos y matemáticos. Sin embargo, al hacerlo perdemos de vista buena parte de lo que movía a aquella notable mente. Antes de Newton, la comprensión humana de la naturaleza estaba muy entremezclada con lo sobrenatural. Después de Newton, reconocimos conscientemente que el universo opera de acuerdo con pautas profundas que podemos expresar por medio de la matemática. El propio Newton fue una figura de transición con un pie en cada uno de estos mundos que guio a la humanidad lejos del misticismo, hacia la racionalidad.

8

El maestro de todos
Leonhard Euler

Leonhard Euler
Nacimiento: Basilea, Suiza, 15 de abril de 1707
Muerte: San Petersburgo, Rusia, 18 de septiembre de 1783

En nuestros días, Leonhard Euler probablemente deba considerarse como el mejor matemático de todos los tiempos que es prácticamente desconocido para el público general. En vida, sin embargo, su reputación era tal que en 1760, cuando las tropas rusas destrozaron su granja en Charlottenburg durante la guerra de los Siete Años, el general Iván Saltykov se apresuró a resarcirlo por los daños. La emperatriz Isabel de Rusia añadió otros 4.000 rublos, una enorme cantidad en aquella época. Pero el asunto no acabó ahí. Euler había sido miembro de la Academia de San Petersburgo desde 1726 hasta 1741 cuando, preocupado por el deterioro político de Rusia, partió hacia Berlín. En 1766 regresó, habiendo negociado un salario de 3.000 rublos anuales, una generosa pensión para su esposa, y la promesa de puestos de trabajo lucrativos para sus hijos.

Su vida, sin embargo, no era entonces un camino de rosas. Sufría de mala visión desde que perdiera la vista del ojo derecho, en 1738, y ahora comenzaba a desarrollar una catarata en el izquierdo y se había quedado casi ciego. No obstante, tenía la fortuna de gozar de una memoria extraordinaria; podía recitar toda la *Eneida*, el poema épico de Virgilio, y si se le daba un número de página, podía decir la primera y la última línea de esa página. En una ocasión, incapaz de conciliar el sueño, el método tradicional de contar ovejas la pareció trivial, así que pasó el tiempo calculando las sextas potencias de todos los números hasta el cien. Varios días más tarde todavía las recordaba todas. Sus hijos Johann y Christoph a menudo le hacían de escribas, al igual que los miembros de la academia Wolfgang Krafft y Anders Lexell. Un nieto político de Euler, Nikolai Fuss, también le ayudaba, y llegó a convertirse en su asistente personal en 1776. Todas estas personas tenían una sólida formación en matemáticas y Euler discutía con ellos sus ideas. Tan bien resultaron estos acuerdos que su ya de por sí prodigiosa producción aumentó de manera significativa después de que perdiera la vista.

Nada podía impedir que Euler trabajara. En la década de 1740, en la Academia de Berlín, se hizo cargo de muchas responsabilidades de gestión, supervisaba los jardines botánicos y el observatorio, contrataba empleados, controlaba las finanzas, y se ocupaba de diversas publicaciones, como mapas y calendarios. Fue consejero del rey de Prusia, Federico el Grande, sobre las mejoras en el canal Finlow y el sistema hidráulico de Sanssouci, su palacio de verano. El rey no quedó impresionado. «Deseaba tener un chorro de agua en mi jardín. Euler calculó la fuerza de las ruedas necesaria para subir el agua hasta un embalse, desde donde debería caer a través de canales para, finalmente, emerger con fuerza en Sanssouci. El molino se ejecutó geométricamente y no logró levantar más que un chorrito de agua a menos de cincuenta pasos del embalse. ¡Vanidad de vanidades! ¡Vanidad de la geometría!»[5]

Los registros históricos demuestran que Federico culpaba a la persona equivocada y por el problema equivocado. El arquitecto del rey para Sanssouci escribió que quería muchas fuentes, entre ellas una enorme que disparara un chorro de agua a treinta metros de altura. La única fuente de agua era el río Havel, a 1.500 metros de distancia. El plan de Euler era cavar un canal desde el río hasta una bomba impulsada por un molino de viento. De este modo se elevaría el agua hasta un embalse que crearía una diferencia de altura de unos cincuenta metros, proporcionando la presión necesaria para impulsar la fuente. La construcción comenzó en 1748 y se desarrolló sin problemas hasta que se instaló la tubería desde la bomba hasta el embalse. Esta estaba hecha de tiras de madera sostenidas por bandas de hierro, como en un tonel. En cuanto los constructores comenzaron a bombear agua hacia el embalse, las tuberías reventaron. Tampoco funcionaron troncos perforados, de modo que tuvieron que recurrir a tubos de metal. Pero estos eran demasiado estrechos para permitir un flujo de agua adecuado. Los intentos por resolver el problema se prolongaron hasta 1756, quedaron en suspenso durante la guerra de los Siete Años, y se retomaron después brevemente. Entonces el rey perdió la paciencia y se abandonó el proyecto. El arquitecto le echó la culpa a Federico, que tenía la costumbre de figurarse estructuras imponentes, pero sin proporcionar el dinero que requerían. Su informe da una lista de todos los responsables del fracaso. Euler no está entre ellos.

De hecho, el trabajo que realizó Euler para este diseño dio inicio a la teoría del flujo hidráulico a través de tuberías, que permite analizar cómo afecta el movimiento del agua a la presión sobre el tubo. En particular, demostró que el movimiento hace que aumente la presión incluso cuando no hay diferencia de altura. La hidrostática clásica no predecía eso. Euler calculó el aumento de presión, hizo recomendaciones sobre la bomba y la tubería, y advirtió explícitamente de que los trabajadores eran torpes y chapuceros y el proyecto estaba condenado al fracaso. Escribió:

> He hecho cálculos sobre las primeras pruebas, durante las cuales se reventaron los tubos de madera en cuanto el agua alcanzó una altura de 20 metros. He hallado que los tubos en realidad resistieron una presión correspondiente a una columna de agua de 100 metros de altura. Esta es una indicación cierta de que la máquina todavía dista mucho de ser perfecta [...] es necesario por todos los medios usar tuberías más gruesas.

Insistió en que se usaran tuberías de plomo, no de madera, y en que el grosor del plomo se dedujera de experimentos. Su consejo no fue tenido en cuenta.

Federico nunca había sentido demasiado respeto por los científicos, sino que prefería genios artísticos como Voltaire. Se burlaba de Euler por su ojo ciego, llamándolo «cíclope matemático». Cuando Federico escribió sobre el fracaso de Sanssouci ya habían pasado treinta años, y Euler, fallecido desde hacía tiempo, le sirvió de chivo expiatorio. La creencia, que todavía persiste, de que fue un matemático de torre de marfil sin ningún tipo de competencias prácticas es absurda. Asesoró al gobierno sobre seguros, finanzas, artillería y la lotería. Fue el matemático para todo de su tiempo. Y en todo momento mantuvo una producción constante de investigación original y penetrante y de libros de texto que se convirtieron en clásicos de inmediato.

Seguía trabajando el día de su muerte. Por la mañana, como de costumbre, impartió a sus nietos una lección de matemáticas, hizo algunos cálculos sobre globos en dos pequeñas pizarras, y departió con Lexell y Fuss sobre el reciente descubrimiento del planeta Urano. Por la tarde sufrió una hemorragia cerebral, dijo «Me estoy muriendo», y expiró seis horas más tarde. En su *Panegírico para el Sr. Euler*, Nicolas de Condorcet escribió: «Euler dejó de vivir y calcular». Para él, las matemáticas eran algo tan natural como respirar.

✵

El padre de Euler, Paul, estudió teología en la Universidad de Basilea y se hizo pastor protestante. Su madre Margaret (de soltera Brucker) era hija de un pastor protestante. Pero Paul también aprendió con el matemático Jacob Bernoulli, en cuya casa vivió cuando estudiaba en la universidad, junto al hermano de Jacob, Johann, que era compañero de estudios. Los Bernoulli eran el ejemplo arquetípico de una familia con talento para las matemáticas; durante cuatro generaciones casi todos ellos se iniciaron en carreras profesionales más convencionales, pero acabaron haciendo matemáticas.

Euler se convirtió en estudiante de la Universidad de Basilea a los catorce años, en 1720. Su padre deseaba que fuera también pastor de la Iglesia. En 1723 ya había obtenido un grado de maestría con una comparación de las filosofías de Newton y Descartes, pero aunque era cristiano devoto, la teología no acabó de atraerlo, ni tampoco el hebreo o el griego. Las matemáticas, en cambio, eran otra cosa: Euler las adoraba. Y además sabía cómo perseguir una carrera en aquel ámbito. Entre sus papeles autobiográficos inéditos se encuentra este pasaje:

> No tardé en encontrar la ocasión de ser presentado a un famoso profesor, Johann Bernoulli [...] Cierto es que estaba muy ocupado y se negó en redondo a darme clases particulares; sin embargo, me dio el consejo, mucho más valioso, de comenzar a leer por mi cuenta algunos de los libros de matemáticas más difíciles y estudiarlos con toda la diligencia de la que fuera capaz; si tropezase con algún obstáculo o dificultad, tenía permiso para visitarlo libremente cada domingo por la tarde, y con suma amabilidad me explicó todo aquello que no entendía.

Johann no tardó en darse cuenta del enorme talento de aquel joven, y Paul se mostró de acuerdo en permitir que su hijo cambiase de carrera para estudiar matemáticas. Sin duda fue de gran ayuda la larga amistad que unía a Paul y Johann.

Euler publicó su primer artículo en 1726, y en 1727 presentó un trabajo al gran premio anual de la Academia de París, que en aquella ocasión requería hallar la disposición óptima de los mástiles de un velero. Pierre Bouguer, un experto en el tema, fue quien ganó, pero Euler quedó segundo. Este logro llamó la atención de San Petersburgo, y cuando Nicolaus Bernoulli falleció y su puesto quedó vacante, se lo ofrecieron a Euler. Con diecinueve años de edad, partió para Rusia, un viaje de siete semanas: por el Rin en barco, luego en carruaje, y de nuevo en barco para el último tramo.

Entre 1727 y 1730 también sirvió como lugarteniente médico para la Armada rusa, pero cuando obtuvo una plaza fija dejó la marina, y no tardó en convertirse en miembro permanente de la academia. En 1733 Daniel Bernoulli dejó su cátedra en San Petersburgo para regresar a Basilea, y Euler pasó a ser el nuevo catedrático de matemáticas. Sus finanzas habían mejorado lo bastante como para casarse, así que intercambió anillos con Katarina Gsell, la hija de un artista del Gymnasium (instituto) del lugar. Con el tiempo, la pareja tuvo trece hijos, de los cuales ocho murieron durante la infancia, y Euler afirmó haber hecho algunos de sus mejores trabajos sosteniendo un bebé y rodeado de niños jugando.

Sufría de problemas de vista pertinaces, agravados por una fiebre que en 1735 estuvo a punto de matarlo. Como ya se ha dicho, quedó casi ciego de un ojo, algo que tuvo muy poco efecto sobre su productividad: nada lo tenía. Ganó el gran premio de la Academia de París en 1738 y de nuevo en 1740; con el tiempo, lo ganaría un total de doce veces. En 1741, cuando la política rusa se tornó turbulenta, se marchó a Berlín, donde se convirtió en tutor de una nieta de Federico el Grande. Durante los veinticinco años que pasó en Berlín produjo 380 artículos. Escribió libros sobre análisis, artillería y balística, cálculo de variaciones, cálculo diferencial, el movimiento de la Luna, las órbitas planetarias, la construcción de barcos y la navegación, e incluso divulgación científica en *Cartas a una princesa alemana*.

A la muerte de Pierre Louis Moreau de Maupertuis, acaecida en 1759, Euler se convirtió en presidente de la Academia de Berlín en todo menos en el título, que rechazó. Cuatro años más tarde, el rey Federico le ofreció la presidencia a Jean le Rond d'Alambert, que no era muy del agrado de Euler. D'Alambert decidió que no quería mudarse a Berlín, pero el daño ya estaba hecho, y Euler pensó que había llegado el momento de buscar pastos más verdes. O, en este caso, viejos pastos, puesto que regresó a San Petersburgo a invitación de Catalina la Grande. Y allí acabó sus días, tras haber enriquecido las matemáticas más allá de lo imaginable.

❋

Es casi imposible transmitir la brillantez de Euler o la variedad y originalidad de sus descubrimientos en menos de lo que ocupa todo un libro. Y aun entonces sería todo un reto. Pero podemos hacernos una idea de sus logros y aprender algo sobre sus notables capacidades. Comenzaré con la matemática pura para ocuparme después de la aplicada, saltándome la cronología con el fin de mantener algo parecido a un flujo de ideas.

En primer y destacado lugar, Euler tenía una enorme intuición para las fórmulas. En su *Introducción al análisis del infinito*, de 1748, investigó la relación entre las funciones exponenciales y trigonométricas para números complejos, lo cual lo condujo a la fórmula:

$$e^{i\theta} = \cos\theta + i \operatorname{sen}\theta$$

A partir de aquí, si hacemos $\theta = \pi$ radianes = 180°, obtenemos la famosa ecuación

$$e^{i\pi} + 1 = 0$$

que relaciona las dos enigmáticas constantes e y π y el número imaginario i. Aquí $e = 2{,}718...$ es la base de los logaritmos naturales mientras que i es el símbolo que Euler introdujo para la raíz cuadrada de -1, que todavía usamos en la actualidad. Hoy que el análisis complejo se entiende mejor, esta relación no resulta sorprendente, pero en tiempos de Euler era desconcertante. Las funciones trigonométricas provenían de la geometría de los círculos y las mediciones de triángulos; la función exponencial venía de las matemáticas del interés compuesto y la herramienta para el cálculo de logaritmos. ¿Por qué estaba todo eso tan íntimamente relacionado?

La asombrosa facilidad de Euler para las fórmulas lo llevó a un triunfo que le reportó una gran fama con solo veintiocho años de edad, cuando resolvió el problema de Basilea. Los matemáticos habían hallado fórmulas interesantes para las sumas de series infinitas, de las cuales tal vez la más simple sea

$$1 + \frac{1}{2} + \frac{1}{4} + \frac{1}{8} + \frac{1}{16} + \frac{1}{32} + ... = 2$$

El problema de Basilea era hallar la suma de los recíprocos de los cuadrados

$$1+\frac{1}{4}+\frac{1}{9}+\frac{1}{16}+\frac{1}{25}+\frac{1}{36}+\ldots$$

Muchos nombres famosos habían buscado la solución sin éxito: Leibniz, Stirling, De Moivre y tres de los mejores Bernoulli: Jacob, Johann y Daniel. Euler los ganó a todos al demostrar (o, al menos, hacer un cálculo que lo indicaba, pues el rigor no era lo suyo) que la suma es «exactamente» $\pi^2/6$.

Una suma infinita más simple, la «serie armónica» de los recíprocos de los enteros, es:

$$1+\frac{1}{2}+\frac{1}{3}+\frac{1}{4}+\frac{1}{5}+\frac{1}{6}+\ldots$$

y esta es divergente: su suma es infinito. Euler, impertérrito, halló una fórmula aproximada muy precisa:

$$1+\frac{1}{2}+\frac{1}{3}+\frac{1}{4}+\frac{1}{5}+\frac{1}{6}+\ldots+\frac{1}{n}\approx \log n+\gamma$$

en la que γ, hoy conocida como constante de Euler, vale, con 16 posiciones decimales:

$$0{,}5772156649015328\ldots$$

El propio Euler calculó su valor hasta ese número de decimales. A mano.

La Teoría de los Números atraía de manera natural la atención de Euler. Hallaba mucha de su inspiración en Fermat, además de en la correspondencia que mantenía con su amigo Goldbach, un matemático aficionado. Su solución al problema de Basilea lo condujo a una notable relación entre primos y series infinitas (capítulo 15). Logró demostrar algunos de los teoremas básicos enunciados por Fermat. Uno de ellos era el conocido como «Pequeño Teorema», para diferenciarlo del Último Teorema. Este dice que si n es primo y a no es múltiplo de n, entonce $a^n - a$ es divisible por n. Por inocuo que parezca, este enunciado es hoy en día uno de los puntos de partida de algunos de los códigos criptográficos supuestamente indescifrables, de amplio uso en internet. También generalizó el resultado a n compuesto, introduciendo la función indicatriz (o de Euler), $\varphi(n)$. Este es el número de enteros entre 1 y n que no tienen factores primos en común con n. Conjeturó la Ley de la Reciprocidad Cuadrática, que más tarde demostraría Gauss (capítulo 10); caracterizó todos los primos que son suma de dos cuadrados (2, todos los de la forma $4k + 1$, ninguno de los de la forma $4k + 3$) y mejoró el Teorema de Lagrange que dice que todo entero positivo se puede expresar como la suma de cuatro cuadrados.

Sus libros de texto sobre álgebra, cálculo, análisis complejo y otros temas estandarizaron la notación y la terminología matemáticas de una forma que en buena parte todavía usamos en la actualidad, como π para pi, e para la base de los logaritmos naturales, i para la raíz cuadrada de -1, la notación Σ para el sumatorio o $f(x)$ para una función general de x. Incluso logró enlazar las notaciones de Newton y Leibniz para el cálculo diferencial.

Me gusta definir a un matemático no como «alguien que hace matemáticas» sino como «alguien que ve una oportunidad para hacer matemáticas donde nadie más lo hace». Euler raramente perdía una oportunidad. Dos ejemplos dieron el pistoletazo de salida a un área hoy conocida como «combinatoria» o «matemáticas discretas», que se ocupa del recuento y ordenación de objetos finitos.

El primero, de 1735, fue un rompecabezas sobre la ciudad de Königsberg, en Prusia (hoy Kaliningrado, en Rusia). Situada sobre el río Pregel, la ciudad tiene dos islas conectadas entre sí y con las riberas del río por siete puentes. El rompecabezas consistía en hallar una ruta a través de la ciudad que cruzara todos los puentes una y solo una vez. El inicio y el fin podían ser lugares distintos. Euler demostró que esa ruta no existe, para lo cual abordó la cuestión más general de la disposición de islas y puentes. Demostró que existe una ruta si y solo si a lo sumo dos islas se encuentran en los extremos de un número impar de puentes. En la actualidad interpretamos este teorema como uno de los primeros de la Teoría de Grafos, el estudio de las redes de puntos conectados por líneas. La demostración de Euler era algebraica, y requería de una representación simbólica de la ruta usando letras para las islas y los puentes. Es fácil demostrar que su condición es necesaria para que exista una ruta; lo difícil es demostrar que es suficiente.

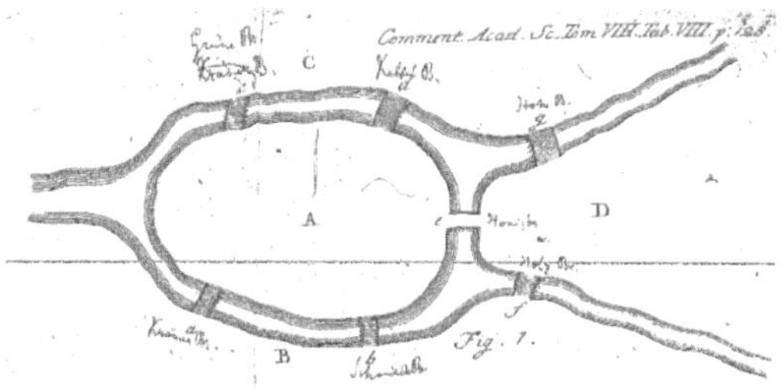

Mapa de los siete puentes de Königsberg en el artículo de Euler, «*Solutio problematis ad geometriam situs pertinentis*».

El segundo problema de combinatoria, que planteó en 1832, es el puzle de los 36 oficiales. Dados seis regimientos, cada uno formado por seis oficiales de seis rangos distintos, ¿es posible disponerlos en un cuadrado de 6 × 6 de tal manera que ninguna fila o columna contenga dos oficiales del mismo regimiento o del mismo rango? Euler conjeturó que era imposible, un resultado cuya demostración hubo de esperar a Gaston Tarry en 1901. La estructura subyacente es un cuadrado latino, en el que deben ordenarse n copias de n símbolos en un cuadrado $n \times n$ de manera que cada símbolo aparezca exactamente una vez en cada fila y cada columna. De los 36 oficiales se requiere que formen dos cuadrados latinos «ortogonales», uno para el regimiento y otro para el rango, incluyendo todos los pares posibles. Los cuadrados latinos tienen aplicaciones en el diseño experimental de test estadísticos, y amplias generalizaciones, conocidas como «diseños de bloques», aparecen en varias ramas de las matemáticas. El sudoku es una variación del tema.

Los resultados que he comentado apenas arañan la superficie de la prodigiosa producción de Euler en la matemática pura, y en la aplicada y la matemática física fue al menos igual de prolífico.

En la mecánica, sistematizó e hizo avanzar el conocimiento sobre el movimiento de una partícula en su *Mecánica*, de 1736. Una importante innovación fue el uso del análisis en lugar de la geometría, lo que unificó el tratamiento de problemas hasta entonces dispares. Siguió esto con un libro sobre diseño de barcos, comenzando con la hidrostática, en el que también introdujo ecuaciones diferenciales para el movimiento de un cuerpo rígido. Este tema lo desarrolló en 1765 en *La teoría del movimiento de los cuerpos sólidos*, en la que definió un sistema de coordenadas hoy conocido como Ángulos de Euler, y los relacionó con los tres ejes de inercia del cuerpo y sus momentos de inercia alrededor de esos ejes. Los ejes de inercia son líneas destacadas que representan componentes especiales de la rotación de un cuerpo; el momento (cantidad de movimiento) correspondiente determina la cantidad de movimiento de rotación con relación a un eje dado. En particular, resolvió sus ecuaciones para el Trompo de Euler, un cuerpo con dos momentos de inercia iguales.

En la mecánica de fluidos, estableció las ecuaciones básicas que hoy conocemos como Ecuaciones de Euler, que siguen teniendo interés aunque no tengan en cuenta la viscosidad. Estudió la teoría potencial, con aplicaciones a la gravedad, la electricidad, el magnetismo y la elasticidad. Sus investigaciones sobre la luz fueron esenciales para el éxito de la teoría ondulatoria, que se impuso hasta la aparición de la mecánica cuántica en 1900. Algunos de sus resultados sobre la mecánica celeste fueron utilizados por el astrónomo Tobias Mayer para calcular tablas del movimiento de la Luna. En 1740 escribió *Un método para hallar líneas curvas* (el título completo es mucho más largo) que dio inicio al cálculo de variaciones. Este busca curvas y superficies que minimizan (o maximizan) alguna cantidad relacionada, como la longitud o el área. Todos sus libros son claros, elegantes y organizados.

Otras obras se ocupan de temas como la música, la cartografía o la lógica: son pocas las áreas de las matemáticas que no atrajeran el interés de Euler. Laplace resumió a la perfección su papel: «Lea a Euler, lea a Euler, es el maestro de todos nosotros».

9

El operador del calor
Joseph Fourier

Jean Baptiste Joseph Fourier
Nacimiento: Auxerre, Francia, 21 de marzo de 1768
Muerte: París, Francia, 16 de mayo de 1830

Corría el año 1804, y la física matemática estaba en el aire. Johan Bernoulli había aplicado las Leyes del Movimiento de Newton, combinadas con la Ley de Hooke para la fuerza ejercida por un muelle extendido, a las vibraciones de una cuerda de violín. Sus ideas llevaron a Jean le Rond d'Alembert a formular la ecuación de onda. Esta es una ecuación diferencial parcial que relaciona las tasas de cambio de la forma de la cuerda con relación al tiempo y el espacio. Describe el comportamiento de ondas de todo tipo: olas de agua, ondas de sonido, vibraciones. Se habían propuesto también ecuaciones parecidas para magnetismo, electricidad y gravedad. Ahora Joseph Fourier decidía aplicar los mismos métodos a otra área de la física, el flujo de calor en un medio conductor. Tras tres años de investigación, produjo una larga memoria sobre la propagación del calor que se leyó en el Instituto de París, con reacciones encontradas, ante un comité establecido para examinarlo. En el informe que escribieron dejaron claro que no estaban satisfechos. Tenían dos razones para ello, una buena y una mala.

Jean-Baptiste Biot le había alertado de lo que él consideraba un problema en la derivación de la ecuación del flujo de calor. En particular, Fourier no había citado un artículo suyo de 1804. Esta era la mala razón, puesto que el artículo de Biot era erróneo. La buena razón era que un paso clave en la argumentación de Fourier, en el que transformaba una función periódica en una serie infinita de senos y cosenos, no se había establecido con el rigor necesario. De hecho, Euler y Bernoulli llevaban años discutiendo sobre la misma idea en el contexto de la ecuación de onda. Fourier se apresuró a clarificar su razonamiento, pero no logró convencer al comité.

No obstante, el problema se consideraba importante, y Fourier había hecho progresos significativos, de manera que el instituto anunció que el problema para el premio de 1811 sería el flujo de calor en un sólido. Fourier añadió algunos resultados más a su memoria, sobre el enfriamiento y la radiación de calor, y la presentó. Un nuevo comité le otorgó el premio, pero dejando claras las mismas reservas sobre la serie trigonométrica:

> La forma en que el autor llega a estas ecuaciones no está exenta de dificultades y su análisis para integrarlas todavía deja algo que desear en el sentido de la generalidad e incluso el rigor.

Era habitual que la memoria ganadora se publicase, pero el comité decidió no hacerlo a causa de esta crítica.

En 1817, Fourier fue elegido miembro de la Academia de las Ciencias de París. Cinco años más tarde el secretario de la sección de matemáticas, Jean Delambre, falleció. François Arago, Biot y Fourier solicitaron el puesto, pero Arago abandonó y Fourier ganó con una mayoría aplastante. Al poco tiempo la academia publicaba la *Teoría analítica del calor* de Fourier, la memoria con la que había ganado el premio. Puede parecer que Fourier aprovechase la ocasión para darle un empujoncito al comité, pero en realidad fue Delambre quien envió la memoria a la prensa. En cualquier caso, Fourier debió de sentir una enorme satisfacción.

❋

El padre de Fourier era sastre, y tuvo tres hijos de su primer matrimonio. Cuando su esposa murió, volvió a casarse, y el segundo matrimonio le dio nada menos que doce hijos, de los cuales Joseph fue el noveno. Cuando el niño tenía nueve años su madre murió, y un año más tarde falleció su padre. Inició su educación en una escuela dirigida por el maestro de música de la catedral de Auxerre en la que estudió francés y latín, dos materias en las que sobresalía. En 1780, a los doce años de edad, se cambió a la École Royale Militaire de la ciudad. La literatura se le daba bien, pero a los trece años comenzó a emerger su verdadero talento: las matemáticas. Leía textos avanzados, y al cabo de un año ya había estudiado los seis volúmenes del *Curso de matemáticas* de Étienne Bézout.

En 1787, con la intención de convertirse en sacerdote, fue a la abadía benedictina de Saint-Benoit-sur-Loire, pero siguió absorto en las matemáticas. Decidió no tomar los votos religiosos, dejó la abadía en 1789 y presentó a la academia un artículo sobre ecuaciones algebraicas. Un año más tarde ya trabajaba como profesor en su antigua escuela. Para acabar de complicar las cosas, en 1793 se hizo miembro del comité revolucionario de la ciudad, escribió que era posible «concebir la sublime esperanza de establecer entre nosotros un gobierno libre, exento de reyes y prelados», y se dedicó en cuerpo y alma a la causa revolucionaria. Sin embargo, la violencia del Terror durante los primeros días de la Revolución Francesa lo repugnó, e intentó retirarse. Eso resultó ser políticamente imposible, y quedó irrevocablemente atado a la revolución. Las luchas intestinas eran comunes entre los revolucionarios, todos los cuales defendían ideas distintas sobre el curso que debía seguir la revolución, y Fourier se implicó en el apoyo público a una facción de Orleans. Aquello lo llevó al arresto y a la perspectiva de un encuentro con Madame Guillotine. En aquel momento Maximilien Robespierre, uno de los revolucionarios más influyentes, fue guillotinado, la atmósfera política cambió y Fourier fue liberado.

Su carrera matemática floreció bajo la atenta mirada de los grandes matemáticos de la época. Asistió a la École Normale, donde fue uno de sus primeros estudiantes cuando se instauró en 1795. Estudió con Lagrange, a quien consideraba el mejor científico de Europa; con Legendre, que no lo impresionó demasiado; y con Gaspard Monge. Consiguió una plaza en la École Centrale des Travaux Publics, que más tarde cambiaría su nombre por el de École Polytechnique. Su pasado lo atrapó, y fue arrestado una vez más y encarcelado. Fue liberado al poco tiempo, sin embargo, por razones que permanecen oscuras, pero que probablemente involucraran una frenética actividad entre bambalinas de sus estudiantes y colegas, además de un nuevo cambio en el escenario político. En 1797 había salido más que airoso del embrollo, habiendo heredado la cátedra de Lagrange en análisis y mecánica.

Entonces Napoleón invadió Egipto, y Fourier se alistó en su ejército como consejero científico junto a Monge y Étienne-Louis Malus. Tras algunos éxitos iniciales de Napoléon, Horatio Nelson destruyó la Armada francesa en la batalla del Nilo y Napoleón quedó atrapado en Egipto. Fourier se convirtió allí en administrador, estableció un sistema educativo y dedicó algún tiempo a la arqueología. Fue uno de los miembros fundadores de la división matemática del Instituto de El Cairo, y organizaba los informes sobre los descubrimientos científicos de la expedición. Fue él quien presentó a Jean-François Champollion la piedra de Rosetta, una de las claves para que este finalmente descifrara los jeroglíficos.

En 1799 Napoleón dejó a su ejército en Egipto y regresó a París. Fourier lo siguió en 1801, y retomó su actividad como profesor. Pero Napoleón decidió que Fourier era un administrador tan hábil que debía designarlo prefecto del departamento de Isère. Aunque renuente, Fourier no podía rechazar la oferta, de manera que se mudó a Grenoble, donde supervisó el drenaje de los pantanos de Borgoin, controló la construcción de la carretera de Grenoble a Turín, y trabajó en la ingente obra de Napoleón, *Descripción de Egipto*, que se publicó en 1810. Fourier se mudó a Inglaterra en 1816, pero no tardó en regresar a Francia, donde se convirtió en secretario permanente de la academia. Durante su estancia en Egipto había sufrido algunos problemas cardíacos que no remitieron a su regreso a Francia, con frecuentes episodios de falta de aliento. En mayo de 1830 se cayó por las escaleras, empeoró su estado, y falleció al poco tiempo. Su nombre es uno de los 72 que están inscritos en la Torre Eiffel. Pero en lo que atañe a las matemáticas, el tiempo que pasó Fourier en Grenoble fue el de mayores consecuencias, pues fue allí donde realizó su épica investigación sobre el calor.

❋

La ecuación del calor de Fourier describe, de manera simbólica, el flujo de calor en una varilla conductora, por ejemplo de metal. Si una parte de la varilla está más caliente que su entorno, el calor se difunde hacia las regiones cercanas; si esa parte está más fría, se calienta a expensas de regiones cercanas. Cuanto mayor sea la diferencia de temperatura, más deprisa se difunde el calor. La tasa con la que fluye el calor también determina la rapidez con la que se enfría la varilla entera. La ecuación del calor de Fourier describe la interacción de estos procesos.

Al principio, distintas partes de la varilla se pueden calentar o enfriar a distintas temperaturas. Las soluciones a la ecuación describen los cambios en esa distribución inicial del calor con el paso del tiempo. La forma precisa de la ecuación llevó a Fourier a una solución simple en un caso especial. Si la distribución inicial de temperaturas es una curva sinusoidal, con una temperatura máxima en el medio y colas de menor temperatura a lado y lado, entonces a medida que pasa el tiempo la temperatura conserva el mismo perfil, pero decae exponencialmente hacia el cero. Sin embargo, lo que Fourier realmente deseaba saber era lo que ocurría a partir de cualquier perfil inicial de temperatura. Supongamos, por ejemplo, que al principio la varilla se calienta en la mitad de su longitud mientras que se mantiene mucho más fría en la otra mitad. El perfil inicial es entonces una onda cuadrada, obviamente no sinusoidal.

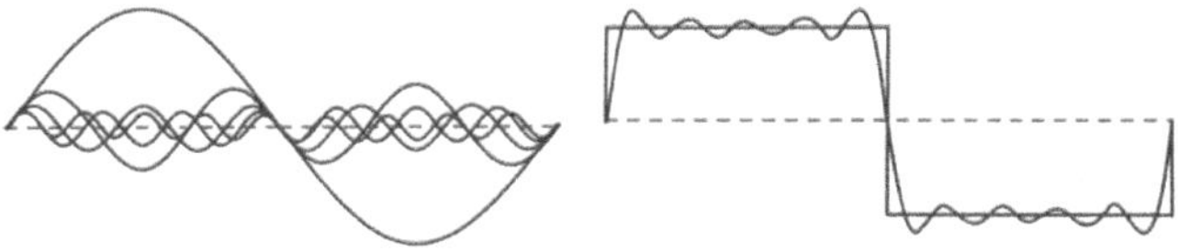

Cómo se obtiene una onda cuadrada a partir de senos y cosenos. *Izquierda*: Las ondas componentes sinusoidales. *Derecha*: Su suma y una onda cuadrada. Se muestran solamente los primeros términos de la serie de Fourier; añadiendo más términos se puede obtener una aproximación a la onda cuadrada tan buena como uno desee.

Para obtener soluciones pese a este obstáculo, Fourier aprovechó una importante característica de esta ecuación: es lineal. Dicho de otro modo, se pueden sumar dos soluciones cualesquiera para obtener una nueva solución. Si pudiera representar el perfil inicial como una combinación lineal de curvas sinusoidales, entonces la solución sería la correspondiente combinación de curvas sinusoidales que decaen de forma exponencial. Descubrió que una onda cuadrada se puede representar de esta forma siempre y cuando se tomen infinitas curvas sinusoidales y se combinen perfiles de la forma sen x, sen $2x$, sen $3x$, sen $4x$, y así sucesivamente. Para obtener una onda cuadrada exacta se necesitarían infinitos términos como estos. De hecho, para una varilla de longitud 2π, la fórmula es

$$\text{sen}\, x + \frac{1}{3}\,\text{sen}\, 3x + \frac{1}{5}\,\text{sen}\, 5x + \frac{1}{7}\,\text{sen}\, 7x + \ldots$$

que sin duda es de una gran belleza.

Los cálculos de Fourier le convencieron de que si se usan también cosenos, las series trigonométricas infinitas pueden representar cualquier perfil de temperatura inicial, por complicado que sea, aunque tenga discontinuidades como la que aparece en la onda cuadrada. Así pues, podía escribir del mismo modo una solución a su ecuación del calor. Cada término decae con una tasa distinta; cuantas más subidas y bajadas en las curvas de los senos o cosenos, más deprisa decae su contribución. Por consiguiente, el perfil cambia de forma, no solo de tamaño. También derivó una fórmula general para los términos de la serie, usando la integración.

El comité quedó lo bastante impresionado como para concederle el premio, pero a sus miembros les preocupaba la afirmación de Fourier de que su método se aplicaba a cualquier perfil inicial, aunque tuviese muchos saltos y otras discontinuidades, como la onda cuadrada o peor. Fourier apeló a la intuición física como justificación, pero a los matemáticos siempre les preocupa que la intuición implique muchas suposiciones ocultas. De hecho, ni el método ni el problema que suscitaba eran realmente nuevos. Lo mismo había ocurrido ya en relación con la ecuación de onda, lo que había provocado un enfrentamiento entre Euler y Bernoulli, y Euler había publicado las mismas fórmulas integrales que Fourier para la expansión de la serie, con una demostración más simple y elegante. La gran diferencia era la afirmación de Fourier de que su método era válido para todos los perfiles, continuos o discontinuos, una afirmación con la que Euler no se había atrevido. El problema no era tan grave en el caso de las ondas, puesto que un perfil discontinuo sería un modelo de una cuerda de violín rota, que no vibraría en absoluto. En cambio, en el caso del calor, perfiles como el de la onda cuadrada tenían explicaciones físicas razonables, sujetas a suposiciones de modelado idealizadas. Dicho esto, la cuestión matemática subyacente era la misma en ambos casos, y en aquel tiempo quedó sin resolver.

Con la perspectiva que nos otorga el tiempo vemos que ambos bandos de la disputa tenían una parte de razón. El problema básico es el de la convergencia de las series: ¿tiene la suma infinita algún significado razonable? En el caso de las series trigonométricas, esta es una cuestión delicada, que se ve complicada por la necesidad de considerar más de una interpretación de «convergencia». La respuesta completa requirió tres ingredientes: una nueva Teoría de la Integración desarrollada por Henri Lebesgue, el lenguaje y rigor de la Teoría de Conjuntos inventada por Georg Cantor, y un punto de vista radicalmente nuevo que debemos a Bernhard Riemann. En suma, el método de Fourier es válido para una clase muy amplia pero no universal de perfiles iniciales. La intuición física proporciona una buena guía para estos, y son adecuados para cualquier sistema físico razonable. Matemáticamente, sin embargo, la afirmación no se puede llevar al extremo, puesto que hay excepciones. Así que Fourier tenía razón en espíritu, pero sus críticos también tenían reproches válidos.

❋

En la década de 1820, Fourier fue uno de los pioneros de la investigación sobre el calentamiento global. Pero no de cambios en el clima debidos a un calentamiento global provocado por el hombre; tan solo quería comprender por qué la Tierra era cálida y sustentaba la vida. Para descubrirlo, aplicó a nuestro planeta lo que sabía sobre el flujo de calor. La única fuente evidente de calor era la radiación que recibía la Tierra desde el Sol. El planeta irradia parte de ese calor de vuelta al espacio, y la diferencia debía explicar la temperatura media superficial que observamos. Solo que no lo hacía. De acuerdo con sus cálculos, la Tierra debería ser notablemente más fría de lo que es. Fourier dedujo que debían intervenir otros factores, y publicó artículos en 1824 y 1827 en los que investigaba de qué podría tratarse. Finalmente decidió que la radiación adicional procedente del espacio interestelar era la explicación más plausible, lo que resultó ser del todo incorrecto. Pero también sugirió (y descartó) la explicación correcta: que la atmósfera puede actuar como una especie de manta, conservando algo del calor e impidiendo que todo salga irradiado hacia el exterior.

Su inspiración fue un experimento realizado por el geólogo y físico Horace-Bénédict de Saussure. Mientras investigaba la posibilidad de usar los rayos de Sol para cocinar, De Saussure descubrió que una caja hermética con tres capas de cristal, ampliamente separadas por capas de aire, era el más eficiente de sus diseños, y podía alcanzar 110 °C, tanto en las cálidas llanuras como en las frías montañas. Por consiguiente, el mecanismo de calentamiento debía depender fundamentalmente del aire del interior de la caja y del efecto del cristal. Fourier conjeturó que la atmósfera de la Tierra podía actuar del mismo modo que el horno solar de De Saussure. La expresión «efecto invernadero» tal vez provenga de esta sugerencia, aunque fue utilizada por primera en 1901 por Nils Ekholm.

Al final, Fourier no quedó convencido de que fuera esta la respuesta que buscaba, en parte porque la caja impide la convección, que transporta calor a largas distancias en la atmósfera. No llegó a comprender el papel especial que desempeñan el dióxido de carbono y otros «gases invernadero», que absorben y emiten radiación infrarroja de tal manera que atrapan más calor. El mecanismo preciso es complicado, y la analogía con el invernadero es equívoca, porque este funciona confinando aire caliente en un espacio cerrado.

❋

Fourier también desarrolló una versión de su ecuación del flujo de calor para regiones del plano, o del espacio, usando lo que hoy conocemos como «operador del calor». Este combina cambios en la temperatura en un punto determinado con la difusión del calor hacia o desde su entorno inmediato. Con el tiempo, los matemáticos clarificaron en qué sentido las series de Fourier resuelven la ecuación del calor para espacios de cualquier dimensión. Para entonces era evidente que el método tenía aplicaciones mucho más amplias, y no en el estudio del calor, sino en la ingeniería electrónica.

Este es un ejemplo típico de la unidad y generalidad de las matemáticas. La misma técnica se aplica a cualquier función, no solo al perfil de temperatura. Representa esa función como una combinación lineal de componentes más simples, lo que posibilita el procesamiento de datos y la extracción de información a partir de cierto número de componentes. Por ejemplo, una versión del análisis de Fourier se usa en la compresión de imágenes en las cámaras digitales: la imagen se codifica como una combinación de patrones más simples basados en funciones coseno, con lo que se reduce la memoria necesaria para guardarlas.

Casi doscientos años más tarde, la idea original de Fourier se ha convertido en una herramienta indispensable para matemáticos, físicos e ingenieros. El comportamiento periódico es ubicuo, y allí donde ocurre, se puede descomponer en la correspondiente serie de Fourier y ver qué se obtiene con ella. Una generalización, la transformada de Fourier, se aplica a funciones no periódicas. Un análogo discreto, la transformada rápida de Fourier, es uno de los algoritmos más usados en la matemática aplicada, utilizada en el procesamiento de señales y en la aritmética de alta precisión en el álgebra computacional. Las series de Fourier ayudan a los sismólogos a entender los terremotos y a los ingenieros civiles a diseñar edificios a prueba de sismos, ayudan a los oceanógrafos a cartografiar los océanos profundos y a las compañías petroleras a hacer prospecciones, y los bioquímicos las usan para desentrañar la estructura de las proteínas. La Ecuación de Black-Scholes, que usan los corredores de bolsa para determinar el precio de las acciones, es un pariente cercano de la ecuación del calor. El legado del operador del calor es casi ilimitado.

10

La armazón invisible
Carl Friedrich Gauss

Johann Carl Friedrich Gauss
Nacimiento: Ducado de Braunschweig-Wolfenbüttel, 30 de abril de 1777
Muerte: Gotinga, Reino de Hannover, 23 de febrero de 1855

El año es 1796, el día es el 30 de marzo. El joven Carl Friedrich Gauss lleva un tiempo intentando decidir si estudiar lenguas o matemáticas. Ahora acaba de hacer un progreso importante al usar métodos algebraicos para desvelar una construcción geométrica que había pasado desapercibida desde los tiempos de Euclides, más de dos mil años atrás. Usando únicamente los instrumentos tradicionales de la geometría, la regla y el compás, logra construir un heptadecágono regular, es decir, un polígono de 17 lados, con todos los lados y ángulos interiores iguales. No aproximadamente (eso es fácil), sino «exactamente». Pocas personas tienen la oportunidad de descubrir algo que nadie había sospechado durante dos milenios, y son aún menos los que la aprovechan. Además, pese a su naturaleza esotérica, es una matemática original y de la mayor belleza, aunque en sí misma no revista ninguna importancia práctica.

Los *Elementos* de Euclides establecen la escena. Esta obra explica la construcción de un triángulo equilátero, un cuadrado, un pentágono regular, un hexágono regular: polígonos regulares con tres, cuatro, cinco y seis lados. ¿Y con siete lados? Nada. Naturalmente, con ocho es fácil, pues basta con dibujar un cuadrado rodeado por un círculo, marcar el centro de cada lado y luego extender nuevos radios que pasen por esos puntos medios para crear cuatro nuevas esquinas en el círculo. Si se puede construir cualquier polígono regular, con el mismo truco se puede construir uno con el doble de lados. ¿Nueve? No, Euclides calla. Diez vuelve a ser fácil: basta con doblar el de cinco. Nada sobre once. Doce es el doble de seis, así que sencillo. Trece y catorce, no. Quince se puede hacer combinando las construcciones de polígonos de tres y cinco lados. Dieciséis: el doble de uno de ocho lados.

Euclides se para ahí. Tres, cuatro, cinco, quince y todos los múltiplos de esos números en potencias de 2. ¿17? Demencial. Y más aún si se tiene en cuenta que el método de Gauss deja claro que la construcción de polígonos regulares de siete, nueve, once, trece y catorce lados es imposible con regla y compás. Pero, demencial o no, es cierto. Hay incluso una razón más simple (aunque el porqué de esa razón no sea para nada simple). 17 es un número primo, y si le restamos 1 nos da 16, que es una potencia de 2.

Gauss se da cuenta de que esta combinación es la clave de las construcciones de polígonos regulares con regla y compás. En un pequeño cuaderno, escribe: «*Principia quibus innititur sectio circuli, ac divisibilitus eiusdem geometrica in septemdecim partes etc.*». Parafraseando: el círculo puede dividirse en diecisiete partes [iguales]. Es la primera entrada del cuaderno. Más adelante se añaden 145 descubrimientos más, cada uno de ellos apuntado en forma de una nota breve y a menudo críptica.

¿Lenguas o matemáticas?

No hay duda.

❋

Gauss nació en una familia pobre. Su padre Gerhard aceptó un empleo en Brunswick (Braunschweig) como jardinero y más tarde trabajó como acequiero y albañil. La madre de Gauss, Dorothea (de soltera Benze) era tan analfabeta que ni siquiera registró la fecha de nacimiento de su hijo. Sin embargo, no le faltaba inteligencia, y recordaba que su hijo había llegado al mundo un miércoles, ocho días antes de la fiesta de la Ascensión. Como no podía ser de otro modo, Gauss usaría más tarde esta limitada información para averiguar el día exacto de su nacimiento.

La brillantez intelectual de Gauss no tardó en manifestarse. Un día, cuando tenía tres años, su padre estaba pagando los jornales a unos trabajadores. De repente, el joven Carl abrió la boca: «No, padre, eso está mal, debería ser...». Al volver a hacer el cálculo, se comprobó que el niño tenía razón. Conscientes del potencial de su hijo, los padres de Gauss hicieron todo lo que pudieron para ayudarle a desarrollarlo. Cuando Gauss tenía ocho años, en la escuela el profesor Büttner le planteó a la clase un problema de aritmética. A menudo este se presenta como la suma de los números del 1 al 100, aunque probablemente se trate de una simplificación. El problema debía ser más complicado, pero del mismo estilo; sumar un montón de números separados por el mismo intervalo. La ventaja de una suma así para el profesor es simple: hay un ingenioso atajo. Si no se les explica a los alumnos, se los mantiene ocupados durante horas en un cálculo gigantesco, que casi con seguridad harán mal. Con ocho años, Gauss se sentó en su pupitre un momento, escribió un solo número en su pizarra, se dirigió a la mesa del profesor y le plantó la pizarra boca abajo. *Ligget se*, le dijo en su dialecto: «Ahí lo tiene». Esta era la forma habitual de presentar la respuesta, y no implicaba ninguna falta de respeto. Mientras el resto de los pupilos trabajaban en su respuesta y sus pizarras se iban apilando lentamente, Büttner miraba a Gauss, que aguardaba tranquilo en su pupitre. Cuando miró las pizarras, vio que solo Gauss tenía la respuesta correcta.

Supongamos que el problema fuese realmente $1 + 2 + 3 + ... + 99 + 100$. ¿Cuál es el atajo? Bueno, primero hay que poder imaginar que «hay» un atajo. Luego hay que descubrirlo. El mismo truco vale para sumas más complejas del mismo tipo. Se cree que Gauss mentalmente agrupó los números en pares, uno del principio con uno del final, de este modo:

$$1 + 100 = 101$$

$$2 + 99 = 101$$

$$3 + 98 = 101$$

y la pauta continúa (porque el primer número aumenta en uno al tiempo que el segundo disminuye en uno para compensarlo) hasta que, finalmente

$$50 + 51 = 101$$

Hay 50 pares numéricos en esta serie, y todos suman 101, así que la suma total es $50 \times 101 = 5.050$.

Ligget se.

✵

Büttner comprendió que se encontraba ante un genio, y le dio a Gauss el mejor libro de aritmética que pudo comprar. El niño lo leyó como una novela, y lo asimiló igual de rápido. «Me supera. Ya no puedo enseñarle nada más», dijo Büttner. Pero todavía podía ayudar a su prodigio. En 1788 Gauss ingresó en el Gymnasium, ayudado por Büttner y su ayudante Martin Bartels. Allí se interesó por la lingüística, y aprendió alto alemán y latín.

Bartels tenía buenos contactos en Brunswick, y les habló de los talentos de Gauss. La noticia llegó a oídos del duque Carlos Guillermo Fernando de Brunswick-Wolfenbüttel, y en 1791, con solo catorce años de edad, a Gauss le fue concedida una audiencia. Era tímido y humilde, e increíblemente brillante. El duque, cautivado e impresionado en igual medida, prometió proveer el dinero para la educación del joven. En 1792, patrocinado por el duque, Gauss ingresó en el Collegium Carolinum. Allí desarrolló su interés por las lenguas, sobre todo las clásicas. Gerhard declaró que aquellos estudios tan poco prácticos eran una pérdida de tiempo, pero Dorothea se plantó. Su hijo iba a recibir la mejor educación posible, y eso incluía el griego y el latín. Fin de la discusión.

Gauss llevaba algún tiempo persiguiendo dos intereses, las matemáticas y las lenguas. De forma independiente había redescubierto (sin demostraciones) cinco o seis importantes teoremas matemáticos, entre ellos la Ley de la Reciprocidad Cuadrática en la Teoría de los Números, que describiré más adelante, y conjeturó el Teorema de los Números Primos, que afirma que el número de primos menores que x es aproximadamente $x/\log x$. Fue demostrado en 1896 por Jacques Hadamard y Charles de la Vallée-Poussin de forma independiente. En 1795 Gauss dejó Brunswick para asistir a la Universidad de Gotinga. Su profesor Abraham Kästner se dedicaba fundamentalmente a escribir libros de texto y enciclopedias, y no hacía investigación original. Gauss quedó muy poco impresionado y dejó su opinión muy clara. Iba de cabeza a una carrera en las lenguas cuando los dioses de las matemáticas vinieron al rescate de una manera espectacular con el heptadecágono.

❋

Para comprender lo radical del descubrimiento de Gauss, necesitamos remontarnos a la antigua Grecia, hace más de dos mil años. En los *Elementos*, Euclides codificó de manera sistemática los teoremas de los grandes geómetras griegos. Era muy estricto con la lógica y exigía que todo se demostrara. Bueno, casi todo. Había que comenzar en algún lugar, con supuestos que no se demostraban. Euclides clasificó estos en tres tipos: definiciones, nociones comunes y postulados. Hoy en día, a los dos últimos los conocemos como «axiomas».

Sobre la base de estos supuestos, Euclides desarrolló una gran parte de la geometría griega, paso a paso. A nuestros ojos, hay supuestos que faltan, supuestos sutiles, como «si una línea pasa por un punto dentro de un círculo, entonces, si se alarga lo suficiente, tocará el círculo». Pero aparte de estos detalles, hizo un trabajo excepcional, con deducciones de consecuencias de gran alcance a partir de principios simples.

La culminación de los *Elementos* fue la demostración de que existen exactamente cinco sólidos regulares, cuerpos con polígonos regulares en las caras, dispuestos del mismo modo en cada vértice. Son el tetraedro, con cuatro caras que son triángulos equiláteros; el cubo, con seis caras que son cuadrados; el octaedro, con ocho caras que son triángulos equiláteros; y el icosaedro, con veinte caras, todas triángulos equiláteros. Ahora bien, si uno es Euclides e insiste en demostraciones lógicas, no se puede hacer la geometría tridimensional del dodecaedro si no se ha hecho antes la geometría bidimensional del pentágono regular. Al fin y al cabo, el dodecaedro está hecho de doce pentágonos regulares. Así que para llegar a lo realmente interesante, los sólidos regulares, primero hay que ocuparse de los pentágonos regulares, y de muchas otras cosas.

Entre los supuestos básicos de Euclides se encuentra una restricción implícita sobre cómo se construyen las figuras geométricas. Todo se realiza mediante líneas rectas y círculos. Así pues, se puede usar una regla y, como solía decirse [en inglés], un par de compases. Este es un único instrumento, por la misma razón que decimos que llevamos un par de pantalones o que cortamos el cabello con tijeras, aunque sea una. Hoy se suele abreviar [en inglés] a «compás», así que de los procedimientos de Euclides se dice que son construcciones de regla y compás. Su geometría es una idealización matemática en la que las líneas son infinitamente finas y perfectamente rectas, y los círculos están delimitados por una circunferencia infinitamente fina y perfectamente redonda. Así que las construcciones de Euclides no solo son lo bastante buenas para los estándares más exigentes: son «exactas», lo bastante buenas para una supermente infinitamente quisquillosa con un microscopio infinitamente potente.

❋

Gauss abordó los polígonos regulares a partir del descubrimiento de Descartes de que álgebra y geometría son dos caras de una misma moneda, relacionadas por las coordenadas en el plano. Una línea recta se representa mediante una ecuación que deben satisfacer todos los puntos de la línea. Lo mismo se puede decir de una circunferencia, aunque la ecuación sea más complicada. Si dos líneas o círculos se cruzan, los puntos de la intersección satisfacen ambas ecuaciones. Cuando se intenta hallar estos puntos resolviendo el par de ecuaciones, todo resulta bastante fácil cuando se trata de dos líneas. Si una línea se encuentra con un círculo, o los dos círculos se cruzan, tenemos que resolver una ecuación cuadrática. Para ello disponemos de una fórmula, cuya clave está en una raíz cuadrada; el resto es simple aritmética de sumas, restas, multiplicaciones y divisiones.

Vista desde este telescopio de algebrista, una construcción de regla y compás se reduce a formar una serie de raíces cuadradas. Con unos pocos trucos de la profesión, eso es lo mismo que resolver una ecuación cuyo «grado» (la potencia más alta a la que está elevada la incógnita) es 2, 4, 8, 16, es decir, alguna potencia de 2. No todas las ecuaciones de este tipo se reducen a una serie de cuadráticas, pero la potencia de 2 es una clave. Esa potencia nos informa incluso sobre el número de cuadráticas que necesitamos.

Los polígonos regulares se convierten en ecuaciones muy simples cuando se utilizan números complejos, en los que −1 tiene raíz cuadrada. La ecuación para los vértices de un pentágono regular, por ejemplo, es

$$x^5 - 1 = 0$$

que es muy simple y elegante. Si descartamos la solución trivial, $x = 1$, las otras satisfacen

$$x^4 + x^3 + x^2 + x + 1 = 0$$

que todavía es bastante elegante y, lo que es crucial, de grado 4, que es una potencia de 2. Algo parecido ocurre con el heptadecágono, solo que ahora las ecuaciones suman todas las potencias de x hasta 16, que de nuevo es una potencia de 2.

Por otro lado, un heptágono regular (siete lados) tiene una ecuación parecida de grado 6, que no es una potencia de 2. Así que definitivamente no se puede obtener un heptágono regular mediante una construcción con regla y compás.[6] Dado que Euclides construye el pentágono, su ecuación debe poder reducirse a una serie de cuadráticas. Con un poco de álgebra, no es difícil descubrir cómo. Armado con este conocimiento, Gauss descubrió que la ecuación para el polígono de 17 lados también se reduce a una serie de cuadráticas. Primero, $16 = 2^4$, una potencia de 2, que es necesario para que una serie de raíces cuadradas nos den la solución, pero no siempre suficiente. En segundo lugar, 17 es primo, lo que permitió a Gauss hallar la serie que buscaba.

Cualquier matemático competente podía seguir los razonamientos de Gauss una vez hubo mostrado el camino, pero nadie había siquiera sospechado que Euclides no hubiera catalogado todos los polígonos regulares que pueden construirse.

Nada mal para un chico de diecinueve años.

❋

Bajo el mecenazgo del duque, Gauss siguió dando grandes pasos, sobre todo en la Teoría de los Números. Desde pequeño había sido muy rápido con las cuentas, capaz de hacer mentalmente y deprisa cálculos aritméticos complicados. En una era anterior a las computadoras, esta habilidad resultaba muy útil. Le ayudó a hacer grandes progresos en la Teoría de los Números, y su temprana reputación se vio muy acrecentada cuando escribió uno de los más célebres textos de la historia de las matemáticas, *Disquisitiones arithmeticae*. Este libro hizo por la Teoría de los Números lo que Euclides había hecho por la geometría dos mil años antes. Fue publicado en 1801 gracias a una subvención del fiel duque, que fue recompensado con una obsequiosa dedicatoria.

Una de las técnicas básicas del libro es un ejemplo típico de la capacidad de Gauss para sintetizar conceptos simples a partir de resultados desorganizados y complicados. Es lo que hoy conocemos como «aritmética modular». Muchos resultados clave de la Teoría de los Números descansan en las respuestas a dos simples preguntas:

¿Cuándo divide un número dado a otro?

Si no lo divide, ¿cómo se relacionan los dos números?

La distinción de Fermat entre $4k + 1$ y $4k + 3$ es de este tipo. Tiene que ver con lo que ocurre cuando un número se divide por cuatro. A veces lo hace de forma exacta. Los números

0 4 8 12 16 20 ...

son múltiplos exactos de 4, mientras que el resto de los números pares

2 6 10 14 18 ...

no lo son. De hecho, dejan un resto de 2 cuando se dividen por 4; es decir, son múltiplos de 4 más «un resto de 2». De modo parecido, los números impares o bien dejan un resto de 1:

1 5 9 13 17 21 ...

o un resto de 3:

3 7 11 15 19 23 ...

Antes de que Gauss se ocupase del asunto, la forma habitual de decirlo era que estas listas comprenden los números de las formas $4k$, $4k + 1$, $4k + 2$ y $4k + 3$ poniendo los restos en su orden usual. Gauss lo dijo de otra forma: son las listas de todos los números que son congruentes con 0, 1, 2 o 3 respecto al módulo 4. O más brevemente, aprovechando la gramática latina, congruentes módulo 4.

Hasta aquí, no es más que terminología, pero lo que realmente importa es la estructura. Si sumamos dos números, o los multiplicamos, y nos preguntamos entre 0, 1, 2, 3, con cuál es congruente el resultado, resulta que la respuesta depende solamente de con qué eran congruentes los números originales. Por ejemplo:

Si sumamos números congruentes con 2 y 3, el resultado siempre es congruente con 1.

Si multiplicamos números congruentes con 2 y 3, el resultado siempre es congruente con 2.

Probemos con un caso concreto. El número 14 es congruente con 2 y 23 es congruente con 3. Su suma es 37, que debería ser congruente con 1. Y en efecto: $37 = 4 \times 9 + 1$. Su producto es $322 = 4 \times 80 + 2$.

Esto puede parecer un poco simplón, pero nos ayuda a responder preguntas sobre la divisibilidad por 4 usando tan solo esas cuatro «clases de congruencia». Apliquemos la idea a los primos que son sumas de dos cuadrados. Todo número natural es congruente (módulo 4) con 0, 1, 2 o 3. Por consiguiente, sus cuadrados son congruentes con los cuadrados de estos cuatro números, es decir, con 0, 1, 4 o 9. Estos, a su vez, son congruentes con 0, 1, 0, 1, respectivamente. Esta es una manera muy rápida y fácil de demostrar que todo cuadrado es o bien de la forma $4k$ o de la forma $4k + 1$, en la vieja terminología. Pero hay más. Las sumas de dos cuadrados son, por consiguiente, congruentes o bien con $0 + 0$, $0 + 1$, o $1 + 1$; es decir, con 0, 1 o 2. Llama la atención la ausencia del 3. Acabamos de demostrar que una suma de dos cuadrados nunca es congruente con 3 (módulo 4). De este modo, algo que parece complicado se convierte en trivial en la aritmética modular.

Si el método se limitase a la congruencia módulo 4 no sería demasiado importante, pero podemos reemplazar el 4 por cualquier otro número. Si escogemos el 7, por ejemplo, todo número será congruente con precisamente uno de los números 0, 1, 2, 3, 4, 5 o 6. También en este caso se puede predecir la clase de congruencia de una suma o un producto a partir de las clases a las que pertenezcan los números implicados. De este modo, podemos hacer aritmética (y, por lo tanto, también álgebra) usando clases de congruencia en lugar de números.

En manos de Gauss, esta idea se convierte en la piedra angular de teoremas sobre números de mucho mayor alcance. En particular, lo llevó a uno de sus descubrimientos más impresionantes, que realizó con tan solo dieciocho años. Fermat, Euler y Lagrange se habían percatado de la pauta con anterioridad, pero ninguno de ellos había conseguido una demostración. Gauss halló una, que publicó en 1796, cuando tenía diecinueve años; en total, llegó a descubrir seis. En privado, lo llamaba *Theorema aureum*, o teorema dorado. Su denominación oficial, mucho más farragosa y menos periodística, es Ley de Reciprocidad Cuadrática. Se trata de una herramienta para responder a una pregunta básica: ¿cómo son los cuadrados perfectos para un módulo determinado? Por ejemplo, hemos visto que todo cuadrado (módulo 4) es o bien 0 o 1. Estos se conocen como residuos cuadráticos (módulo 4). Las otras dos clases, 2 y 3, son no residuos cuadráticos. En cambio, si trabajamos (módulo 7), los residuos cuadráticos resultan ser

0 1 2 4

(los cuadrados de 0, 1, 3, 2, en ese orden) y los no residuos son

3 5 6

En general, si el módulo es un primo impar *p*, algo más de la mitad de las clases de congruencia son residuos, y algo menos de la mitad son no residuos. No obstante, no existe una pauta obvia acerca de qué número es de qué tipo.

Supongamos que *p* y *q* son primos impares. Podemos hacernos dos preguntas:

¿Es *p* residuo cuadrático módulo *q*?

¿Es *q* residuo cuadrático módulo *p*?

No está claro que estas preguntas deban guardar una relación mutua; sin embargo, el teorema áureo de Gauss establece que ambas tienen la misma respuesta, salvo que tanto *p* como *q* sean de la forma $4k + 3$, en cuyo caso tienen respuestas opuestas: una sí, la otra no. El teorema no nos dice cuáles son las respuestas, solo que están relacionadas. Pese a ello, con algo de esfuerzo el teorema áureo nos lleva a un método eficiente para decidir si un número determinado es o no un residuo cuadrático módulo otro número determinado. Sin embargo, si es un residuo cuadrático, el método no nos dice qué cuadrado usar. Incluso una pregunta tan simple como esta todavía guarda misterios insondables.

El núcleo de las *Disquisitiones* es una teoría refinada de las propiedades aritméticas de las formas cuadráticas (o sea, variaciones elaboradas de la «suma de dos cuadrados») que desde entonces se ha desarrollado hasta erigir vastas y complejas teorías, con vínculos con muchas otras áreas de las matemáticas. Por si acaso todo esto resulta tremendamente esotérico, cabe señalar que los residuos cuadráticos son importantes en el diseño de una buena acústica para una sala de conciertos. Nos dicen qué forma dar a los reflectores y absorbentes de sonido de las paredes. Además, las formas cuadráticas se sitúan en el núcleo de la matemática actual, tanto de la pura como de la aplicada.

Los escritos de Gauss son concisos, elegantes y refinados. «Cuando uno construye un bello edificio, no debería verse la armazón», escribió. Parece razonable cuando uno quiere que la gente admire el edificio, pero si se está formando a arquitectos y constructores, el examen detallado de la armazón es vital. Lo mismo puede decirse cuando se intenta formar a la siguiente generación de matemáticos. Carl Jacobi se lamentaba de que Gauss era «como un zorro, que con su cola borra todas sus huellas en la arena». Gauss no era el único que lo hacía. Ya vimos que Arquímedes necesitaba conocer el área y el volumen de una esfera para que funcionasen sus demostraciones en *Sobre la esfera y el cilindro*, pero en aquel libro se las guardó para sí. Para ser justos, sí reveló la intuición que subyacía a sus pruebas en *El método*. Newton usó el cálculo para descubrir muchos de los resultados de sus *Principia*, pero luego los presentó bajo un ropaje geométrico. La presión por limitar el espacio en las revistas y los hábitos de la tradición todavía hacen que mucha de la matemática que se publica sea más oscura de lo que debiera. No estoy convencido de que esta actitud haga ningún favor a la profesión, pero es difícil de cambiar, y hay algunos argumentos a su favor. En particular, es difícil seguir un rastro que no deja de meterse en veredas equívocas, solo para rehacer sus pasos cuando llega un punto muerto.

❋

La reputación académica de Gauss estaba por las nubes y nada le hacía pensar que el duque fuera a dejar de patrocinarlo en un futuro; sin embargo, un puesto permanente, asalariado, le ofrecería una mayor seguridad. Para obtenerlo, le convenía contar también con una buena reputación pública. La oportunidad se le presentó en 1801. El primer día de aquel año el astrónomo Giuseppe Piazzi causó un gran revuelo con el descubrimiento de un «nuevo planeta». Hoy lo clasificamos como planeta enano, aunque durante mucho tiempo se ha considerado un asteroide. Sea cual sea su estatus, su nombre es Ceres. Los asteroides son cuerpos relativamente pequeños que (en su mayoría) se encuentran en órbita entre Marte y Júpiter. Se había predicho la existencia de un planeta a esa distancia a partir de una pauta empírica en los tamaños de las órbitas planetarias, la Ley de Titius-Bode. Esta se ajustaba a los planetas conocidos salvo por una laguna entre Marte y Júpiter, el lugar justo para que se escondiera un planeta desconocido.

En junio, un astrónomo húngaro que conocía Gauss, el barón Franz Xaver von Zach, había publicado observaciones de Ceres. Sin embargo, Piazzi solo había logrado observar aquel nuevo mundo a lo largo de una corta distancia de su órbita. Cuando desapareció bajo el brillo del Sol, los astrónomos temían no ser capaces de volver a encontrarlo. Gauss desarrolló un nuevo método para calcular órbitas precisas a partir de un pequeño número de observaciones, y Zach publicó la predicción de Gauss, junto a otras más, ninguna de las cuales concordaba. En diciembre, Zach volvió a encontrar Ceres casi exactamente donde Gauss había dicho que estaría. La hazaña selló la reputación de Gauss como maestro de la matemática, y como recompensa fue nombrado director del Observatorio de Gotinga en 1807.

Para entonces estaba casado con Johanna Ostoff, pero su esposa falleció en 1809 tras dar a luz a su segundo hijo, que también murió al poco tiempo. Gauss quedó destrozado por estas tragedias familiares, pero siguió trabajando en sus matemáticas. Tal vez eso, al distraerlo, le fuese de ayuda. Amplió el estudio de Ceres a una teoría general de la mecánica celeste: el movimiento de las estrellas, los planetas y las lunas. En 1809 publicó *Teoría del movimiento de los cuerpos celestes en secciones cónicas alrededor del Sol*. Menos de un año después de la muerte de Johanna, contrajo matrimonio con una buena amiga de ella, Friederica Waldeck, más conocida como Minna.

❋

Para entonces, Gauss estaba encumbrado entre los mejores matemáticos alemanes, e incluso de todo el mundo: sus opiniones eran apreciadas y respetadas, y unas pocas palabras de elogio o censura salidas de sus labios podían tener consecuencias de gran alcance para las carreras de otros. En general, no abusó de su influencia, e hizo mucho para animar a los jóvenes matemáticos, pero solía mantener una posición conservadora. De manera consciente evitaba todo aquello que pudiera ser controvertido, en lo que trabajaba por su cuenta hasta quedar satisfecho, pero prefería no publicar. Esta combinación ocasionalmente provocó alguna injusticia. El ejemplo más claro se produjo en relación con la geometría no euclidiana, una historia que dejaré para el próximo capítulo.

Las investigaciones de Gauss fueron muy variadas. Obtuvo la primera demostración rigurosa del Teorema Fundamental del Álgebra, que dice que toda ecuación polinómica tiene soluciones en los números complejos. Definió estos de forma rigurosa como pares de números reales sujetos a operaciones específicas. Demostró un teorema básico de análisis complejo, más tarde conocido como Teorema de Cauchy porque Augustin-Louis Cauchy lo obtuvo de manera independiente y «además» lo publicó. En el análisis real, una función puede integrarse en un intervalo dando el área bajo la curva correspondiente. En el análisis complejo, una función puede integrarse a lo largo de un camino curvo en el plano complejo. Gauss y

Cauchy demostraron que si dos caminos tienen puntos inicial y final iguales, el valor de la integral depende solamente de estos puntos, siempre que la función no tienda al infinito en ningún punto del interior de la curva cerrada que se obtiene al unir los dos caminos. Este resultado simple tiene profundas consecuencias para la relación entre una función compleja y sus singularidades, es decir, los puntos en los que tiende al infinito.

Dio algunos pasos iniciales hacia la topología al introducir el índice de ligazón, una propiedad topológica que a menudo puede usarse para demostrar que dos curvas ligadas no pueden separarse mediante una deformación continua. Este concepto fue generalizado a dimensiones superiores por Poincaré (capítulo 18). Fue también el primer paso hacia una teoría de la topología de nudos, un tema sobre el que Gauss también reflexionó y que hoy tiene aplicaciones desde la teoría de campos cuántica hasta la molécula de ADN.

❋

Como director del Observatorio de Gotinga, Gauss tuvo que dedicar una buena parte de su tiempo a la construcción de un nuevo observatorio, que finalizó en 1816. También estuvo ocupado con sus matemáticas, con publicaciones sobre series infinitas y la función hipergeométrica, un artículo sobre análisis numérico, algunas ideas de estadística, la *Teoría de la atracción de un elipsoide homogéneo*, sobre la atracción gravitatoria de un elipsoide sólido, que es una aproximación mejor que la esfera a la forma de un planeta. Estuvo a cargo de una prospección geodésica de Hannover en 1818, durante la cual mejoró las técnicas de prospección. Hacia la década de 1820, Gauss se interesó mucho por la medición de la forma de la Tierra. Anteriormente había demostrado un resultado que llamaba *Theorema egregium* (teorema destacable), que caracteriza la forma de una superficie con independencia del espacio que la rodee. Este teorema, junto con su prospección geodésica, le valió el premio Copenhague de 1822.

Entró entonces en un período difícil de su vida familiar. Su madre estaba enferma, y en 1817 la llevó a su propia casa. Le atraía un puesto en Berlín, y su esposa quería que lo aceptara, pero le pesaba dejar Gotinga. Más tarde, en 1831, su esposa falleció. La llegada del físico Wilhelm Weber le ayudó a superar el duelo. Gauss conocía a Weber desde hacía años, y juntos estudiaron el campo magnético de la Tierra. Gauss escribió tres importantes artículos sobre el tema en los que desarrolló los resultados básicos de la física del magnetismo, y aplicó su teoría a deducir la posición del polo magnético sur. Con Weber descubrió lo que hoy llamamos Leyes de Kirchhoff de los circuitos eléctricos. También construyeron uno de los primeros telégrafos eléctricos prácticos, capaz de enviar mensajes a más de un kilómetro.

Cuando Weber dejó Gotinga, la productividad matemática de Gauss comenzó a decaer. Se dedicó al sector financiero, organizando el fondo de las viudas de la Universidad de Gotinga. Puso en práctica la experiencia así adquirida y amasó una fortuna con sus inversiones en bonos empresariales. Pero todavía dirigía dos estudiantes de doctorado, Moritz Cantor y Richard Dedekind. Este último escribió sobre la forma calma y clara con la que Gauss debatía sobre sus investigaciones, elaborando principios básicos que luego desarrollaba con su elegante letra en una pequeña pizarra. Gauss murió tranquilamente en 1855 mientras dormía.

11

Torcer las reglas
Nikolái Ivánovich Lobachevski

Nikolái Ivánovich Lobachevski
Nacimiento: Nizhni Nóvgorod, Rusia, 1 de diciembre de 1792
Muerte: Kazán, Rusia, 24 de febrero de 1856

Durante más de dos mil años, los *Elementos* de Euclides se consideraron el epítome del desarrollo lógico. A partir de unos pocos supuestos simples, cada uno de ellos enunciado de manera explícita, Euclides deducía, paso a paso, toda la maquinaria de la geometría. Comenzaba con la geometría del plano para luego proceder a ocuparse de la geometría sólida. Tan convincente era la lógica de Euclides que su geometría no se veía solamente como una conveniente representación matemática idealizada de la estructura aparente del espacio físico, sino como una verdadera definición de este. Con la excepción de la geometría esférica (la geometría de la superficie de una esfera, ampliamente utilizada en la navegación como buena aproximación a la forma de la Tierra), entre los matemáticos y otros estudiosos era generalizada la idea de que la geometría euclidiana era la única geometría posible, y que necesariamente determinaba la estructura del espacio físico. La geometría esférica no es una «clase» distinta de geometría, sino la misma geometría, pero restringida a una esfera incrustada en un espacio euclidiano, del mismo modo que la geometría del plano es la de un plano en un espacio euclidiano.

Toda geometría es euclidiana.

Uno de los primeros en sospechar que eso no tenía sentido fue Gauss, pero se resistió a publicarlo, convencido de que hacerlo sería como abrir la caja de los truenos. Las respuestas más probables serían miradas en blanco o acusaciones que irían de la ignorancia a la demencia. El pionero prudente escoge regiones de la selva donde nadie vaya a increparlo desde lo alto de los árboles.

Nikolái Ivánovich Lobachevski era más valiente, o más temerario, o más ingenuo que Gauss. O probablemente todo junto. Cuando descubrió una alternativa a la geometría euclidiana, tan lógica como su ilustre predecesora, con su propia y destacable belleza interna, comprendió su importancia, y recogió sus ideas en *Geometriya*, que finalizó en 1823. En 1826 solicitó al departamento de ciencias físico-matemáticas de la Universidad de Kazán que le permitiera leer un artículo sobre el tema, que por fin vio la luz en una oscura revista, *El Mensajero de Kazán*. También lo envió a la prestigiosa Academia de las Ciencias de San Petersburgo, pero Mijaíl Ostrogradski, un experto en matemática aplicada, lo rechazó. En 1855 Lobachevski, entonces ciego, dictó un nuevo texto sobre geometría no euclidiana que tituló *Pangeometría*. *Geometriya* fue publicado por fin en su forma original en 1909, mucho después de su muerte.

Sus notables descubrimientos, junto con los de otro matemático todavía más injustamente desoído, János Bolyai, se reconocen hoy como el inicio de una gigantesca revolución en el pensamiento humano sobre la geometría y la naturaleza del espacio físico. Pero el destino de los pioneros siempre es el de ser mal interpretados y no comprendidos. Ideas que deberían haber sido admiradas por su originalidad se denuncian de costumbre como sinsentidos, y quienes las conciben reciben poco reconocimiento. Más probable es la hostilidad; basta con pensar en la evolución y el cambio climático. A veces da la impresión de que la raza humana no se merece a sus grandes pensadores. Cuando nos muestran las estrellas, el prejuicio y la falta de imaginación nos arrastran a todos de vuelta al lodo.

❋

En este caso, la humanidad se había unido en la creencia de que la geometría «tenía» que ser euclidiana. Filósofos como Immanuel Kant pusieron toda su erudición a la tarea de explicar por qué eso era inevitable. La creencia se asentaba sobre una larga tradición, reforzada por el esfuerzo requerido para dominar los arcanos argumentos de Euclides, que se infligieron sobre generaciones y generaciones de escolares como un gigantesco test de memoria. Por naturaleza, la gente valora el conocimiento que se obtiene con gran esfuerzo: si la geometría de Euclides no fuese la del espacio real, todo ese duro trabajo habría sido para nada. Otra razón era el seductor hilo de pensamiento que desde entonces se ha dado en conocer como el argumento de la incredulidad personal. «Por supuesto» que la única geometría es la euclidiana. ¿Qué otra podría ser?

Las preguntas retóricas a veces reciben respuestas retóricas, y esta pregunta en particular, tomada en serio, llevó a los matemáticos a aguas intelectuales muy profundas. La motivación inicial fue una característica de los *Elementos* de Euclides que parecía un defecto. No un error, sino solamente algo que parecía poco elegante y superfluo. Euclides ordenó de forma lógica su desarrollo de la geometría, comenzando con supuestos simples que se enunciaban de manera explícita pero no se demostraban. Todo lo demás se deducía de estos supuestos, paso a paso. La mayoría de los supuestos eran simples y razonables; por ejemplo: «todos los ángulos rectos son iguales». Pero había uno tan complicado que llamaba la atención:

> Si un segmento de línea corta dos líneas rectas formando en el mismo lado dos ángulos interiores que sumen menos que dos ángulos rectos, entonces las dos líneas, prolongadas indefinidamente, se encuentran en ese lado en el que los ángulos suman menos que dos ángulos rectos.

Se conoce como axioma (o postulado) de las paralelas porque, en efecto, se refiere a las líneas paralelas. Cuando dos líneas rectas son paralelas, nunca se encuentran, y el axioma de las paralelas nos dice que en ese caso la suma de los ángulos interiores en cuestión debe ser exactamente igual a dos ángulos rectos, 180°. Y viceversa: si ese el caso, las líneas son paralelas.

Las líneas paralelas son básicas y obvias: basta con mirar un papel con reglones. Parece evidente que esas líneas existen, y naturalmente nunca se encuentran porque la distancia entre ellas es siempre la misma, así que no puede llegar a ser cero. Sin duda Euclides les estaba dando más importancia de la que merecía. ¿O no? Pero si es tan obvio, comenzó a pensarse, entonces debería ser posible demostrar el axioma de las paralelas a partir del resto de los supuestos de Euclides. De hecho, más de uno estaba convencido de que lo había hecho, pero cuando otros matemáticos independientes examinaban sus presuntas demostraciones, indefectiblemente descubrían algún error o algún supuesto que les había pasado desapercibido.

En el siglo XI Omar Jayam hizo uno de los primeros intentos por dirimir la cuestión. Ya he mencionado sus investigaciones sobre las ecuaciones cúbicas (p. 58), pero no se acaban ahí sus méritos. Su obra *Sharh ma ashkala min musadarat kitab Uqlidis* [Explicación sobre las dificultades de los postulados de los *Elementos* de Euclides] se basa en un intento anterior de Hasan ibn al-Haytham (Alhacén) para demostrar el axioma de las paralelas. Jayam rechazó esta y otras «demostraciones» con argumentos lógicos y las reemplazó con un argumento que reducía el axioma de las paralelas a un enunciado más intuitivo.

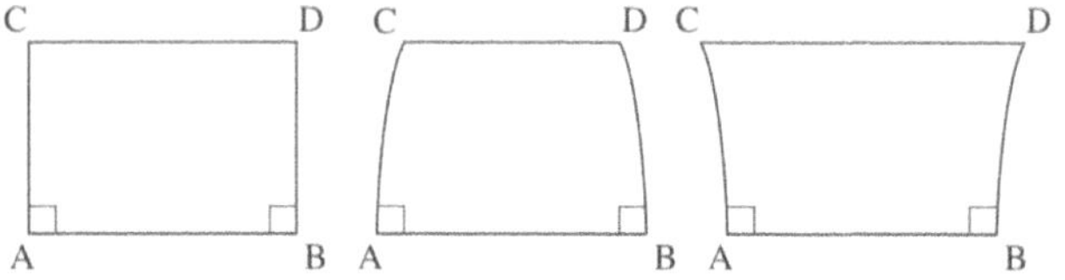

AC = BD y los ángulos A y B son ángulos rectos. ¿Completa DC el rectángulo?

Uno de sus diagramas fundamentales va directamente al grano del problema. Puede verse como un intento de construir un rectángulo, algo que de entrada no parece que entrañe ninguna dificultad. Basta con dibujar una línea recta y dos líneas de igual longitud que formen ángulos rectos con la base. Por último, se unen los extremos de esas líneas para hacer el cuarto lado de un rectángulo. ¡Y listo!

¿Seguro? ¿Cómo sabemos que el resultado es un rectángulo? En un rectángulo, las cuatro esquinas son ángulos rectos y los lados opuestos son iguales. En el dibujo de Jayam, sabemos que dos ángulos son rectos y un par de lados son iguales. ¿Y los otros?

Vale que «parece» que hayamos construido un rectángulo, pero solo porque mentalmente usamos por defecto la geometría de Euclides. Y, efectivamente, en la geometría euclidiana podemos demostrar que CD = AB y que los ángulos C y D son también ángulos rectos. Eso no es ninguna sorpresa, puesto que esperamos que CD sea paralela a AB. Si se quiere demostrar el axioma de las paralelas a partir de los otros axiomas de Euclides, hay que demostrar que Jayam ha dibujado un rectángulo sin apelar a ese axioma. De hecho, como el propio Jayam comprendió, si se pudiese encontrar esa demostración, quedaría resuelto el problema. El axioma de las paralelas se seguiría de forma inmediata. Para evitar la trampa de intentar demostrar el axioma de las paralelas, lo reemplazó explícitamente por otro supuesto: «Dos líneas rectas convergentes se cortan y es imposible que dos líneas rectas convergentes diverjan en la dirección en la que convergen». Y era plenamente consciente de que eso «era» un supuesto.

Giovanni Saccheri llevó los diagramas de Jayam un poco más lejos, tal vez de forma independiente, pero también dio un paso atrás al intentar usarlos para demostrar el axioma de las paralelas. Su obra *Euclides ab omni naevo vindicatus* [Euclides libre de toda mácula] apareció en 1733. Dividió su demostración en tres posibilidades, dependiendo de si el ángulo C de la figura es un ángulo recto, agudo (menos que uno recto) u obtuso (más que un ángulo recto). Saccheri demostró que sea como sea el ángulo C en uno de esos diagramas, lo mismo ocurrirá en todos los otros diagramas del mismo tipo. Los ángulos implicados serán todos rectos, todos agudos o todos obtusos. Así que en total hay tres casos, no tres para cada rectángulo. Fue un gran paso adelante.

La estrategia de la demostración de Saccheri consistía en considerar las alternativas de los ángulos agudos y obtusos, con la esperanza de refutarlas al deducir una contradicción. Primero, supuso que el ángulo era obtuso, y la suposición le llevó a resultados que consideró incompatibles con los otros axiomas de Euclides. Caso refutado. Le costó mucho más resolver el caso del ángulo agudo, pero por fin dedujo teoremas que creía que contradecían los otros axiomas. En realidad no es así; lo que contradicen es la geometría euclidiana, incluido el axioma de las paralelas. Así que Saccheri quedó convencido de que había demostrado el axioma de las paralelas (y de ahí su pomposo título), cuando hoy sabemos que en realidad había dado un gran paso hacia geometrías no euclidianas lógicamente coherentes.

❋

El padre de Nikolái, Iván, era funcionario del catastro; su madre, Praskovia, una emigrante polaca, al igual que su padre. Este murió cuando Nikolái tenía siete años, y su madre marchó con su familia a Kazán, en el oeste de Siberia. Tras acabar allí su escolarización, ingresó en la Universidad de Kazán en 1807. Empezó a estudiar medicina, pero no tardó en cambiarla por las matemáticas y la física. Entre sus profesores se encontraba Bartels, el amigo y antiguo maestro de Gauss.

En 1811 Lobachevski se graduó en matemáticas y física, pasó a ser lector, luego profesor titular y finalmente catedrático en 1822. Los administradores de la universidad eran conservadores y recelosos de todo lo que oliera a innovador, especialmente en la ciencia y la filosofía. Consideraban que esas eran peligrosas derivaciones de la Revolución Francesa, y una amenaza para la ortodoxia religiosa de la época. En consecuencia, la vida académica estaba contaminada, los mejores profesores (entre ellos Bartels) se marcharon y otros fueron despedidos, y se resintieron los niveles de calidad. No era el mejor lugar para quien estaba a punto de echar por la borda milenios de una poco imaginativa tradición en geometría, y la tendencia de Lobachevski a hablar con franqueza y mostrarse independiente no le hacía la vida más fácil. No obstante, se mantuvo firme en sus investigaciones matemáticas, y sus cursos eran modelos de claridad.

Su carrera administrativa comenzó a florecer en el momento en que entró a formar parte del comité de edificios de la universidad. Adquirió nuevos aparatos para el laboratorio de física y nuevos libros para la biblioteca. Dirigió el observatorio, fue decano de matemáticas y física de 1820 a 1825, y bibliotecario jefe de 1825 a 1835. Sus disputas con sus superiores mejoraron cuando Nicolás I, que tenía una actitud más relajada hacia la política y el gobierno, se convirtió en el zar. Apartó de su puesto de director de la universidad a Mijaíl Magnitiski, y lo reemplazó por Mijaíl Musin-Pushkin, quien se convirtió en un sólido aliado de Lobachevski y lo designó rector en 1827. El puesto, que ocupó durante diecinueve años, fue un gran éxito, con nuevos edificios para la biblioteca, astronomía, medicina y ciencias. Estimuló la investigación en arte y ciencia, y consiguió que aumentase el número de estudiantes. Sus respuestas rápidas y decididas lograron que una epidemia de cólera en 1830 y un incendio en 1842 se saldasen con daños mínimos, y el zar le envió un mensaje de agradecimiento. Durante todo este tiempo no dejó de impartir sus clases de cálculo y física, además de conferencias para el público general.

En 1832, a los cuarenta años de edad, se casó con una mujer mucho más joven y rica, lady Varvara Moisieva. Durante este período publicó dos trabajos sobre geometría no euclidiana: un artículo sobre «geometría imaginaria» en 1837, y un resumen en alemán que apareció en 1849 y que impresionó enormemente a Gauss. Los Lobachevski tuvieron dieciocho hijos, de los que siete llegaron a la edad adulta. Poseían una casa lujosa y disfrutaban de una intensa vida social. Todo ello dejó a Nikolái con poco dinero para su eventual jubilación, y el matrimonio empezó a tener problemas. Su salud se deterioró, y la universidad se deshizo de él en 1846 en un acontecimiento que se describió como un «retiro». Su primogénito murió poco después, y él empezó a perder la vista hasta quedar del todo ciego e incapaz de caminar. Falleció en 1856, pobre y sin tener constancia de que nadie nunca hubiera de fijarse en su descubrimiento de la geometría no euclidiana.

❋

Hubo un segundo matemático igualmente implicado en el gran descubrimiento: János Bolyai. Sus ideas vieron la luz en 1832 en forma de un «Apéndice donde se muestra la ciencia absoluta del espacio: independiente de la verdad o falsedad del axioma XI de Euclides (de ningún modo previamente dirimido)», en la obra de su padre, Wolfgang, *Ensayo para jóvenes estudiosos de los elementos de las matemáticas*. Bolyai y Lobachevski suelen llevarse la mayor parte del mérito de convertir la geometría no euclidiana en un área importante de las matemáticas, aunque la prehistoria de este tema incluye a otros cuatro que o bien no consiguieron publicar sus ideas o lo hicieron pero fueron ignorados.

Ferdinand Schweikart investigó la «geometría astral», desarrollando el caso de Saccheri del ángulo agudo. Envió a Gauss un manuscrito pero nunca lo publicó. Animó a su sobrino Franz Taurinus a proseguir su trabajo, y en 1825 Taurinus publicó *Teoría de las líneas paralelas*. En sus *Primeros elementos de geometría*, de 1826, afirma que el caso del ángulo obtuso también conduce a una geometría no euclidiana «logarítmica-esférica» perfectamente razonable. No logró llamar la atención y, disgustado, quemó las copias sobrantes. Uno de los estudiantes de Gauss, Friedrich Wachter, también escribió sobre el axioma de las paralelas, y también fue ignorado.

Para acabar de complicar las cosas, Gauss se había anticipado a todos ellos, pues ya en 1800 había comprendido que el problema del axioma de las paralelas no tenía tanto que ver con el espacio real como con la lógica interna de la geometría euclidiana. Las rayas de un papel pautado no pueden decidir la respuesta. Quizá se encontrasen a millones de kilómetros si el papel fuese lo bastante grande. Y tal vez si dibujásemos un montón de puntos equidistantes de una línea recta, el resultado no fuese una línea recta. Es probable que Gauss hubiese seguido esta posibilidad, como Saccheri, con la esperanza de alcanzar una contradicción, pero solo consiguió un número cada vez mayor de teoremas elegantes, creíbles y mutuamente coherentes. En 1817 ya se había convencido de que eran posibles geometrías lógicamente coherentes y distintas de la de Euclides. Sin embargo, no publicó nada al respecto, y en una carta de 1829 comentó que «puede pasar mucho tiempo antes de que haga públicas mis investigaciones sobre esta cuestión; de hecho, tal vez no ocurra mientras viva por miedo al "clamor de los beocios"».[7]

Wolfgang Bolyai era un viejo amigo de Gauss, y le escribió al gran hombre para solicitarle un comentario (que esperaba favorable) sobre la épica investigación de su hijo. La respuesta de Gauss segó todas sus esperanzas:

> Alabar [el trabajo de János] sería alabarme a mí mismo. El contenido entero de su obra, el camino que ha seguido su hijo, los resultados que ha alcanzado, coinciden casi por completo con mis propias meditaciones, que a ratos han entretenido mi mente durante los últimos treinta o treinta y cinco años. Así que me siento estupefacto. En lo que atañe a mi propio trabajo, sobre el cual apenas he puesto nada sobre el papel, mi intención era no dejar que se publicase durante mi vida [...] por ello, es para mí una agradable sorpresa verme liberado de tal preocupación, y me alegra sobremanera que sea el hijo de mi viejo amigo quien tome la precedencia sobre mí de tan destacable manera.

Todo bien, pero muy injusto por parte de Guass, que no había publicado nada al respecto. Naturalmente, al alabar las ideas radicales de János también se arriesgaba al clamor de los beocios. La alabanza privada era una forma de escurrir el bulto, y tanto Wolfgang como Gauss lo sabían.

Lobachevski no estaba al corriente de que tanto Gauss como Bolyai ya habían abordado el problema. El axioma de las paralelas implica la existencia de una paralela «única» para una línea a través de un punto, y comenzó a considerar la posibilidad de que eso fuera falso. Lo reemplazó por la existencia de muchas de esas líneas, pero definiendo ahora «paralela» como líneas «que no se encuentran nunca, por mucho que se prolonguen». Desarrolló las consecuencias de esta suposición en considerable detalle. No demostró que su sistema geométrico presentase lógica interna, pero no halló ninguna contradicción y se convenció a sí mismo de que no existía ninguna. Hoy a su sistema lo conocemos como «geometría hiperbólica», y corresponde al caso de Saccheri para el ángulo agudo. El ángulo obtuso conduce a la geometría elíptica, muy parecida a la geometría esférica. Bolyai estudió ambos casos, mientras que Lobachevski limitó sus investigaciones a la geometría hiperbólica.

❋

Aún pasó tiempo antes de que se reconociera la validez e importancia de la geometría euclidiana. La traducción francesa de Jules Hoüel de la obra de Lobachevski dio inicio a este proceso en 1866, diez años después de su muerte. Durante un tiempo, hubo una característica esencial que brillaba por su ausencia: una «demostración» de que la negación del axioma de las paralelas nunca conduce a una contradicción. Esta llegó algo más tarde: hay en realidad tres geometrías coherentes con los otros axiomas de Euclides. Son la propia geometría de Euclides, la geometría elíptica, en la que las líneas paralelas no existen, y la geometría hiperbólica, en la que sí existen, pero no son únicas.

La demostración de la coherencia lógica resultó ser más sencilla de lo que nadie esperaba. La geometría no euclidiana puede entenderse como la geometría natural de una superficie de curvatura constante: positiva para la geometría elíptica, negativa para la hiperbólica. La geometría euclidiana es el caso de transición, con curvatura igual a cero. Aquí, «línea» se interpreta como «geodésica», el camino más corto entre dos puntos. Con esta interpretación se pueden probar todos los axiomas de Euclides salvo el axioma de las paralelas, que puede demostrarse usando la geometría euclidiana. Si hubiese alguna contradicción lógica en la geometría elíptica o en la hiperbólica, se traduciría directamente a la correspondiente incoherencia lógica en la geometría euclidiana de las superficies. Si la geometría euclidiana es coherente, también lo serán las geometrías elíptica e hiperbólica.

En 1868, Eugenio Beltrami presentó un modelo concreto de geometría hiperbólica: la geodésica de una superficie que llamó «pseudoesfera», que tiene una curvatura negativa constante. Interpretó este resultado como una demostración de que la geometría hiperbólica no era realmente nueva, sino solamente geometría euclidiana especializada para una superficie adecuada. Al hacerlo, pasó por alto un aspecto lógico más profundo: el modelo demuestra que la geometría hiperbólica es coherente, de modo que el axioma de las paralelas no puede derivarse a partir de los otros axiomas de Euclides. Hoüel se percató de ello en 1870, cuando tradujo al francés el artículo de Beltrami.

Encontrar un modelo para la geometría elíptica fue más fácil. Es la geometría de los círculos máximos de una esfera, pero con un añadido. Los círculos máximos se encuentran en dos puntos diametralmente opuestos, no en un solo punto, de modo que no obedecen los otros axiomas de Euclides. Para arreglarlo, se define «punto» como «par de puntos diametralmente opuestos», y se concibe un círculo máximo como un par de semicírculos diametralmente opuestos. Este espacio, que técnicamente es una esfera en la que se identifican los puntos diametralmente opuestos, tiene una curvatura positiva constante, que hereda de la esfera.

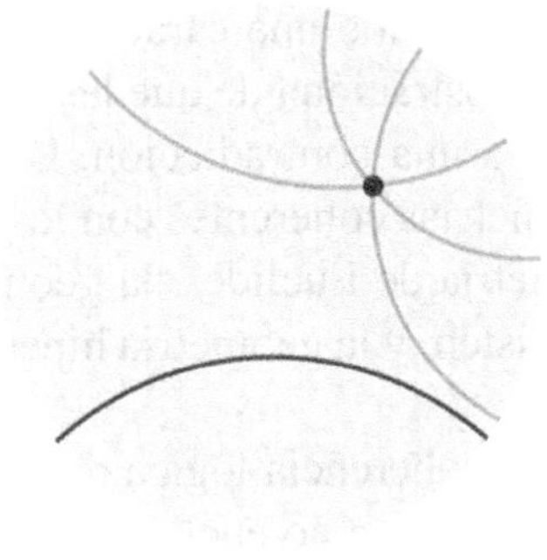

En el modelo de geometría hiperbólica del disco de Poincaré, una línea (en negro) puede tener infinitas paralelas (que se muestran en gris) que pasan por un punto determinado. Los límites del círculo no se consideran parte del espacio.

Entretanto, la geometría no euclidiana comenzaba a hacer acto de presencia en otras áreas de las matemáticas, en particular en el análisis complejo, donde aparecía en conexión con las transformaciones de Möbius, que mapean círculos (y líneas rectas) en círculos (y líneas rectas). Weierstrass ya impartía conferencias sobre este tema en 1870. Klein, que estuvo de acuerdo con él, captó el mensaje y discutió la idea con Sophus Lie. En 1872 escribió un influyente documento, el «Programa Erlangen», en el que definía la geometría como el estudio de invariantes de grupos de transformación, unificando de este modo las diversas geometrías que se conocían entonces, con la excepción principal de la geometría riemanniana para superficies de curvatura no constante, en la que no existían grupos de transformación adecuados. Poincaré hizo más progresos, entre ellos su propio modelo de geometría hiperbólica. El espacio es el interior de un círculo, y las líneas «rectas» son arcos de círculo que se encuentran en los límites del círculo en ángulos rectos.

Más tarde, la geometría hiperbólica sería una de las fuentes de inspiración para la teoría de espacios curvos de cualquier dimensión (variedades), que subyace a la Teoría de la Gravitación de Einstein (capítulo 15). Sus aplicaciones en la matemática moderna incluyen el análisis complejo, la Relatividad Especial, la teoría de combinatoria de grupos y la conjetura (hoy teorema) de geometrización de Thurston en la topología de variedades tridimensionales (capítulo 25).

12

Radicales y revolucionarios
Évariste Galois

Évariste Galois
Nacimiento: Bourg-la-Reine, Francia, 25 de octubre de 1811
Muerte: París, Francia, 31 de mayo de 1832

El 4 de junio de 1832, el periódico francés *Le Précurseur* informó sobre un acontecimiento sensacional, pero en modo alguno insólito:

París, 1 de junio. Un deplorable duelo privó ayer a las ciencias exactas de un joven que suscitaba las más altas expectativas, pero cuya celebrada precocidad había quedado empañada últimamente por sus actividades políticas. El joven Évariste Galois [...] se batió con un antiguo amigo [...] de quien se sabe que había figurado igualmente en un proceso político. Se dice que la causa del combate fue el amor. La pistola fue el arma escogida por los adversarios,

> pero, a causa de su antigua amistad, no pudieron soportar verse a la cara y dejaron su destino en manos de la ciega suerte. Cada uno fue armado con una pistola y se dispararon a quemarropa. Solo una de las pistolas estaba cargada. Galois fue atravesado de lado a lado por una bala de su oponente; fue llevado al hospital Cochin, donde murió al cabo de unas dos horas. Tenía 22 años de edad. L. D., su adversario, era un poco más joven.

Galois pasó la noche anterior al duelo escribiendo un resumen de sus investigaciones matemáticas, que se centraron en el uso de conjuntos especiales de permutaciones, que él denominaba «grupos», para determinar si una ecuación algebraica podía resolverse mediante una fórmula. También describió conexiones entre esta idea y unas funciones especiales llamadas integrales elípticas. Sus resultados implican fácilmente que no existe ninguna fórmula algebraica que resuelva la ecuación de quinto grado general, un problema que traía de cabeza a los matemáticos desde hacía varios siglos hasta que Gabriel Ruffini publicó una demostración casi completa pero interminablemente larga, y Niels Henrik Abel concibió otra más simple.

Aún en nuestros días persisten varios mitos sobre Galois, a pesar de los esfuerzos de los historiadores por aclarar el verdadero curso de los acontecimientos. Los registros que nos han llegado son fragmentarios y a veces contradictorios. Por ejemplo, ¿quién fue su oponente? El artículo del periódico no es fiable (para empezar, se equivoca con su edad) y es mucho lo que todavía sigue oscuro. La importancia de su matemática, sin embargo, está fuera de toda duda. El concepto de grupo de permutaciones fue uno de los primeros pasos significativos hacia la teoría de grupos. Esta resultó ser la clave de las profundas matemáticas de la simetría, y es todavía una importante área de investigación. Los grupos ocupan un lugar central en muchas ramas de las matemáticas y son indispensables en la física matemática. Tienen importantes aplicaciones en la formación de patrones en muchas áreas de las ciencias físicas y biológicas.

❋

El padre de Évariste, Nicolas-Gabriel, un republicano, fue alcalde de Bourg-la-Reine en 1814, después de que Luis XVIII recuperase la corona. Su madre, Adelaide-Marie (de soltera Demante) era la hija de un consultor legal, y había recibido una buena educación, habiendo estudiado religión y los clásicos, por lo que educó al joven Évariste en su casa hasta que este cumplió los doce años. En 1823 fue enviado al liceo Louis-le-Grand. Allí obtuvo el primer premio en latín, pero comoquiera que se aburría, se entretuvo con las matemáticas. Leyó obras avanzadas: los *Elementos de geometría* de Legendre y artículos originales de Abel y Lagrange sobre la solución de ecuaciones polinómicas por radicales. Este término hace referencia a fórmulas algebraicas que expresan las soluciones en función de los coeficientes utilizando las operaciones básicas de la aritmética y la extracción de raíces cuadradas, cúbicas o de grado superior. Los babilonios habían resuelto ecuaciones cuadráticas por radicales, y los algebristas del Renacimiento habían hecho lo mismo con las cúbicas y las cuárticas. Pero ahora parecía que esos métodos se quedaban cortos. Abel demostró en 1824 que la quíntica general (la ecuación de quinto grado) no se podía resolver por radicales, y en 1826 publicó una demostración ampliada.

Desoyendo el consejo de su profesor de matemáticas, Galois se presentó a los exámenes de entrada en la prestigiosa École Polytechnique con un año de antelación y sin molestarse en prepararse. Como era de prever, suspendió. En 1829 envió un artículo sobre la teoría de las ecuaciones a la Academia de París, pero se traspapeló. Galois interpretó esto como una supresión deliberada de su genio, pero bien podría haber sido un simple descuido. En conjunto, fue un mal año. Su padre se suicidó durante un conflicto político con el clérigo del pueblo, que había falsificado su firma en varios documentos maliciosos. Poco después, Galois hizo un segundo y último intento por ingresar en la Polytechnique, pero de nuevo fracasó. En su lugar, ingresó en la menos prestigiosa École Preparatoire, que más tarde pasaría a llamarse École Normale. Allí le fue bien en física y matemáticas y mal en literatura, aunque se graduó en ciencias y letras a finales de 1829. Unos meses más tarde presentó al gran premio de la Academia una nueva versión de su trabajo sobre las ecuaciones. Fourier, el secretario, se llevó el manuscrito a su casa, pero falleció antes de escribir su informe. Una vez más se perdió el manuscrito, y una vez más Galois lo interpretó como una confabulación deliberada para negarle las recompensas que su brillantez merecía. Este relato encajaba bien en sus ideas republicanas, y reforzó su determinación por contribuir a fomentar la revolución.

Cuando se le presentó la oportunidad, no le fue muy bien. En 1824 Carlos X sucedió a Luis XVIII, pero en 1830 el rey ya se enfrentaba a la abdicación. Para evitarla, introdujo la censura en la prensa, pero la gente se levantó en protesta. Tras tres días de caos, se acordó un candidato de compromiso, y Luis Felipe, el duque de Orleans, se convirtió en rey. Pero el director de la École Normale cerró dentro a sus alumnos. Eso no le sentó nada bien a aquel revolucionario en ciernes, que escribió un feroz ataque personal contra el director en una carta a la *Gazette des Écoles*. Galois la había firmado con su nombre, pero el editor no lo imprimió, algo que el director utilizó como excusa para expulsar a Galois por escribir una carta anónima. A resultas de ello, Galois se alistó en la Artillería de la Guardia Nacional, una milicia repleta de republicanos que el rey no tardó en abolir por considerarla una amenaza para la seguridad.

En enero de 1831 Galois envió a la academia un tercer manuscrito con su teoría de las ecuaciones. Tras dos meses sin recibir respuesta, escribió al presidente de la academia para preguntarle qué estaba provocando la demora, pero no recibió respuesta. Su estado mental estaba cada vez más agitado, casi paranoico. Sophie Germain, una brillante matemática, escribió sobre Galois a Gillaume Libri: «Dice que va a enloquecer por completo, y temo que sea cierto». En abril del mismo año, diecinueve miembros de la desarticulada Artillería de la Guardia Nacional fueron juzgados por intentar derrocar el gobierno, pero el jurado los absolvió. En un bullicioso banquete de unos doscientos republicanos para celebrar la absolución, Galois levantó su copa y una daga. Fue arrestado al día siguiente por amenazar al rey. Admitió sus acciones, pero informó al tribunal de que había propuesto un brindis con las palabras: «A Luis Felipe, *si se convierte en un traidor*». Un jurado simpatizante lo absolvió.

En julio, la academia se pronunció sobre su trabajo. «Nos hemos esforzado por entender la demostración de Galois. Su razonamiento no es suficientemente claro, no está lo bastante desarrollado, para que podamos juzgar su corrección.» Los revisores también plantearon algunas críticas matemáticas del todo razonables. Esperaban ser informados sobre alguna condición sobre los coeficientes de la ecuación que determinase si era soluble por radicales. Galois había demostrado una condición elegante, pero implicaba las «soluciones»: cada solución puede expresarse como una función racional de otras dos. Hoy sabemos que no existe ningún criterio simple basado en los coeficientes, pero eso entonces no lo sabía nadie.

Galois se enfureció. El día de la Bastilla estuvo al frente de una manifestación republicana con su amigo Ernest Duchâtelet, fuertemente armado y ataviado con su uniforme de la Artillería. Ambas cosas eran ilegales. Los dos camaradas revolucionarios fueron arrestados y encarcelados en la prisión de Sainte-Pélagie a la espera de juicio. A los dos meses, Galois fue condenado y sentenciado a seis meses de prisión. Llenó su tiempo con las matemáticas, y cuando en 1832 el cólera golpeó, fue enviado al hospital y luego puesto en libertad condicional.

Por fin libre, se obsesionó con una joven, identificada tan solo como Stéphanie D., con el resto de su nombre tachado. «¿Cómo puedo consolarme cuando en un mes he agotado la mayor fuente de felicidad de la que puede gozar un hombre?», se quejaba a otro amigo, Auguste Chevalier. Copió fragmentos de las cartas de la joven en un cuaderno. Uno de ellos dice: «Señor, tenga por seguro que nunca habría ido a más. Se equivoca al suponerlo, y sus recriminaciones carecen de fundamento». La historia nos presenta a veces a Stéphanie como una suerte de *femme fatale* y sugiere que fue un «asunto de honor» fabricado lo que dio a los enemigos de Galois la excusa para retarlo en duelo. Pero en 1968 Carlos Infantozzi inspeccionó el manuscrito original y refirió que la joven era Stéphanie-Felice Poterin du Motel, hija del médico de la residencia de Galois. Es una lectura un tanto controvertida, pero plausible.

El informe de la policía sobre el duelo lo considera una disputa privada sobre la joven entre Galois y otro revolucionario. Durante la vigilia del duelo, Galois escribió:

> Pido a los patriotas y a mis amigos que no me reprochen haber muerto por una razón que no sea mi país. Muero víctima de una infame coqueta. Mi vida se extingue en una riña miserable. ¡Oh! ¡Morir por algo tan trivial, por algo tan vil! [...] Perdón para quienes me han matado, pues son de buena fe.

Sus opiniones sobre la joven estarían naturalmente sesgadas, pero si sus enemigos lo hubieran tramado todo, es difícil ver cómo habría de pedir que se les perdonara.

¿Quién fue su oponente? Los datos son escasos y confusos. En sus *Mémoires*, Alexandre Dumas dice que fue un camarada republicano, Pescheux d'Herbinville. Lo que nos trae de vuelta al artículo de *Le Précurseur* y al enigmático asesino L. D. La D podría referirse a D'Herbinville, pero entonces la L sería otro error más en un artículo en el que no faltan inexactitudes. Tony Rothman[8] defiende de forma convincente que D se refiere a Duchatêlet, aunque la L es cuestionable. Son muchas las amistades que se han roto por una mujer. El duelo fue con pistolas, a 25 pasos, según el informe *post mortem*, pero más parecido a una ruleta rusa si hemos de creer a *Le Précurseur*. La evidencia apoya esta segunda posibilidad, porque Galois fue alcanzado en el estómago, algo que a 25 pasos habría sido mala suerte, pero a bocajarro era casi seguro. Murió un día después, habiendo rechazado la oferta de un sacerdote, y fue enterrado en la fosa común del cementerio de Montparnasse.

*

El día antes del duelo, Galois resumió sus descubrimientos en una carta a Chevalier. Esbozaba allí de qué modo los grupos nos pueden decir si una ecuación polinómica se puede resolver por radicales, y mencionaba otros descubrimientos (funciones elípticas, integración de funciones algebraicas y algunas anotaciones crípticas sobre cuyo significado solo podemos conjeturar). La carta acababa así:

> Solicita a Jacobi o a Gauss que den públicamente su opinión, no sobre la veracidad, sino sobre la importancia de estos teoremas. Confío en que más tarde habrá otros a quienes resulte provechoso descifrar este embrollo.

Por suerte para los matemáticos, los hubo. La primera persona que valoró lo que Galois había conseguido fue Joseph-Louis Liouville. En 1843, Liouville habló ante la mismísima institución que había traspapelado o rechazado las tres memorias de Galois. «Confío en suscitar el interés de la Academia —comenzó—, al anunciar que entre los papeles de Évariste Galois he hallado una solución, tan precisa como profunda, de este bello problema de si existe solución [de una ecuación] por radicales.» Al poco tiempo, Jacobi había leído los artículos de Galois y, como este había esperado, comprendido su importancia. En 1856, la teoría de Galois ya se enseñaba a alumnos de postgrado tanto en Francia como en Alemania. Y en 1909 Jules Tannery, director de la École Normale, descubrió un memorial a Galois en su ciudad natal de Bourg-la-Reine, agradeciendo al alcalde por «permitirme una apología al genio de Galois en nombre de esta escuela en la que ingresó de mala gana, en la que no fue comprendido, que lo expulsó, pero para la que fue, al final, una de sus más altas glorias».

¿Qué fue, entonces, lo que hizo Galois por las matemáticas?

La respuesta breve es que explicó la matemática básica de la simetría, que es el concepto de grupo. La simetría se ha convertido en uno de los temas centrales de las matemáticas y de la física matemática, y subyace a nuestra comprensión de infinidad de cosas, desde las manchas de los animales hasta la vibración de las moléculas, desde la forma de las caracolas hasta la mecánica cuántica de las partículas elementales.

La versión larga tiene más matices.

Sus ideas no carecían por completo de precedentes; pocos avances de las matemáticas carecen de ellos. Los matemáticos suelen construir a partir de claves, pistas y sugerencias de sus predecesores. Un apropiado punto de entrada era el *Ars magna* de Cardano, que proporcionaba soluciones para las ecuaciones algebraicas de tercer y cuarto grado. Hoy las escribimos como fórmulas que nos dan las soluciones en función de los coeficientes. La característica fundamental de estas fórmulas es que obtienen la solución utilizando únicamente operaciones algebraicas básicas (suma, resta, multiplicación y división) además de raíces cuadradas y raíces cúbicas. Una conjetura natural sería que la solución a una ecuación quíntica (de quinto grado) también se pueda obtener con una fórmula de este tipo, que probablemente requeriría del uso de raíces de quinto grado. (La raíz cuarta no es más que la raíz cuadrada de la raíz cuadrada, así que es superflua.) Muchos matemáticos (y aficionados) buscaron esa esquiva fórmula. Cuanto mayor era el grado, más complicadas eran las fórmulas, así que se contaba con que la fórmula para la ecuación quíntica sería bastante enrevesada. Pero nadie lograba descubrirla. Poco a poco se comenzó a sospechar que tal vez hubiera una buena razón para este fracaso: la búsqueda seguía una pista falsa, un callejón sin salida (o la expresión que uno prefiera) hacia algo que no existe.

Eso no quiere decir que no existan soluciones. Toda ecuación quíntica tiene al menos una solución real, y siempre tiene cinco si aceptamos números complejos y contamos correctamente las soluciones «múltiples». Pero esas soluciones no se pueden encapsular en una fórmula algebraica que no use nada más esotérico que las raíces.

El primer indicio serio de que podría ser así surgió en la década de 1770, cuando Lagrange escribió un ingente tratado sobre las ecuaciones algebraicas. En lugar de limitarse a observar que las soluciones tradicionales eran correctas, se preguntó por qué existían. ¿Qué características de una ecuación hacen que sea resoluble por radicales? Unificó los métodos clásicos para los grados dos, tres y cuatro, relacionándolos con expresiones especiales de las soluciones que se comportan de formas interesantes cuando esas soluciones se permutan. A modo de ejemplo trivial, la suma de las soluciones es la misma con independencia del orden en que se escriban. También lo es el producto. Los algebristas clásicos demostraron que toda expresión completamente simétrica como estas siempre se puede expresar en función de los coeficientes de la ecuación, sin necesidad de utilizar radicales.

Un ejemplo más interesante, para una ecuación cúbica con soluciones a_1, a_2, a_3, es la expresión

$$(a_1 - a_2)\,(a_2 - a_3)\,(a_3 - a_1)$$

Si permutamos las soluciones de forma cíclica, de tal manera que $a_1 \to a_2$, $a_2 \to a_3$, $a_3 \to a_1$, esta expresión tiene el mismo valor. Sin embargo, si cambiamos dos de ellas, de manera que $a_1 \to a_2$, $a_2 \to a_1$, $a_3 \to a_3$, la expresión cambia de signo. Es decir, queda multiplicada por -1, pero por lo demás queda inalterada. Por consiguiente, su cuadrado es totalmente simétrico y debe ser alguna expresión de los coeficientes. La propia expresión es, por tanto, la raíz cuadrada de alguna expresión de los coeficientes. Eso explica por qué las raíces cuadradas intervienen en la fórmula de Cardano para resolver las cúbicas. Una expresión parcialmente simétrica distinta explica las raíces cúbicas.

Al perseguir esta idea, Lagrange descubrió un método unificado para resolver ecuaciones cuadráticas, cúbicas y cuárticas que aprovecha las propiedades permutacionales de expresiones particulares de las soluciones. También mostró que este método «falla» cuando se intenta aplicar a la quíntica. En este caso, en lugar de proporcionar una ecuación más simple, conduce a una más complicada, empeorando el problema. Eso no implicaba que no se pudiera tener éxito con otro método, pero definitivamente era una pista de que podía haber problemas.

En 1799 Paolo Ruffini siguió la pista y publicó una obra en dos volúmenes, *Teoría general de las ecuaciones*. «La solución algebraica de las ecuaciones generales de grado superior a cuatro —escribió—, siempre es imposible. He aquí un teorema de enorme importancia que creo ser capaz de enunciar (si no yerro).» Y citaba las investigaciones de Lagrange como inspiración. Por desgracia para Ruffini, la perspectiva de aventurarse por un tomo de quinientas páginas repleto de compleja álgebra solo para obtener un resultado negativo no interesó a nadie más, y fue esencialmente ignorado. Los principales algebristas comenzaban a aceptar que probablemente no hubiera solución, lo cual tampoco debió ayudar. Circularon rumores de que el libro contenía errores, y eso aplacó aún más el entusiasmo. Lo intentó de nuevo con una edición revisada, que creyó que sería más fácil de entender. Esta vez Cauchy le escribió, en 1821, para decir que su libro «siempre me había parecido merecedor de la atención de los matemáticos y que, en mi juicio, demuestra completamente la imposibilidad de resolver por métodos algebraicos las ecuaciones de más de cuarto grado».

Los elogios de Cauchy podrían haber mejorado la reputación de Ruffini, pero falleció al cabo de un año. Tras su muerte, se llegó al consenso general de que las quínticas no se pueden resolver por radicales, pero el estatus de la demostración de Ruffini seguía estando poco claro. De hecho, muchos años más tarde se encontró un sutil defecto. El problema se podía arreglar, lo que habría alargado aún más el libro de Ruffini, pero para entonces Abel había publicado una demostración mucho más corta y simple. De hecho, uno de sus corolarios resultó ser lo que se necesitaba para completar la demostración de Ruffini. Abel murió joven, probablemente de tuberculosis. La ecuación quíntica parecía ser un cáliz envenenado.

Tanto Ruffini como Abel hicieron suya la idea de Lagrange, que lo importante es qué expresiones son invariantes bajo ciertas permutaciones de las raíces. La gran contribución de Galois fue el desarrollo de una teoría general, basada en permutaciones, que se aplica a todas las ecuaciones polinómicas. No se limitó a demostrar que unas ecuaciones determinadas sean irresolubles por radicales, sino que se preguntó exactamente cuáles son solubles. Su respuesta fue que el conjunto de permutaciones que preservan todas las relaciones algebraicas entre las raíces (a lo que denominó «grupo de la ecuación») deben tener una estructura particular, bastante técnica pero definida de forma precisa. Los detalles de esta estructura explican exactamente qué radicales aparecen cuando existe una solución por radicales. La ausencia de una estructura así significa que no existe una solución por radicales.

La estructura en cuestión es sin duda complicada, aunque natural desde el punto de vista del grupo. Una ecuación es soluble por radicales si y solo si su Grupo de Galois tiene una serie de subgrupos especiales (llamados «normales») tal que el subgrupo final contiene únicamente una permutación, y el número de permutaciones en cada subgrupo sucesivo es el mismo que el del grupo previo, dividido por un número primo. La idea de la demostración es que solo se necesitan radicales primos (por ejemplo, una raíz sexta es la raíz cuadrada de la raíz cúbica, y tanto 2 como 3 son primos), y cada uno de estos radicales reduce el tamaño del grupo correspondiente dividiendo por el mismo primo.

A modo de ejemplo, el Grupo de Galois de la cuártica general contiene las 24 permutaciones de las soluciones. Este grupo tiene una cadena descendiente de subgrupos normales de tamaños

$$24 \quad 12 \quad 4 \quad 2 \quad 1$$

y

$$24/12 = 2 \text{ es primo}$$

$$12/4 = 3 \text{ es primo}$$

$$4/2 = 2 \text{ es primo}$$

$$2/1 = 2 \text{ es primo}$$

En consecuencia, podemos resolver la cuártica y podemos esperar encontrar raíces cuadradas (por los 2) y raíces cúbicas (por los 3), pero nada más.

Los grupos de las ecuaciones cuadráticas y cúbicas son más pequeños, y nuevamente tienen cadenas descendientes de subgrupos normales cuyos tamaños están relacionados con un primo por división. ¿Y la quíntica? Esta tiene cinco soluciones, lo que nos da 120 permutaciones. La única cadena de subgrupos normales tiene tamaños

120 60 1

Como 60/1 = 60 no es primo, no puede haber solución por radicales.

Galois no escribió realmente una demostración de que la quíntica no se pueda resolver. Abel ya lo había hecho, y Galois lo sabía. Lo que hizo fue desarrollar un teorema general que caracteriza todas las ecuaciones de grado primo que se pueden resolver por radicales. Demostrar que la quíntica general no se encuentra entre estas ecuaciones es trivial, hasta el punto que Galois ni siquiera lo menciona.

※

La importancia de Galois no reside tanto en sus teoremas como en su método. Su grupo de permutaciones, que hoy conocemos como «Grupo de Galois», está formado por todas las permutaciones de las raíces que preservan las relaciones algebraicas entre ellas. De manera más general, dado un objeto matemático, podemos pensar en todas las transformaciones (tal vez permutaciones, tal vez algo más geométrico, como los movimientos rígidos) que preservan su estructura. A esto lo conocemos como el grupo de simetría de ese objeto. «Grupo» se refiere aquí a un aspecto particular de los grupos de permutaciones de Galois, que él soslayó pero no desarrolló en un concepto más general. Significa que una transformación de simetría seguida de otra transformación de simetría siempre produce una transformación de simetría.

A modo de simple ejemplo geométrico, imaginemos un cuadrado en el plano, que podemos transformar usando movimientos rígidos. Podemos deslizarlo, girarlo, incluso voltearlo. ¿Qué movimientos dejan el cuadrado aparentemente inalterado? No podemos deslizarlo, pues eso mueve su centro a un nuevo lugar. Podemos girarlo, pero solo si la rotación implica uno o más ángulos rectos. Cualquier otro ángulo produce una inclinación que antes no estaba. Por último, podemos voltearlo alrededor de cualquiera de sus cuatro ejes: las dos diagonales y las líneas que pasan por el centro de lados opuestos. Si contamos también la transformación trivial de «dejarlo como está», tenemos exactamente ocho simetrías.

Si hacemos lo mismo con un pentágono regular, obtenemos diez simetrías, con un hexágono regular, doce, y así sucesivamente. Un círculo tiene infinitas simetrías: la rotación con cualquier ángulo, y el volteo en torno a cualquier diámetro. Distintas formas tienen distinto número de simetrías. De hecho, entran en juego también propiedades más sutiles que el mero número de simetrías: no solo cuántas hay, sino también cómo se combinan.

La simetría impregna todos los campos de las matemáticas, desde el álgebra hasta la teoría de la probabilidad, y se ha convertido en una idea absolutamente central para la matemática y la física matemática. Dado un objeto matemático, de inmediato nos viene a la mente la pregunta «¿Cuáles son sus simetrías?», y la respuesta suele ser muy informativa. En física, la teoría especial de la relatividad de Einstein trata en buena medida sobre cómo se comportan unas magnitudes físicas bajo cierto grupo de simetrías de las leyes físicas, el llamado «Grupo de Lorentz», bajo la idea filosófica de que las leyes de la naturaleza no deberían depender de dónde o cuándo las observamos. En la actualidad, todas las partículas fundamentales de la mecánica cuántica (electrones, neutrinos, bosones, gluones, quarks) se clasifican y explican en función de un solo grupo de simetría.

Galois dio un paso esencial por el camino que formalizó la simetría como invarianza bajo un grupo de transformaciones. Nos llevó a la definición abstracta de grupo, una característica clave del enfoque actual del álgebra. Henri Poincaré llegó incluso a decir que los grupos constituyen «la matemática entera» reducida a sus esencias. Una exageración, sin duda, pero excusable.

13

La encantadora de números Augusta Ada King

Augusta Ada King-Noel, condesa de Lovelace (de soltera Byron)
Nacimiento: Piccadilly (hoy Londres), Inglaterra, 10 de diciembre de 1815
Muerte: Marylebone, Londres, 27 de noviembre de 1852

No era una familia feliz.

El poeta lord George Gordon Byron aguardaba convencido de que estaba a punto de convertirse en el orgulloso padre de un «espléndido chico», pero quedó amargamente decepcionado cuando su esposa Anne Isabella (de soltera Milbanke, pero conocida como Annabella) le presentó a su hija. La llamaron Augusta Ada; Augusta por la hermanastra de Byron, Augusta Leigh. Byron siempre la llamó Ada.

Un mes después, la pareja se separó, y a los cuatro meses Byron partía de las costas inglesas para no regresar jamás. Lady Byron obtuvo la custodia de su hija y desdeñó todo contacto con lord Byron, pero Ada desarrolló una actitud más comprensiva y se interesó por dónde estaba y qué hacía su padre. Byron viajó por toda Europa y pasó siete años en Italia donde, cuando Ada contaba ocho años, murió a causa de una enfermedad que había contraído mientras luchaba contra el imperio otomano en la guerra de la independencia de Grecia. Mucho más tarde, Ada pediría que la enterrasen junto a él a su muerte, una petición que fue escrupulosamente respetada.

Annabella veía a Byron como a un demente, lo cual no dejaba de ser razonable a la vista de su extravagante comportamiento. De manera indirecta, aquello llevó a Ada a interesarse por las matemáticas. Annabella tenía talento para las matemáticas y se había interesado vivamente por el tema. Las competencias de Byron claramente eran muy distintas. En una carta a su mujer fechada en 1812 escribió:

> Estoy bastante de acuerdo contigo también acerca de las matemáticas, aunque debo contentarme con admirarlas desde la distancia de la incomprensión, añadiéndolas siempre al catálogo de mis pesares; sé que dos más dos son cuatro, y me encantaría también demostrarlo si pudiera, pero debo admitir que si de algún modo pudiese hacer que dos y dos fuesen cinco, mi placer sería mucho mayor.

El estudio de las matemáticas era, pues, a ojos de Annabella, la forma ideal de distanciar a su hija de su padre. Además, creía que el tema propiciaría una mente entrenada y disciplinada. A ello añadía la música, que dotaba a las jóvenes de unas apetecibles habilidades sociales. Al parecer, Annabella dedicó más tiempo a organizar la educación de su hija que a su propia hija; Ada pasaba mucho más tiempo con su abuela y su niñera. En 1816 Byron escribió para sugerir que era hora de que Ada «reconociese a otro de sus parientes», refiriéndose a su propia madre.

Ada disfrutaba de las ventajas y desventajas de una educación inglesa de clase alta, y fue instruida por una serie de tutores privados. Cierta Miss Lamont la interesó en la geografía, que con mucho prefería a la aritmética, de modo que Annabella no tardó en insistir en que una de las lecciones de geografía fuese sustituida por una de aritmética. No pasó mucho tiempo antes de que se deshiciera de miss Lamont. A los familiares comenzó a preocuparles que se pusiera demasiada presión en la chica, con demasiados castigos y contadas recompensas. El propio tutor de matemáticas de Annabella, William Frend, fue requerido para que enseñara también a Ada, pero era viejo y ya no estaba al día. En 1829 se hizo llamar al Dr. William King, pero sus habilidades para las matemáticas eran escasas. Los auténticos matemáticos saben que su objeto de estudio no es un deporte para espectadores: hay que «hacerlo» para valorarlo de verdad. King prefería leer sobre el tema. Se convenció entonces a Arabella Lawrence para domeñar la «disposición argumentativa» de Ada. Entretanto, Ada sufrió una serie de problemas de salud, entre ellos una grave infección de sarampión que la retrasó durante un buen tiempo.

En 1833 Ada fue presentada ante la corte, una puesta de largo tradicional entre los miembros de su clase. Sin embargo, a los pocos meses se produjo un acontecimiento mucho más importante para su vida. En una fiesta conoció al original y poco ortodoxo matemático Charles Babbage y con este encuentro inesperado, su carrera matemática dio un enorme paso adelante.

❋

El encuentro tal vez fuese menos fortuito de lo que hemos dado a entender, pues la alta sociedad inglesa se movía en los mismos círculos que los personajes más destacados de la ciencia, las artes y el comercio. Las luces más brillantes de cada área se conocían todas, se reunían para cenar en pequeños grupos y se interesaban mutuamente por sus actividades. Ada no tardó en conocer a las luminarias de su época: los físicos Charles Wheatstone, David Brewster y Michael Faraday, así como al escritor Charles Dickens.

Dos semanas después de conocer a Babbage, Ada (con su madre de carabina, pero también parte interesada) lo visitó en su estudio. El objeto que más llamaba la atención era un fantástico y complejo artilugio: la Máquina Diferencial. El núcleo del trabajo de toda la vida de Babbage fue el diseño y, según confiaba, la construcción de potentes máquinas que realizaran cálculos matemáticos. Babbage concibió la primera de estas máquinas en 1812, mientras meditaba sobre las deficiencias de las tablas de logaritmos. Aunque muy usadas en todas las ciencias y cruciales para la navegación, las tablas publicadas estaban salpicadas de inexactitudes causadas por errores humanos, bien en el momento de hacer los cálculos, bien en el de poner los tipos para imprimir los resultados. Los franceses habían intentado mejorar su precisión separando los cálculos en pasos más simples que solo implicasen sumas y restas, asignando cada paso a «computadoras» humanas entrenadas para realizar esas tareas de forma rápida y precisa, y comprobando repetidamente los resultados. Babbage comprendió que ese enfoque era ideal para implementarlo en una máquina, la cual, con el diseño apropiado, sería más barata, más fiable y más rápida.

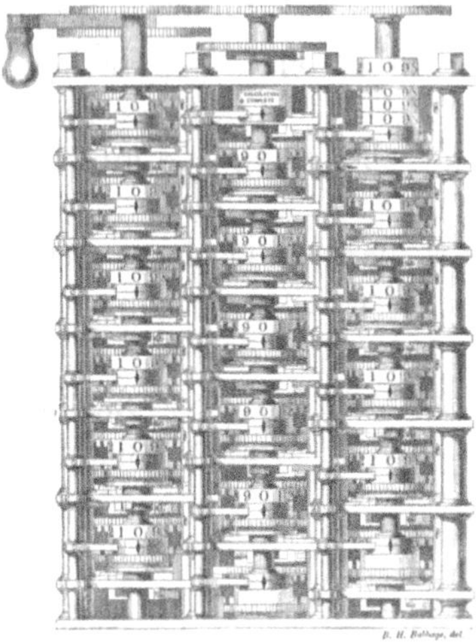

Una pequeña parte de la Máquina Diferencial de Babbage.

Su primer intento en esa dirección, la Máquina Diferencial, se puede ver como un predecesor de la calculadora, puesto que podía hacer operaciones básicas de aritmética. Su propósito principal era calcular funciones polinómicas como cuadrados o cubos, o sus parientes más complicados, mediante métodos basados en el cálculo de diferencias finitas.

La idea subyacente es sencilla. En estas funciones se ponen de manifiesto pautas cuando consideramos las diferencias entre valores sucesivos. Por ejemplo, si comenzamos por los cubos:

0 1 8 27 64 125 216

Las diferencias entre números sucesivos son:

1 7 19 37 61 91

Si tomamos otra vez las diferencias:

6 12 18 24 30

y una vez más:

6 6 6 6

y entonces se pone de manifiesto una pauta simple. (Es obvio en el paso previo; menos en el anterior a este.) Lo que hace que este curioso patrón adquiera importancia es la posibilidad de realizar el proceso al revés. La suma de una serie de números 6 recrea la secuencia inmediatamente anterior, la suma de los números resultantes da la secuencia previa a esta, y, por último, la suma de esta última nos da los cubos. Un método parecido funciona para cualquier función polinómica. Basta con sumar. La multiplicación, que parece más complicada, es superflua.

Las ayudas mecánicas a la computación no eran ninguna idea novedosa. Corre por toda la historia de las matemáticas una larga tradición de artilugios, desde contar con los dedos a la computadora electrónica. Lo insólito en el caso de Babbage era su ambición. La había hecho pública en un artículo que había presentado ante la Real Sociedad Astronómica en 1822, y un año más tarde había conseguido sacarle al gobierno inglés 1.700 libras para un proyecto piloto. En 1842, la inversión del gobierno había ascendido a 17.000 libras, unos tres cuartos de millón de libras (un millón de dólares) en moneda actual, y todo ello sin que hubiera a la vista una máquina que funcionase. Ada y su madre habían visto un prototipo, una pequeña parte del plan global. Para acabar de empeorar las cosas (desde el punto de vista del gobierno), Babbage propuso entonces una máquina todavía más ambiciosa, la Máquina Analítica, que era una auténtica computadora programable, construida con palancas, ruedas dentadas, engranajes y trinquetes de exquisita factura, la inspiración para todo el género *steampunk* de literatura de ciencia ficción, con sus versiones mecánicas de todo, de las computadoras a los teléfonos móviles e internet. Por desgracia, tanto la Máquina Diferencial como la Analítica se quedaron en eso: ciencia ficción. No obstante, en tiempos modernos se ha conseguido construir la Máquina Diferencial en un proyecto dirigido por Doron Swade, del Museo de la Ciencia de Londres. Hecha a partir del segundo diseño de Babbage, funciona, y puede examinarse hoy en día en el museo. Hay otra, construida a partir del primer diseño de Babbage, en el Museo de Historia de la Computación en California. Hasta el momento, nadie ha intentado construir una Máquina Analítica.

❋

En 1834 Ada conoció a una de las grandes mujeres científicas, Mary Somerville, que era buena amiga de Babbage. Ambas pasaron muchas horas hablando de matemáticas, y Mary le prestaba libros de texto y le planteaba problemas para que los resolviera. También hablaban sobre Babbage y la Máquina Diferencial. Se hicieron buenas amigas, y como tales asistían juntas a demostraciones científicas y otros eventos, como conciertos.

En 1835 Ada se casó con William King-Noel, quien tres años más tarde se convertiría en el primer conde de Lovelace. La pareja tuvo tres hijos, tras los cuales regresó a su primer amor, las matemáticas, bajo la tutela del notorio matemático, lógico y excéntrico Augustus De Morgan, fundador de la Sociedad Matemática de Londres y azote de matemáticos chiflados. En 1843 inició una cercana colaboración con Babbage que surgió de un informe sobre una conferencia sobre la Máquina Analítica que este había pronunciado en Turín en 1840. Luigi Menabrea había tomado notas y las había escrito para publicarlas. Ada las tradujo del italiano, y Babbage sugirió que añadiera algunos comentarios de su cosecha. Ella accedió entusiasmada, y sus anotaciones pronto aventajaron a la conferencia original.

El resultado iba a publicarse en la serie de *Taylor's Scientific Memoirs*, pero con las pruebas de imprenta ya avanzadas, Babbage lo reconsideró: le pareció que los comentarios de Ada eran tan buenos que merecían que los publicara como un libro propio. Lady King montó en aristocrática cólera. La mayor parte del trabajo ya estaba hecho y se echaría a perder, al impresor le irritaría el incumplimiento de contrato. No, la idea era ridícula. Babbage se echó atrás de inmediato, como seguramente Ada contaba con que haría. Para suavizar el golpe, se ofreció a seguir escribiendo sobre su trabajo, siempre y cuando no volviera a tener otro cambio de parecer por el estilo. También le insinuó que podría conseguir fondos para la construcción de la Máquina Analítica, siempre y cuando Babbage implicase a un grupo de amigos pragmáticos para que supervisaran el proyecto. Como la madre de Ada siempre se quejaba de su mala salud, quizá tuviera en mente una posible herencia. De ser así, habría de decepcionarse: su madre la sobrevivió ocho años.

El comentario de Ada es el principal documento sobre el que descansa su reputación científica. Además de explicar el funcionamiento del artilugio, hacía dos importantes contribuciones a lo que hoy vemos como el desarrollo de las computadoras.

La primera pretendía ilustrar la versatilidad de la máquina. Mientras que la Máquina Diferencial era una calculadora, la Máquina Analítica era una verdadera computadora, capaz de ejecutar programas[9] que, en principio, podían calcular cualquier cosa, o sea, ejecutar un algoritmo concreto. La idea original fue de Babbage, pero Ada proporcionó una serie de ejemplos ilustrativos para demostrar de qué modo se podía configurar la máquina para realizar cálculos concretos. El más ambicioso de estos concernía a los llamados Números de Bernoulli. Estos reciben su nombre de Jacob Bernoulli, quien los comentó en su *Arte de la conjetura* de 1713, uno de los primeros libros sobre combinatoria y probabilidad. El matemático japonés Seki Kowa los había descubierto antes, pero sus resultados no se publicaron hasta después de su muerte. Surgen del desarrollo en serie de la función trigonométrica tangente, y aparecen en varios otros contextos matemáticos. Son todos números racionales (fracciones), y a partir del tercero de los números, uno sí y uno no es un cero: aparte de esto, no presentan ninguna otra pauta. Los primeros son:

1 1/2 1/6 0 –1/30 0 1/42 0 –1/30 0 5/66 0 –691/2730

Pese a la falta de una pauta simple, los Números de Bernoulli se pueden calcular por medio de una fórmula simple. Esta es la fórmula que se implementaba en el programa. Enseguida volveremos sobre la espinosa cuestión del papel exacto que desempeñó Ada en todo esto.

Su segunda contribución fue menos específica que escribir programas, pero de mucho mayor alcance. Ada se dio cuenta de que una máquina programable puede hacer mucho más que simples cálculos. Su inspiración fue el telar de Jacquard, una máquina extraordinariamente versátil para tejer en una tela patrones abigarrados y complejos. El truco consistía en usar una larga cadena de tarjetas con perforaciones que servía para controlar los dispositivos mecánicos que activaban hilos de distintos colores, o que de algún otro modo afectaban el patrón del tejido. Esto es lo que escribió Ada:

> La característica distintiva de la Máquina Analítica, la que ha hecho posible dotar al mecanismo de tan amplias facultades que podría convertir a esta máquina en la mano derecha ejecutiva del álgebra abstracta, es la introducción en ella del principio que Jacquard concibió para regular, por medio de tarjetas perforadas, los más complicados dibujos en la fabricación de tejidos bordados. En ello justamente se distinguen las dos máquinas. No existe en la Máquina Diferencial nada por el estilo. Podemos decir con acierto que la Máquina Analítica teje patrones algebraicos del mismo modo que el telar de Jacquard teje hojas y flores.

Y entonces la analogía levanta el vuelo. La Máquina Analítica, escribió,

> podría actuar sobre otras cosas además de números, si se hallasen objetos cuyas relaciones mutuas fundamentales se pudieran expresar mediante las de la

> ciencia abstracta de las operaciones, y fuesen también susceptibles a adaptaciones a la acción de la notación operativa y al mecanismo de la máquina [...] Suponiendo, a modo de ejemplo, que las relaciones fundamentales de los tonos del sonido en la ciencia de la armonía y de la composición musical fuesen susceptibles de tal expresión y tales adaptaciones, la máquina podría componer elaboradas y científicas piezas musicales de cualquier grado de complejidad o extensión.

Aquí la imaginación de Ada trasciende la de sus coetáneos. Todo el empuje de la invención victoriana se centraba en producir un artilugio para cada cosa. Uno para pelar patatas, otro para rebanar huevos duros, otro para practicar las habilidades hípicas sin un caballo [...] pero Ada veía ahora que una sola máquina versátil podía hacer prácticamente cualquier tarea. Solo hacía falta una serie correcta de instrucciones: el programa.

Por esta razón, Ada suele considerarse como la primera programadora de computadoras. Fue posiblemente la primera persona que publicó programas de muestra, aunque siempre es posible encontrar precursores, entre ellos Jacquard. Más controvertido es que el programa de su comentario sea suyo y no de Babbage. En la biografía *Charles Babbage, Pioneer of the Computer* [Charles Babbage, pionero de la computación], Anthony Hyman identifica tres o cuatro personas que podrían haber hecho cosas parecidas con anterioridad: Babbage, algunos ayudantes, y quizá su propio hijo Herschel. Además, el ejemplo más impresionante, el programa de los Números de Bernoulli, fue escrito por Babbage «para ahorrarle trabajo a Ada». Hyman llega a la conclusión de que «no hay el más mínimo indicio de que Ada realizase nunca un trabajo matemático original». No obstante, escribe que «la importancia de Ada reside en su papel como intérprete de Babbage. Como tal, su logro es destacable».

En este contexto debemos quizá situar las palabras del propio Babbage:

> Discutimos juntos las diversas ilustraciones que podrían presentarse; yo sugerí varias, pero la selección fue del todo suya, como lo fue también la resolución algebraica de los distintos problemas, con la posible excepción de los números de Bernoulli, que yo mismo me ofrecí a resolver para ahorrarle el problema a Lady Lovelace. Ella me lo devolvió después para enmendarlo, pues había detectado un grave problema que yo había cometido durante el proceso.
>
> Las notas de la condesa de Lovelace amplían en hasta tres veces la longitud de la memoria original. Su autora se introdujo de lleno es casi todas las difíciles y abstractas cuestiones relacionadas con el tema.

Juntas, estas dos memorias proveen, a quienes posean la capacidad de entender el razonamiento, una demostración completa de que todos los desarrollos y operaciones de análisis pueden ser ahora ejecutados por máquinas.

❋

Desde este pináculo de la ciencia, la trayectoria de Ada no hizo más que descender. Siendo como era una persona rebelde, tenía un carácter fuerte e impulsivo. Se acallaron una serie de amoríos con varios caballeros amigos suyos, y su esposo hizo destruir un centenar o más de cartas suyas comprometedoras. La afición por el vino se le fue de las manos, y también se abandonó al opio. Se convirtió en una jugadora empedernida y a su muerte dejó deudas por valor de dos mil libras. Es posible que su afición al juego naciese de un desatinado intento por recaudar dinero para la Máquina Analítica.

Su salud, que nunca había sido buena, empeoró, y murió de cáncer con treinta y siete años. Hasta el final, su mente se mantuvo activa y su inteligencia aguda. Aprehendía por intuición la imagen global al tiempo que dominaba los más nimios detalles. En 1843 Babbage la resumió así: «Olvidad este mundo y todos sus problemas y a ser posible la multitud de charlatanes: todo en suma menos la Encantadora de Números». Nada le hizo nunca cambiar de opinión.

14

Las leyes del pensamiento
George Boole

George Boole
Nacimiento: Lincoln, Inglaterra, 2 de noviembre de 1815
Muerte: Cork, Irlanda, 8 de diciembre de 1864

A los dieciséis años, George Boole quería ser clérigo anglicano, pero el negocio de zapatería de su padre quebró, y aquello lo obligó a asumir la responsabilidad de proveer para la familia. Una carrera en la Iglesia ya no era una decisión sensata, porque en Inglaterra los clérigos estaban mal pagados. Además, cada vez se sentía más inseguro acerca de la doctrina de la Santa Trinidad, y se inclinaba fuertemente hacia las visiones más literales y monoteístas de los unitarios, una secta cuyas creencias se habían glosado en «creer a lo sumo en un Dios». Eso le impedía suscribir los Treinta y Nueve Artículos de la Iglesia de Inglaterra sin ir en contra de su conciencia.

El único trabajo aceptable, tal vez el único a la vista de su formación y sus talentos, era dedicarse a la enseñanza, de modo que en 1831 aceptó la posición de *usher* (profesor ayudante) en la escuela de Mr. Heigham en Doncaster, a unos setenta kilómetros de Lincoln, su ciudad natal. A mediados del siglo XIX esa no era una distancia despreciable, y se añoraba; en una carta se lamentaba de que nadie en Doncaster pudiera hacer una tarta de grosellas tan buena como la de su madre. Quizá no fuera más que un intento de halagarla, pero Boole se quejó de su suerte durante buena parte de su carrera. Sus tendencias unitarias, combinadas con la costumbre de resolver problemas matemáticos los domingos en la capilla, irritaban a los padres de algunos de sus alumnos, que eran devotos metodistas. Se quejaron al director y sus hijos rezaron por el alma de Boole en las reuniones de plegaria. Heigham, aunque satisfecho con el trabajo de Boole como profesor, se vio obligado a despedirlo para reemplazarlo por un wesleyano.*

Pese a las tartas de grosella y las riñas sectarias, Boole no dejó de sumergirse cada vez más profundamente en las matemáticas, cuyo estudio seguía sin la guía de un tutor. Al principio aprovechaba un servicio público, la biblioteca circulante, que tenía numerosos libros de matemáticas de un nivel sorprendentemente avanzado, pero cuando esta se disolvió se vio obligado a comprar sus propios textos. Los libros de texto de matemáticas le ofrecían el máximo de estímulo por el mínimo desembolso, de modo que compró el *Cálculo diferencial e integral* de Sylvestre Lacroix. Un compañero profesor escribió que durante la hora designada para enseñar a escribir, de la que Boole estaba excusado, «Mr. Boole es profundamente feliz; al menos durante una hora puede estudiar al viejo Lacroix sin interrupciones».

Más tarde, Boole llegó a convencerse de que había cometido un error al comprar un texto tan anticuado como el de Lacroix, pero estudiarlo le hizo ganar confianza en sus propias habilidades. Una consecuencia de ello fue una idea que le vino a la mente, de una forma breve pero poderosa, a principios de 1833, mientras atravesaba un campo cultivado. La idea en cuestión era la posibilidad de expresar la lógica de forma simbólica. No desarrolló la idea hasta muchos años después, y publicó su primer libro sobre el tema en 1847: *El análisis matemático de la lógica: un ensayo encaminado a un cálculo para el razonamiento deductivo*. Augustus De Morgan, con quien Boole mantenía una correspondencia regular, le animó a preparar un libro más extenso y elaborado. Sus intereses y los de Boole se solapaban consi-

* Cristianos protestantes que seguían el sistema teológico de los hermanos John y Charles Wesley, unos reformadores evangélicos del siglo XVIII que ponían el énfasis en la fe y la experiencia personal. En Estados Unidos dio origen a la Iglesia evangélica metodista. (*N. del t.*)

derablemente. Boole siguió firmemente su consejo y en 1854 vio la luz su obra maestra: *Investigación sobre las leyes del pensamiento, sobre las que se asientan las teorías matemáticas de la lógica y las probabilidades*. En esta obra creó la lógica matemática y estableció así lo que, con el tiempo, se convertiría en el fundamento teórico de la informática.

❋

El padre de Boole, John, provenía de una antigua familia de granjeros y comerciantes, «los mejores techadores y los más leídos» del pequeño pueblo de Broxholme. Se hizo zapatero y partió hacia Londres con la esperanza de hacer fortuna. Allí trabajaba solo en un sótano oscuro, y alejaba el fantasma de la depresión estudiando francés, ciencia y matemáticas, sobre todo el diseño de instrumentos ópticos. Conoció a Mary Joyce, una criada de señoras, se casó con ella y a los seis meses se mudaron a Lincoln, donde John abrió un taller de zapatería. Deseaban un hijo, pero tuvieron que esperar diez años para tenerlo. Lo llamaron George, y no tardaron en seguirle una niña y dos niños más.

John estaba mucho más interesado en construir telescopios que en hacer zapatos, así que el negocio se tambaleaba, pero los Boole lograban llegar a fin de mes con lo que sacaban de alquilar habitaciones. George creció en una atmósfera científica y poseía una mente inquisitiva. Su padre le enseñó inglés y matemáticas. A George le encantaban las matemáticas y con solo once años ya había leído una obra de matemáticas en seis volúmenes (su padre lo anotó a lápiz en el libro). Leía mucho y gozaba de una memoria casi eidética que le permitía recordar cualquier dato casi al instante.

A los dieciséis años, Boole consiguió la plaza de profesor en la escuela Heigham, y, tras otros dos trabajos de profesor, fundó su propia escuela en Lincoln con tan solo diecinueve años de edad; poco después absorbió la academia Hall de Waddington. Su familia le ayudó a dirigir la escuela. Boole nunca abandonó las matemáticas avanzadas, y leía a Laplace y Lagrange. Abrió un internado en Lincoln, y comenzó a publicar sus investigaciones en el recién fundado *Cambridge Mathematical Journal*.

En 1842 inició una correspondencia, que mantendría durante el resto de su vida, con un espíritu afín, De Morgan. En 1844 ganó la Medalla Real que otorgaba la Royal Society, y en 1849, aupado por su creciente reputación, fue designado como el primer profesor de matemáticas de Queen's College, en Cork (Irlanda). Fue allí donde, en 1850, conoció a su futura esposa, Mary Everest (sobrina de George Everest, que realizó la primera prospección cartográfica completa de la India, razón por la cual lleva su nombre la montaña más alta del mundo). Se casaron en 1855 y tuvieron cinco hijas, todas ellas destacables: Mary se casó con el matemático y escritor Charles Howard Hinton, un brillante granuja; Margaret se casó con el artista Edward Ingram Taylor; Alicia, influida por Hinton, hizo investigaciones importantes sobre sólidos regulares en cuatro dimensiones; Lucy fue la primera catedrática de química de Inglaterra; y Ethel se casó con el científico y revolucionario polaco Wilfrid Voynich y escribió la novela *The Gadfly* (*El tábano*).

❋

Entre los primeros trabajo de Boole se encuentra un descubrimiento simple que condujo a la Teoría de los Invariantes, un área del álgebra que llegó a convertirse en un tema candente. En el estudio de las ecuaciones algebraicas, una fórmula puede a veces simplificarse si se reemplazan sus variables por expresiones apropiadas de un nuevo conjunto de variables. Entonces se soluciona esta ecuación más simple para hallar los valores de las nuevas variables, y luego se resuelven aquellas expresiones para obtener los valores de las variables originales. Es así como se resolvían las ecuaciones en los tiempos de Babilonia y del Renacimiento.

Una clase importante de cambios de variables es el que se produce cuando las nuevas variables son combinaciones lineales, es decir, expresiones como $2x - 3y$, sin introducir potencias mayores o productos de las variables originales x e y. La forma cuadrática general*

$$ax^2 + bxy + cy^2$$

con dos variables se puede simplificar de este modo. Una cantidad importante en la teoría de estas forma es el «discriminante» $b^2 - 4ac$. Boole descubrió que tras un cambio lineal de variables, el discriminante de la nueva forma cuadrática es el mismo que el de la original, multiplicado por un factor que depende únicamente del cambio de variables.

Esta aparente coincidencia tiene una explicación geométrica. Realmente es una coincidencia, en el sentido de que coinciden dos características que por lo general van separadas. Si igualamos a cero una forma cua-

* Una forma cuadrática es una función definida por un polinomio homogéneo de grado 2, es decir, aquel cuyos términos distintos de cero tienen todos grado 2, o lo que es lo mismo, que para cada término la suma de los exponentes de las variables es igual a 2. (*N. del t.*)

drática, sus soluciones definen dos líneas (posiblemente complejas)... salvo que el discriminante sea cero, en cuyo caso obtenemos dos veces la misma línea. La cuadrática es entonces el cuadrado $(px + qy)^2$ de una forma lineal. Un cambio de coordenadas es una distorsión geométrica, y traslada las líneas originales a las correspondientes a las nuevas variables. Si las dos líneas coinciden para las variables originales, coincidirán para las nuevas. Por consiguiente, los discriminantes deben estar relacionados de tal manera que si uno desaparece, también lo hace el otro. La invariancia es la expresión formal de esta relación.

La observación de Boole sobre el discriminante no parecía ser más que una curiosidad hasta que unos cuantos matemáticos, entre los cuales destacan Arthur Cayley y James Joseph Sylvester, generalizaron este descubrimiento a formas de grado más alto con dos o más incógnitas. Estas expresiones también poseen invariantes, y estos también determinan características geométricas significativas en la hipersuperficie asociada, definida al igualar la forma a cero. De ahí surgió toda una industria en la que los matemáticos se ganaban los galones calculando invariantes para expresiones cada vez más complicadas. Por fin Hilbert (capítulo 19) demostró dos teoremas fundamentales que prácticamente agotaron el tema hasta que fue reavivado en una forma más general. Sigue teniendo interés en la actualidad por sus aplicaciones a la física, y su vida se ha visto alargada con el desarrollo del álgebra computacional.

❋

Las investigaciones que hicieron de Boole un nombre familiar entre matemáticos e informáticos (y entre todos aquellos cuyas búsquedas en Google entran en el sesudo dominio de las búsquedas booleanas) llevaban tiempo ocupando sus pensamientos. Boole siempre buscó la simplicidad interna que subyace a los conceptos matemáticos. Le gustaba formular principios generales, expresarlos de forma simbólica, y dejar que los símbolos hicieran los razonamientos. Eso es justamente lo que hizo en *Las leyes del pensamiento* con las reglas de la lógica. Su gran idea fue interpretarlas como operaciones algebraicas sobre símbolos que representan proposiciones. Como la lógica no es lo mismo que la aritmética, algunas de las leyes algebraicas usuales podrían no aplicarse; por otro lado, podría haber otras leyes nuevas, que no se aplican a la aritmética. El resultado, conocido como álgebra booleana, hace que sea posible demostrar proposiciones lógicas por medio de cálculos algebraicos.

El libro comienza con un prefacio lleno de modestia y sitúa el asunto en el contexto de la filosofía existente. Boole pasa entonces a ocuparse de lo realmente sustancioso, las matemáticas, con una discusión sobre el uso de símbolos. Se centra en los símbolos (él los llama «signos») que representan proposiciones lógicas, haciendo hincapié en las leyes generales que obedecen, y nos dice que representará una clase o colección de individuos, a la que corresponde un nombre particular, mediante una sola letra, por ejemplo x. Si el nombre es «oveja», entonces x es la clase de todas las ovejas. Una clase puede describirse mediante un adjetivo, por ejemplo «blanco», en cuyo caso tendríamos una clase y de todas las cosas blancas. El producto xy designa entonces la clase de todos las cosas que poseen ambas propiedades, es decir, todas las ovejas blancas. Puesto que esta clase no depende del orden en que se enuncian las propiedades, $xy = yx$. De igual modo, si z es una tercera clase (en el ejemplo de Boole x = ríos, y = estuarios y z = navegables) entonces $(xy)z = x(yz)$. Estas son las leyes conmutativas y asociativas del álgebra estándar, pero interpretadas en un nuevo contexto.

Llama la atención sobre una ley, fundamental para todo el proceso, que no es cierta en el álgebra ordinaria. La clase xx es la clase de todas las cosas que poseen la propiedad que define x y la propiedad que define x, de manera que debe ser igual a x. Por consiguiente, $xx = x$. Por ejemplo, la clase de las cosas que son ovejas *y* son ovejas es simplemente la clase de todas las ovejas. Esta ley también se puede escribir $x^2 = x$, y representa el primer punto en el que las leyes del razonamiento se apartan de las leyes del álgebra ordinaria.

A continuación, Boole pasa a ocuparse de signos «por medio de los cuales recogemos las partes en un todo, o separamos el todo en sus partes». Por ejemplo, supongamos que x es la clase de todos los hombres e y es la clase de todas las mujeres. Entonces la clase de todos los adultos, sean hombre o mujeres, se escribe $x + y$. También en este caso hay una ley conmutativa, que Boole enuncia de manera explícita, y una ley asociativa, que aparece bajo la afirmación más general de que las «leyes son idénticas» a las del álgebra. Puesto que, por ejemplo, la clase de los hombres o mujeres europeos es la misma que la de hombres europeos o mujeres europeas, también se cumple la ley distributiva $z(x + y) = zx + zy$, donde z es la clase de todos los europeos.

La resta se puede utilizar para eliminar miembros de una clase. Si x representa hombres e y asiáticos, entonces $x - y$ representa todos los hombres que no son asiáticos, y $z(x - y) = zx - zy$.

Quizá lo más sorprendente de toda esta formulación es que no trate expresamente de lógica, sino de Teoría de Conjuntos. En lugar de manipular «proposiciones» lógicas, Boole trabaja con las correspondientes «clases», que comprenden aquellas cosas para las cuales la proposición es verdadera. Los matemáticos hace tiempo que reconocen una dualidad entre estos conceptos: cada clase corresponde a la proposición «pertenece a la clase»; cada proposición corresponde a «la clase de cosas para las que la proposición es verdadera». Esta correspondencia traduce propiedades de clases en propiedades de las proposiciones asociadas, y viceversa.

Boole introduce esta idea mediante una tercera clase de símbolos «por medio de los cuales se expresa la relación, y con los cuales construimos proposiciones». Por ejemplo, representemos las estrellas con x, los soles con y y los planetas con z. Entonces la proposición «las estrellas son los soles y los planetas» puede denotarse como $x = y + z$. Así pues, las proposiciones son «igualdades» entre expresiones en las que intervienen clases. A partir de aquí, es fácil deducir que «las estrellas, con la excepción de los planetas, son soles»; es decir, $x - z = y$. «Esto», nos dice Boole, «concuerda con la ley algebraica de la transposición». Al-Juarismi habría reconocido en esta regla la *al-muqabala* (pp. 39-40).

En resumen, el álgebra de las clases obedece las mismas leyes que el álgebra ordinaria de los números, salvo por la extraña nueva ley $x^2 = x$. Llegado a este punto, Boole tiene una idea brillante. Los únicos números que obedecen esa ley son $0 = 0^2$ y $1 = 1^2$. Y escribe:

> Concibamos, pues, un álgebra en la que los símbolos x, y, z, etc. admitan indiferentemente los valores 0 y 1, y solamente esos valores. Las leyes, los axiomas, y los procesos de tal álgebra serán idénticos en toda su extensión a las leyes, los axiomas y los procesos de un álgebra de la lógica. Solo las separará la diferencia en la interpretación.

Este enigmático enunciado puede interpretarse como una referencia a funciones $f(x, y, z,...)$, definidas sobre alguna lista de símbolos, que solo toman los valores 0 (falso) o 1 (verdadero). A estas funciones hoy las conocemos como «funciones booleanas». Hay un delicioso teorema que merece mención aparte. Si $f(x)$ es una función de un símbolo lógico, Boole demuestra que

$$f(x) = f(1)x + f(0)(1 - x)$$

Una ecuación más general del mismo tipo es válida para cualquier número de símbolos, lo que lleva a métodos sistemáticos para manipular proposiciones lógicas.

Armado con este principio y otros resultados generales, Boole desarrolla numerosos ejemplos, y enseña de qué modo se aplica su razonamiento a temas que pudieran interesar a los lectores de su época. Entre ellos se encuentra la *Demostración del ser y atributos de Dios*, de Samuel Clarke, que consiste en una serie de teoremas, demostrados por medio de hechos observados y varios «principios hipotéticos cuya autoridad y universalidad deben reconocerse *a priori*», y la *Ética* de Benedict Spinoza. El propósito de Boole es explicar exactamente cuáles son los supuestos que intervienen en las deducciones hechas por estos autores. Tal vez aquí hicieran acto de presencia sus creencias cuasiunitarias.

*

Los análisis lógicos anteriores a Boole habían sido verbales, con poca mnemotecnia simbólica. Aristóteles comentó los silogismos, argumentos del tipo de

Todos los hombres son mortales
Sócrates es hombre
por lo tanto, Sócrates es mortal

con variaciones sobre el uso de «todos» y «algunos». Los estudiosos medievales clasificaron los silogismos en 24 tipos, a los que dieron nombres a modo de regla mnemotécnica. Por ejemplo, *Bocardo* se refiere a silogismos de la forma

Algunos cerdos tienen la cola rizada
Todos los cerdos son mamíferos
Por lo tanto, algunos mamíferos tienen la cola rizada

En este caso las vocales de «bOcArdO» indican el formato, donde «O» = «algunos» y A = «todos». La misma convención se usaba para nombrar otros tipos de silogismos. Sin embargo, antes de Boole no se había introducido ninguna notación simbólica para la lógica. Nótese que si reemplazamos «algunos» por «todos» obtenemos

Todos los cerdos tienen la cola rizada
Todos los cerdos son mamíferos
Por lo tanto, todos los mamíferos tienen la cola rizada

y el nuevo silogismo deja de ser lógico. Por otro lado,

Todos los cerdos son mamíferos
Todos los mamíferos tienen la cola rizada
Por lo tanto, todos los cerdos tienen la cola rizada

es una deducción lógicamente correcta (aunque la segunda proposición sea falsa). En todo caso, la proposición de la conclusión es, dejando de lado alguna raza peculiar de cerdos, verdadera.

Para explicar cómo se relaciona su nuevo simbolismo con la lógica clásica, Boole reinterpreta a Aristóteles y muestra que la validez (o no) de cada tipo de silogismo puede demostrarse de forma simbólica. Por ejemplo, si definimos

p = la clase de todos los cerdos
m = la clase de todos los mamíferos
c = la clase de todos los animales de cola rizada

Entonces el último silogismo que hemos presentado se traduce al simbolismo de Boole como $p = pm$ y $m = mc$, por consiguiente $p = pm = p(mc) = (pm)c = pc$.

El resto del libro desarrolla métodos análogos para calcular probabilidades, y finaliza con una discusión general sobre «la naturaleza de la ciencia y la constitución del intelecto».

*

Boole no se sentía especialmente feliz en Cork. En 1850, tras regresar de unas estupendas vacaciones en Yorkshire, le preguntó a De Morgan: «Si te enterases de algún puesto en Inglaterra que pudiera convenirme, házmelo saber», y señaló que «ya no siento que pueda convertir este lugar en mi hogar». Una de las fuentes de descontento era la administración de la universidad, autoritaria y ortodoxa en la religión, que no dudaba en tomar medidas contra quien expresara su desacuerdo. El profesor de lenguas modernas, Raymond de Vericour, acababa de ser suspendido a causa de unas opiniones anticatólicas en un libro que había escrito. El Consejo de la Universidad, bajo la dirección de su presidente Robert Kane, actuó con tal celeridad que contravino los propios estatutos de la universidad, así que cuando de Vericour apeló, logró recuperar su puesto. Boole se puso del lado de de Vericour, pero mantuvo un perfil bajo. En 1856, otra acción autoritaria de Kane, esta vez dirigida a John Ryall, un tío de la esposa de Boole, llevó a este a publicar una punzante carta en el *Cork Daily Reporter*. La réplica de Kane fue larga y bastante a la defensiva, y Boole le contestó con una nueva carta. Por fin, el gobierno inició una investigación oficial, denunció a Kane por no pasar tiempo suficiente en la universidad y censuró tanto a Kane como a Boole por airear su disputa en público. Kane se mudó a Cork con su familia y todo se calmó, pero a partir de entonces la relación entre los dos se limitó a una fría cortesía.

En 1854 Boole se interesó por puestos que habían quedado vacantes en Melbourne (Australia), pero a finales de 1855 abandonó la idea completamente cuando Mary Everest aceptó su proposición de matrimonio. Los Boole alquilaron una gran casa con vistas al mar, cerca de la recién inaugurada línea ferroviaria, que permitía a George ir y venir cómodamente del trabajo, aunque en cierta ocasión solicitó a la universidad que retrasara sus relojes cinco minutos para permitir que él y los alumnos pudiesen coger un tren un poco más tarde. La universidad rechazó la propuesta. Su excentricidad se manifestó de otras maneras: una vez llegó a una clase pensando en un problema, paseó de un lado a otro durante toda la hora reflexionando sobre ello mientras los alumnos, en sus bancos, no se atrevían a interrumpirlo, y luego se fue. Más tarde se quejaría a su mujer de que «hoy ha ocurrido algo extraordinario. Ninguno de mis alumnos ha asistido a mi clase».

A finales de 1864 caminó de su casa a la universidad, una distancia de unos cuatro o cinco kilómetros, en pleno chaparrón. Cayó enfermo con un grave resfriado, que afectó a sus pulmones. Mary Boole, una devota de la homeopatía, convenció a un homeópata para que lo tratase. No funcionó, y murió de una pleuroneumonía. Ethel Voynich, su quinta hija, escribió:

> En opinión al menos de la tía Mary [la hermana de Boole], la causa de la prematura muerte de Padre fue [...] la confianza de la Señorita [Mary Boole] en cierto médico excéntrico que prescribía curas con agua fría para todo [...] Los Everest parecen haber sido una familia de excéntricos y seguidores de excéntricos.

Irónicamente, el propio Boole creía que la homeopatía no era eficaz. El 1860 De Morgan le había dicho que creía que la homeopatía le había curado una pleuresía, pero Boole se mostró escéptico:

> He sido testigo de la pleuresía y de su antiguo método de tratamiento [...] Debo decir de entrada que la homeopatía no puede tener efecto alguno sobre tal enfermedad... La moraleja es que si alguna vez se ve atacado por una inflamación y la homeopatía no [funciona] [...] no sacrifique su vida por una opinión [...] sino llame a algún [médico] acreditado.

❋

La rama de la lógica matemática que nació con el álgebra booleana se conoce hoy como cálculo (o lógica) proposicional. Se remonta al siglo v a. C., cuando Euclides de Mégara (que no debe confundirse con el geómetra Euclides de Alejandría) inició lo que más tarde se convertiría en la escuela estoica de lógica. Una característica clave de la lógica estoica es el uso del razonamiento condicional, es decir, de la forma «si A, entonces B». Diodoro y Filón de Mégara no estaban de acuerdo sobre una cuestión fundamental que todavía hoy tiene perplejos a los estudiantes de matemáticas, y es la siguiente. Dada la verdad o falsedad de A y B, ¿cuándo es verdadera la implicación «si A, entonces B»? Nótese que lo que se discute no es la verdad o falsedad de A o B, sino la de la deducción de B a partir de A. La respuesta de Filón era que la implicación es falsa si A es verdadera y B es falsa, pero verdadera en cualquier otro caso. La de Diodoro era distinta: siempre que A no pueda llevar a una conclusión falsa. O sea, «cuando tanto A como B sean verdaderos».

En la actualidad, los lógicos matemáticos se decantan por Filón. El caso menos intuitivo se produce cuando A es falso. Si B también es falso, parece razonable aceptar como válida la inferencia «si A, entonces B». En particular, «si A entonces A» parece una inferencia razonable, sea cual sea el valor de verdad de A. En cambio, si B es verdadero, o si su estado se desconoce, puede parecer poco razonable aceptar que se deduzca de una falsedad. Por ejemplo, la proposición

si $2 + 2 = 5$, entonces el Último Teorema de Fermat es verdadero

se considera «verdadera» tanto si el Teorema de Fermat es verdadero como si es falso. (Lo cual, por cierto, no conduce a una demostración fácil del

Último Teorema de Fermat, pues para deducir eso primero habría que demostrar que 2 + 2 = 5, lo cual es imposible si las matemáticas son internamente coherentes. Por eso la convención de Filón no hace ningún daño.) Para ilustrar el razonamiento que subyace a esta convención, consideremos las dos deducciones siguientes:

si 1 = –1, entonces 2 = 0 [súmese 1 a cada lado]

si 1 = –1, entonces 1 = 1 [elévense ambos lados al cuadrado]

Ambas deducciones son sólidas desde la lógica de acuerdo con el razonamiento entre corchetes. La primera toma la forma

si (proposición falsa), entonces (proposición falsa)

mientras que la segunda es de la forma

si (proposición falsa), entonces (proposición verdadera)

Así pues, a partir de una proposición falsa, un razonamiento válido puede lleva tanto a una proposición falsa como a una verdadera.

Otro enfoque que produce el mismo resultado es el de preguntarse qué se necesita para refutar la implicación «si A, entonces B», para demostrar que es falsa. Por ejemplo, para refutar

si los cerdos tuvieran alas, volarían

tendríamos que encontrar un cerdo alado que no pudiera volar. Así pues, «si A, entonces B» es falso si A es verdadero y B es falso, pero en todos los otros casos, la implicación es verdadera, puesto que no podemos demostrar que sea falsa.

Este argumento no es una demostración, solo una motivación para la convención que se utiliza en la lógica de predicados. En la lógica modal, los condicionales se tratan de forma distinta. Por ejemplo, la proposición sobre los cerdos alados se consideraría verdadera siempre y cuando las alas fuesen funcionales para el vuelo. Pero otras proposiciones parecidas, como

si los cerdos tuvieran alas, jugarían al póquer

se consideraría falsa, puesto que tener alas (ni que sea de forma hipotética) no mejora la habilidad de nadie en el póquer. En cambio, esta última proposición se considera verdadera en la lógica de predicados porque los cerdos no tienen alas. El póquer no interviene. Esto ilustra algunas de las dificultades con las que se las vieron Boole y otros de los primeros lógicos, y nos advierte de que no debemos creer que las convenciones actuales sean necesariamente la última palabra.

El 1 del álgebra booleana, o del cálculo proposicional, en la informática nace de la representación de datos numéricos o de otro tipo mediante un sistema binario, el cual requiere únicamente los dígitos 0 y 1. En sus manifestaciones más simples, estos se corresponden a «sin voltaje eléctrico» y «con algún voltaje eléctrico» (a un nivel especificado, por ejemplo 5 voltios). En las computadoras actuales, todos los datos, incluidos los programas, implementan operaciones del cálculo proposicional, lo que en esencia es álgebra booleana. Cada una de estas operaciones corresponde a una «puerta», y cuando una señal eléctrica pasa o no por la puerta, la salida depende de la o las entradas de acuerdo con la operación lógica que corresponda.

El pionero de esta idea fue el gurú de la teoría de la información, Claude Shannon. Las operaciones sobre datos digitales que realizan las computadoras pueden implementarse por medio de circuitos electrónicos apropiados, hechos de puertas lógicas. Así que el álgebra booleana es el lenguaje natural para este aspecto del diseño de computadoras. Los primeros ingenieros electrónicos implementaron estas operaciones por medio de circuitos de relé, y luego con circuitos de válvulas (tubos de vacío). Con la invención del transistor, las válvulas se reemplazaron con circuitos de estado sólido; en la actualidad utilizamos complejas matrices de circuitos increíblemente pequeños depositados sobre chips de silicio.

La formalización de la lógica mediante símbolos que realizó Boole abrió las puertas a un nuevo mundo, y desbrozó el camino hacia la era digital, de cuyos frutos hoy gozamos. Y que con frecuencia maldecimos, puesto que todavía no hemos logrado dominar del todo nuestra nueva tecnología, por mucho que cada vez la pongamos al cargo de más cosas en nuestras vidas.

15

El músico de los números primos Bernhard Riemann

Georg Friedrich Bernhard Riemann
Nacimiento: Breselenz, Reino de Hannover, 17 de septiembre de 1826
Muerte: Selasca, Italia, 20 de julio de 1866

Ya desde los veinte años de edad, Bernhard Riemann había manifestado un enorme talento matemático, un gran dominio de la técnica y una gran originalidad. Moritz Stern, uno de sus tutores, diría más tarde que «ya cantaba como un canario». Su otro tutor, Gauss, no parecía estar tan impresionado, pero los cursos que impartía eran básicos, y era más difícil que en ellos un estudiante demostrase sus auténticas habilidades; no obstante, no tardó en comprender que Riemann tenía una gran capacidad, y dirigió su tesis doctoral. El tema era uno de los favoritos de Gauss: el análisis complejo. Gauss comentó la «gloriosamente fértil originalidad» del trabajo y movió hilos para conseguirle a Riemann un puesto desde donde poder promocionarse en la Universidad de Gotinga.

En Alemania, el siguiente paso después de un doctorado era la «habilitación», un grado más avanzado que requería investigaciones más profundas y abría las puertas a una carrera académica, permitiendo que el poseedor del título pudiese trabajar como *Privatdozent*, es decir, lo autorizaba a impartir clases y cobrar por ellas. Riemann había pasado dos años y medio haciendo grandes progresos en la teoría de las series de Fourier (capítulo 9). La investigación había ido bien, pero ahora empezaba a pensar que se había atrevido con más de lo que podía.

El problema no era el trabajo sobre las series de Fourier. Aquello ya estaba hecho y archivado, y Riemann estaba convencido de su calidad y precisión. No, el problema era el paso final para obtener la habilitación. El candidato tenía que pronunciar una conferencia pública, y él había propuesto tres temas, dos sobre la física matemática de la electricidad, un tema que también había estudiado con Wilhelm Weber, y otro más osado sobre los fundamentos de la geometría, acerca de lo cual tenía algunas ideas interesantes, pero a medio hacer. La elección entre estos tres temas correspondía a Gauss, quien por aquel entonces trabajaba con Weber y estaba profundamente interesado en la electricidad. Lo que Riemann no había tenido en cuenta era que Gauss también estaba muy interesado en la geometría, y quería oír lo que Riemann tenía que decir al respecto.

Así que ahora Riemann tenía que trabajar lo indecible para desarrollar sus vagas ideas sobre la geometría y producir algo que pudiera impresionar al mejor matemático de su época, y además en un área sobre la que la luminaria llevaba media vida pensando. Su punto de partida era un resultado del que Gauss estaba especialmente orgulloso, su *Theorema egregium* (página 117), que especifica la forma de una superficie sin referencia al espacio en el que está inmersa, y dio origen a la rama de la geometría diferencial. También llevó a Gauss a estudiar las líneas geodésicas (las distancias más cortas entre puntos) y la curvatura, que cuantifica en qué grado se inclina una superficie en comparación con el plano euclidiano ordinario.

Riemann planeaba generalizar toda la teoría de Gauss en una dirección radical: espacios de cualquier dimensión. Matemáticos y físicos comenzaban a valorar la potencia y claridad que se derivaba de pensar geométricamente en «espacios» de más de las dos o tres dimensiones habituales. Bajo esta aproximación tan contraria a lo observable se encontraba algo del todo sensato: las matemáticas de las ecuaciones con muchas variables. Las variables desempeñan el papel de coordenadas, de manera que cuantas más variables, mayor es la dimensión de este espacio conceptual.

Los esfuerzos de Riemann por desarrollar esta idea lo llevaron al borde de un ataque de nervios. Para colmo, al mismo tiempo estaba ayudando a Weber a entender la electricidad. Por suerte, la interacción entre fuerzas eléctricas y magnéticas llevó a Riemann a un nuevo concepto de «fuerza» con base en la geometría: la misma idea que décadas más tarde llevaría a

Einstein a la Relatividad General. Las fuerzas pueden reemplazarse por la curvatura del espacio. Por fin, Riemann tenía en sus manos la nueva perspectiva que necesitaba para su conferencia.

En un frenesí de actividad y un tanto a la desesperada estableció los fundamentos de la moderna geometría diferencial, comenzando por el concepto de variedad multidimensional y la idea de distancia definida por una métrica. Esta es la fórmula para la distancia entre dos puntos cualesquiera que se encuentren muy cerca. Definió también unas cantidades más complejas que conocemos como tensores, dio una fórmula general para la curvatura expresada como un tipo de tensor especial y escribió ecuaciones diferenciales que determinan geodésicas. Pero fue aún más lejos, probablemente inspirado por sus investigaciones con Weber, y especuló sobre las posibles relaciones entre la geometría diferencial y el mundo físico:

> Las ideas empíricas sobre las cuales se fundamentan las determinaciones métricas del espacio, la idea de un cuerpo sólido y de un rayo de luz, dejan de ser válidas para lo infinitamente pequeño. Por consiguiente, nos vemos libres para suponer que las relaciones métricas del espacio en lo infinitamente pequeño no se conforman a las hipótesis de la geometría; y, de hecho, debemos suponerlo si así queremos obtener una explicación más simple de los fenómenos.

La conferencia fue un triunfo, aunque probablemente la única persona presente que la comprendiera del todo fuese Gauss. La originalidad de Riemann lo impresionó profundamente, y le comentó a Weber lo sorprendido que estaba por su profundidad. La jugada impulsiva le había salido a cuenta.

Las ideas de Riemann fueron desarrolladas más a fondo por Eugenio Beltrami, Elwin Bruno Christoffel y la escuela italiana bajo la dirección de Gregorio Ricci y Tullio Levi-Civita. Más tarde, el trabajo de todos ellos resultaría ser justamente lo que Einstein necesitaba para su Relatividad General. Einstein estaba interesado en regiones muy grandes del espacio, mientras que la visión de Riemann para la física se centraba en lo muy pequeño. En cualquier caso, todo se remonta a aquella conferencia de Riemann.

✵

El padre de Riemann, Friedrich, fue un pastor luterano y veterano de las guerras napoleónicas. La familia era pobre. Su madre Charlotte (de soltera Ebell) murió cuando Riemann era bastante joven. Tenía un hermano y cuatro hermanas, y su padre lo educó hasta los diez años. En 1840 comenzó a asistir a la escuela local de Hannover, en la que ingresó directamente en el tercer curso. Era muy tímido, pero sus dotes para las matemáticas se manifestaron de inmediato. El director de la escuela dejó que Riemann leyera libros de matemáticas de su propia colección. Cuando le prestó al niño el texto de Legendre de novecientas páginas sobre la Teoría de los Números, Riemann lo devoró en una semana.

En 1846 ingresó en la Universidad de Gotinga, en un principio para estudiar teología, pero Gauss reconoció su talento matemático y le aconsejó que cambiara de carrera, y así lo hizo (con la aprobación del padre). Gotinga se convertiría con el tiempo en uno de los mejores lugares del mundo donde estudiar matemáticas, pero en aquellos días, pese a la presencia de Gauss, su instrucción en matemáticas no era nada especial. Así que Riemann se trasladó a Berlín, donde trabajó con el geómetra Jakob Steiner, el algebrista y teórico de los números Dirichlet, y el experto en teoría de números y análisis complejo Gotthold Eisenstein. Fue allí donde aprendió sobre el análisis complejo y las funciones elípticas.

Cauchy extendió el cálculo de los números reales a los números complejos. El análisis complejo surgió en el momento en que las objeciones de Berkeley a las fluxiones de Newton fueron por fin respondidas por Karl Weiertrass, quien formuló una definición rigurosa de «sacar el límite». Uno de los temas candentes del análisis complejo de mediados del siglo XIX era el estudio de las funciones elípticas, que entre otras cosas especifican la longitud de un arco de elipse. Son una generalización profunda de las funciones trigonométricas. Fourier aprovechó una de sus propiedades básicas, a saber, que son periódicas y repiten el mismo valor si se suma 2π a la variable. Las funciones elípticas tienen dos períodos complejos independientes, y repiten los mismos valores sobre una retícula de paralelogramos en el plano complejo. En este sentido, representan una elegante conexión entre el análisis complejo y los grupos de simetría (traslaciones de la retícula). La demostración de Wiles del Último Teorema de Fermat saca partido a esta idea. Las funciones elípticas también aparecen en la mecánica, por ejemplo para dar una fórmula exacta del período de un péndulo. La fórmula que se deriva en la física escolar, más simple, es una aproximación para una oscilación con un ángulo muy pequeño.

El enfoque de Dirichlet a las matemáticas le resultaba atractivo a Riemann, pues se parecía mucho al suyo. En lugar de un desarrollo lógico sistemático, ambos preferían comenzar adquiriendo una comprensión intuitiva del problema para luego ocuparse de los conceptos centrales y las relaciones, y acabar rellenando las lagunas lógicas, evitando así los largos cálculos tanto como fuera posible. Muchos de los matemáticos actuales más originales y exitosos hacen lo mismo. Las demostraciones son esenciales para las matemáticas, y su lógica debe ser impecable, pero a menudo llegan «una vez» se comprende el problema. Demasiado rigor demasiado pronto puede sofocar una buena idea. Riemann adoptó este enfoque durante toda su carrera. Tenía una gran ventaja: otros podían seguir la línea general del razonamiento sin tener que pasar semanas comprobando complejas sumas. Su desventaja, al menos para algunos, era la necesidad de pensar conceptualmente en lugar de avanzar a golpe de cálculos.

Para su disertación de doctorado, Riemann reescribió el libro sobre análisis complejo introduciendo métodos topológicos. Lo que le llevó a esta formulación fue una característica con la que todo estudiante tiene que pelearse: la tendencia de las funciones complejas a ser «multivaluadas». Esta idea ya se apunta en el análisis real. Por ejemplo, todo número real positivo distinto de cero tiene dos raíces cuadradas, una positiva y la otra negativa. Esta posibilidad debe tenerse en cuenta cuando se resuelven ecuaciones algebraicas, algo que se resuelve con facilidad escindiendo la función de la raíz cuadrada en dos partes distintas: la raíz cuadrada positiva y la raíz cuadrada negativa.

La misma ambigüedad afecta a la raíz cuadrada de un número complejo, pero ya no resulta del todo satisfactorio separar las dos funciones. Las ideas de «positivo» y «negativo» carecen de significado útil en los números complejos, de modo que no hay manera natural de separar los dos valores. Pero hay una cuestión aún más profunda. En el caso real, si cambiamos un número positivo de manera continua, su raíz cuadrada positiva también cambia de manera continua, y lo mismo ocurre con la raíz cuadrada negativa. Además, los dos siguen siendo distintos. En cambio, en el caso complejo los cambios continuos en el número original pueden llevar a pasar de una de sus raíces cuadradas a la otra, aunque se los mueva de forma continua.

La forma tradicional de resolver esto era permitir funciones discontinuas, pero entonces hay que andar comprobando si uno se acerca a una discontinuidad. Riemann tuvo una idea mejor: modificar el plano complejo habitual para que la función raíz cuadrada fuera univaluada. Esto se consigue haciendo dos copias del plano, uno encima del otro, y cortando ambos a lo largo del eje real positivo para luego soldarlos por las hendiduras, de manera que el plano superior quede unido al inferior cuando se cruza la hendidura. La raíz cuadrada se convierte entonces en univaluada cuando se interpreta con la ayuda de esta «superficie de Riemann». Este es un enfoque radical. La idea es dejar de preocuparse sobre los muchos valores posibles, dejando todo eso en manos de la geometría de la superficie de Riemann. Y esa no fue la única innovación de su tesis doctoral. También utilizó una idea de la física matemática, el Principio de Dirichlet, para demostrar la existencia de ciertas funciones. Este principio establece que una función que minimiza la energía es una solución a una ecuación en derivadas parciales, la ecuación de Poisson, que rige los campos gravitatorios y eléctricos. Gauss y Cauchy ya habían descubierto que la misma ecuación surge de manera natural en el análisis complejo en relación con el cálculo diferencial.

❋

Riemann se acomodó en la vida académica. Su natural timidez convertía las clases en desafíos, pero poco a poco se adaptó y comenzó a entender cómo relacionarse con su audiencia. En 1857 obtuvo una plaza fija de profesor, y ese mismo año publicó otro trabajo importante sobre la teoría de las integrales abelianas, una amplia generalización de las funciones elípticas que proporcionaron un campo fértil para sus métodos topológicos. Weierstrass había enviado un artículo a la Academia de Berlín sobre el mismo tema, pero cuando apareció el de Riemann, Weierstrass quedó tan sobrecogido por su novedad y agudeza que retiró su propio trabajo y nunca más publicó sobre el tema. Eso no le impidió, sin embargo, señalar un pequeño error en el uso que hacía Riemann del Principio de Dirichlet. Riemann usaba mucho una función que hacía que cierta cantidad relacionada fuese tan pequeña como fuera posible. Aquello lo llevaba a obtener unos resultados importantes, pero no daba una demostración rigurosa de que aquella función existiera. (Creía, basándose en la física, que debía existir, pero este tipo de razonamiento carece de rigor y puede salir mal.) En este punto, los matemáticos se dividieron entre quienes querían más rigor lógico, y por consiguiente consideraban que el error era grave, y quienes se mostraban convencidos por las analogías físicas y estaban más interesados en llevar los resultados aún más lejos. Riemann, en el segundo bando, dijo que aun en el caso de que hubiese un error en la lógica, el Principio de Dirichlet era la forma más conveniente de ver qué era lo que ocurría, y que sus resultados eran correctos.

En cierto modo, fue un desacuerdo típico entre los matemáticos puros y los físicos matemáticos, igual que ocurre hoy de manera regular, ya sea por la función delta de Dirac, ya por los diagramas de Feynman. Ambos bandos tenían su parte de razón, de acuerdo con sus propios estándares. Tiene poco sentido frenar el progreso de la física solo porque una técnica plausible y eficaz no se pueda justificar con un rigor lógico absoluto. De igual modo, la ausencia de tal justificación es una pista elocuente para los matemáticos, pues les indica que a nuestro conocimiento todavía le falta algo esencial. Un estudiante de Weierstrass, Hermann Schwartz, satisfizo a los matemáticos al encontrar una demostración distinta de los resultados de Riemann, pero los físicos todavía preferían algo más intuitivo. Por fin, Hilbert resolvió aquel problema existencial al proporcionar una versión del Principio de Dirichlet que era rigurosa y se ajustaba a los métodos de Riemann. Entretanto, los físicos habían hecho progresos que no se habrían producido de haber hecho caso a las objeciones de los matemáticos, y los esfuerzos de los matemáticos por justificar la intuición de Riemann condujeron a toda una serie de importantes resultados y conceptos que no se habrían descubierto si se hubieran puesto del lado de los físicos. Todo el mundo salió ganando.

⁂

Las variedades y la curvatura habían conseguido que Gauss se percatara del potencial y la competencia de Riemann, pero el resto de la comunidad matemática solo recibió el mensaje después de que publicase sus investigaciones sobre las integrales abelianas. Kummer, Karl Borchardt y Weierstrass las mencionaron cuando lo propusieron como candidato para la Academia de Berlín en 1859. Una de las tareas a las que se enfrentaban los nuevos miembros era la de presentar un informe sobre las investigaciones que estaban realizando, y Riemann no decepcionó. Cambió de tema, una vez más, con un informe titulado «Sobre el número de primos menores que una magnitud dada». En su trabajo, planteó la Hipótesis de Riemann, una conjetura del análisis complejo relacionada con la distribución estadística de los primos. En la actualidad, es el problema no resuelto más importante de las matemáticas.

Los números primos ocupan un lugar central en las matemáticas, pero en muchos aspectos son irritantes. Poseen propiedades muy importantes, pero exhiben una notable falta de pautas. Cuando se mira una lista de primos, en forma de secuencia, es difícil predecir el siguiente (aparte de que después del 2 todos son impares y que hay que evitar los múltiplos de primos pequeños como 3, 5, 7). Los primos se definen de una forma única e inequívoca, pero en ciertos aspectos parecen ser aleatorios. Sin embargo, existen patrones estadísticos. Alrededor de 1793 Gauss observó empíricamente que el número de primos menores que un número dado cualquiera, x, es aproximadamente $x/\log x$. No pudo demostrarlo, pero la conjetura pasó a conocerse como Teorema del Número Primo porque en aquellos días «teorema» era el término habitual para los enunciados no demostrados. Como el Último de Fermat. Cuando por fin llegó una demostración, vino de una dirección totalmente inesperada. Los números primos son objetos discretos que surgen en la Teoría de los Números. En el extremo opuesto del espectro matemático está el análisis complejo, que trata de objetos continuos y utiliza métodos (geométricos, analíticos, topológicos) completamente distintos. No parecía que pudiera haber una conexión entre ambos, pero la hay, y desde que se descubrió, las matemáticas no han sido lo mismo.

El vínculo se remonta a Euler, que en 1737, en plan «hombre de las fórmulas», se percató de que para todo número s la serie infinita

$$1 + 2^{-s} + 3^{-s} + 4^{-s} + \ldots$$

es igual al producto, para todos los primos p, de la serie

$$1 + p^{-s} + p^{-2s} + p^{-3s} + \ldots = 1/(1 - p^{-s})$$

La demostración es simple, poco más que una traducción directa al lenguaje de las series potenciales de la unicidad de la factorización en primos.* Euler pensaba en números s reales para esta serie, y en particular para números enteros s, pero también tiene sentido si s es un número complejo, aunque sujeto a ciertas cuestiones técnicas sobre convergencia y un truco para extender el intervalo de los números para el cual se define. Este contexto se conoce como «función zeta» (o dseta). A medida que se iba manifestando la potencia del análisis complejo, resultaba natural estudiar este tipo de series utilizando las nuevas herramientas con la esperanza de encontrar una demostración del Teorema del Número Primo. Riemann, un experto en análisis complejo, no podía por menos que involucrarse.

* Este es el teorema fundamental de la aritmética, que dice que todo número entero positivo mayor que 1 puede descomponerse de forma única en un producto de números primos. El producto al que hace referencia el texto se conoce como Producto de Euler. (*N. del t.*)

Lo prometedor de este enfoque comenzó a ponerse de manifiesto en 1848, cuando Pafnuti Chebyshov realizó algunos progresos hacia una demostración del Teorema del Número Primo usando la función zeta (aunque este nombre vino más tarde). Riemann dejó claro el papel de esta función en su conciso pero perspicaz artículo de 1859. Mostraba en él que las propiedades estadísticas de los números primos están estrechamente relacionadas con los ceros de la función zeta, es decir, las soluciones z de la ecuación $\zeta(z) = 0$. Un punto álgido del artículo era una fórmula que proporcionaba el número exacto de primos menores que un valor dado x en forma de una serie infinita, sumada para los ceros de la función zeta. Casi como una apostilla, Riemann conjeturaba que todos los ceros, aparte de algunos obvios en enteros pares negativos, caían sobre la línea crítica $z = \frac{1}{2} + it$.

De ser eso cierto, tendría implicaciones importantes; en particular, implicaría que varias fórmulas aproximadas en las que aparecen números primos son más precisas de lo que actualmente puede demostrarse. De hecho, las ramificaciones de una demostración de la Hipótesis de Riemann son ingentes. Sin embargo, no se conoce ninguna demostración o refutación. Sí hay algún indicio «experimental»: en 1914 Godfrey Harold Hardy demostró que sobre la línea crítica cae un número infinito de ceros. Entre 2001 y 2005 el programa ZetaGrid de Sebastian Wedeniwski verificó que los primeros 100.000 millones de ceros caen sobre la línea crítica. Pero en esta área de la Teoría de los Números, un resultado así no es del todo convincente, puesto que muchas conjeturas plausibles pero falsas acaban fallando para números verdaderamente gigantescos. La Hipótesis de Riemann forma parte del Problema 8 de la famosa lista de Hilbert de los 23 grandes problemas matemáticos sin resolver (capítulo 19), y es uno de los problemas del Premio del Milenio seleccionados por el Instituto Clay de Matemáticas en el año 2000, que supone un premio de un millón de dólares para la solución correcta. Es un fuerte contendiente al mayor problema no resuelto de todas las matemáticas.

Riemann demostró su fórmula exacta para los primos usando, entre otras cosas, el análisis de Fourier. La fórmula puede verse como si nos dijera que la transformada de Fourier de los ceros de la función zeta es el conjunto de las potencias de los primos, más algunos factores elementales. En otras palabras, los ceros de la función zeta controlan las irregularidades de los primos. En *La música de los números primos*, el título de Marcus de Satoy está inspirado en una sorprendente analogía. El análisis de Fourier descompone una onda de sonido compleja en sus componentes sinusoidales básicos. Del mismo modo, la gloriosa sinfonía de los números primos se descompone en las «notas» individuales que toca cada uno de los ceros de la función zeta. La sonoridad de cada nota viene determinada por la magnitud de la parte real del cero correspondiente. Así que la Hipótesis de Riemann nos dice que todos los ceros son igual de sonoros.

Los descubrimientos de Riemann sobre la función zeta lo hacen merecedor del título de músico de los primos.

16

El cardinal del continuo
Georg Cantor

Georg Ferdinand Ludwig Philipp Cantor
Nacimiento: San Petersburgo, Rusia, 3 de marzo [19 febrero juliano] de 1845
Muerte: Halle, Alemania, 6 de enero de 1918

El concepto de infinito, el de las cosas que prosiguen sin fin y para siempre, ha intrigado durante milenios a los seres humanos. Los filósofos se lo han pasado en grande con el problema, y durante los últimos siglos, los matemáticos en particular han hecho mucho uso del infinito, o para ser más precisos, de varias interpretaciones distintas de infinito en muchos contextos distintos. El infinito no es simplemente un número muy grande. De hecho, no es ni siquiera un número, puesto que es mayor que cualquier número concreto. Si fuera un número, tendría que ser mayor que sí mismo. Aristóteles entendió el infinito como un proceso que prosigue de forma indefinida: sea cual sea el número que se haya alcanzado, siempre se puede hallar uno mayor. Los filósofos llaman a esto «infinito potencial».

Varias religiones de la India sienten fascinación por los números muy grandes, entre ellas el jainismo. Según el texto matemático jainista *Suria prajnapti*, algún matemático indio visionario afirmó alrededor del 400 a. C. que hay infinitos de muchos tamaños, lo cual suena a sinsentido místico. Si el infinito es lo más grande que puede existir, ¿cómo puede un infinito ser mayor que otro? Sin embargo, a finales del siglo XIX el matemático alemán Georg Cantor desarrolló la *Mengenlehre*, la Teoría de Conjuntos, y con ella argumentó que el infinito puede ser en acto, y no solo en potencia como proceso aristotélico, y que, en consecuencia, algunos infinitos son mayores que otros.

En su época, también muchos matemáticos consideraron que esta idea era un sinsentido místico. Cantor hubo de defenderse continuamente de sus críticos, muchos de los cuales usaban un lenguaje que en nuestro mundo actual probablemente acabaría en demanda judicial. Sufrió depresión, posiblemente agravada por el escarnio al que estuvo sometido, pero en la actualidad la mayoría de los matemáticos aceptan que tenía razón. De hecho, la distinción entre el menor de los infinitos y cualquier otro mayor que este es fundamental para muchas áreas de la matemática aplicada, en concreto para la teoría de la probabilidad. Además, la Teoría de Conjuntos se ha convertido en el fundamento lógico de todas las matemáticas. Hilbert, uno de los nombres prominentes que comprendió enseguida la solidez de sus ideas, dijo: «Nadie nos expulsará del paraíso que Cantor ha creado».

La madre de Cantor, Maria Anna (de soltera Böhm), fue una música de talento, y su abuelo Franz Böhm había sido solista en la Orquesta Imperial Rusa. El joven Georg creció en una familia de músicos y llegó a ser un violinista consumado. Su padre, también llamado Georg, fue mayorista en San Petersburgo y más tarde trabajaría como agente de bolsa. Su madre era católica, pero su padre era protestante y Georg fue criado en esta fe. Al principio estudió con un tutor privado y luego pasó a la escuela primaria de la ciudad, pero los gélidos inviernos de San Petersburgo no eran buenos para la salud de su padre, de manera que en 1856 la familia se trasladó a Wiesbaden, en Alemania, y más tarde a Fráncfort. Aunque Cantor pasó el resto de su vida en Alemania, más tarde escribiría que allí «nunca me sentí a gusto», y que añoraba la Rusia de su niñez.

En Fráncfort, Cantor estudió como interno en la Realschule de Darmstadt. En 1860 se graduó, y fue descrito entonces como un estudiante de grandes aptitudes, con especial mención de su excelente habilidad para las matemáticas, sobre todo la trigonometría. Su padre quería que Cantor estudiara para ingeniero, de modo que lo envió a la Höhere Gewerbeschule en Darmstadt. Pero Cantor deseaba estudiar matemáticas, y no dejó de insistir a su padre hasta que este cedió. En 1862 empezó a estudiar matemáticas en la Politécnica de Zúrich, pero se trasladó a la Universidad de Berlín en 1863, a la muerte de su padre, quien le dejó una herencia sustancial. Allí asistió a clases con Kronecker, Kummer y Weierstrass. Tras un verano en Gotinga en 1866, defendió en 1867 su tesis «Sobre las ecuaciones indeterminadas de segundo grado», un tema de la Teoría de los Números.

Aceptó entonces un puesto como profesor en una escuela para niñas mientras preparaba su habilitación, que consiguió tras ser contratado por la Universidad de Halle y presentar una tesis sobre la Teoría de los Números. Eduard Heine, un destacado matemático de Halle, le sugirió que se cambiara de campo para ocuparse de un famoso problema no resuelto sobre las series de Fourier: demostrar que la representación de una función en esta forma es única. Dirichlet, Rudolf Lipschitz, Riemann y el propio Heine habían intentado ya demostrar este resultado, pero habían fracasado. Al año, Cantor ya lo había resuelto. Durante algún tiempo siguió trabajando sobre las series trigonométricas, y sus investigaciones le llevaron a áreas que hoy reconocemos como el prototipo de la Teoría de Conjuntos. La razón de ello es que muchas de las propiedades de las series de Fourier dependen de características finas de la función que se quiere representar, como la estructura del conjunto de puntos en los que es discontinua. Cantor no podía progresar en estas áreas sin enfrentarse cara a cara con las complejas cuestiones que planteaban los conjuntos infinitos de números reales.

La investigación sobre los fundamentos de las matemáticas estaba en alza, y tras siglos de tratamientos informales de los números «reales» como decimales infinitos, los matemáticos comenzaban a preguntarse qué significaba todo ello. Por ejemplo, no hay modo de escribir la expansión decimal infinita de π. Lo más que podemos hacer es enunciar reglas para encontrar los decimales. En 1872 uno de los artículos de Cantor sobre series trigonométricas introducía un novedoso método para definir un número real como el límite de una secuencia convergente de números racionales. Aquel mismo año Dedekind publicaba un famoso artículo en el que definía un número real en términos de una «sección» que dividía los números racionales en dos subconjuntos disjuntos, de modo que todos los miembros de uno de los subconjuntos eran menores que cualquier miembro del otro subconjunto. En él, citaba el artículo de Cantor. Estas dos aproximaciones (secuencias convergentes de racionales o secciones de Dedekind) son hoy obligadas en los cursos sobre los fundamentos de las matemáticas y la construcción del conjunto de los números reales a partir de los racionales.

En 1873 Cantor se había embarcado en la investigación que lo haría merecedor de aparecer aquí como figura significativa en el grado más elevado: la Teoría de Conjuntos y los números transfinitos (su término para el infinito). La Teoría de Conjuntos se ha convertido desde entonces en parte esencial de cualquier curso de matemáticas, pues proporciona un lenguaje práctico y versátil para describir el tema. De manera informal, un conjunto es cualquier colección de objetos, ya sean números, triángulos, superficie de Riemann, permutaciones, lo que sea. Los conjuntos se pueden combinar de varias maneras. Por ejemplo, la unión de dos conjuntos es lo que se obtiene cuando se combinan en un solo conjunto, mientras que la intersección es lo que tienen en común. Con los conjuntos podemos definir conceptos básicos como las funciones y las relaciones. Podemos construir sistemas de números como los enteros, los racionales, los reales y los complejos a partir de constituyentes más simples, y haciendo buen uso del conjunto vacío, el que no tiene ningún miembro.

Los números transfinitos son una manera de ampliar la idea de «¿cuántos miembros?» a conjuntos infinitos. Cantor dio con esta idea en 1873 cuando demostró que los números racionales son contables; dicho de otro modo, pueden colocarse en correspondencia uno a uno con los números naturales 1, 2, 3, ... (Enseguida explico las ideas y la terminología.) Si solo hay un tamaño de infinito, este resultado sería evidente, pero no tardó en hallar una demostración de que los números reales «no» son contables. La publicó en 1874, un año de enorme importancia personal para Cantor pues fue cuando se casó con Vally Guttmann, un matrimonio que le dio seis hijos.

A la búsqueda de un infinito aún mayor que el de los reales, Cantor pensó en el conjunto de todos los puntos del cuadrado unidad. Sin duda el cuadrado, con sus dos dimensiones, tendrá más puntos que la recta real. ¿O no? En carta a Dedekind, Cantor expresaba así su opinión:

> ¿Puede una superficie (un cuadrado, pongamos por caso, que incluya sus límites) referirse de forma única a una recta (un segmento de línea recta que incluya los puntos terminales) de tal manera que para cada punto de la superficie haya un punto correspondiente en la línea y, al contrario, para cada punto de la línea haya un punto correspondiente en la superficie? Creo que responder a esta pregunta no será fácil, por mucho que la respuesta parezca ser un «no» tan claro que la demostración parece casi innecesaria.

Pronto, sin embargo, descubriría que la respuesta no era tan obvia como parecía. («Que la demostración parece casi innecesaria» es como un trapo rojo a los ojos de un toro, y debería haberlo visto venir.) En 1877 demostró que, contra todo pronóstico, esa correspondencia existe. «Lo veo, ¡pero no me lo creo!», escribió Cantor. Pero cuando envió su artículo al prestigioso *Journal für fie reine und angewandte Mathematik* [Revista de matemática pura y aplicada], Leopold Kronecker, un matemático brillante pero ultraconservador, y una de las luminarias de su época, no quedó convencido, y solo la intervención de Dedekind permitió la aceptación y publicación del trabajo. Cantor, no sin justificación, nunca más enviaría otro artículo a esa revista. En su lugar, entre 1879 y 1884 envió la mayor parte de su desarrollo de la Teoría de Conjuntos y números transfinitos a los *Mathematische Annalen* [Anales matemáticos], probablemente con la ayuda de Felix Klein.

Antes de continuar con la historia de Cantor, necesitamos entender la naturaleza revolucionaria de sus ideas, y de qué trataban. Sería demasiado confuso presentarlas en la terminología del período, de modo que aplicaré algunas perspectivas más modernas para extraer las ideas básicas.

En sus *Discursos sobre dos nuevas ciencias*, de 1638, Galileo planteaba una pregunta básica (y un tanto paradójica) sobre el infinito. El libro se presenta como una discusión entre Salviati, Simplicio y Sagredo. Salviati siempre gana, Simplicio no tiene nada que hacer y el papel de Sagredo consiste en mantener viva la discusión. Salviati hace notar que es posible establecer una correspondencia entre los números naturales y los cuadrados, de tal manera que a cada número le toca un cuadrado único y a cada cuadrado, un número único. Basta con relacionar cada número con su cuadrado:

1	2	3	4	5	6	7	8	9	10	11	12
$\updownarrow$	$\updownarrow$	$\updownarrow$	$\updownarrow$	$\updownarrow$	$\updownarrow$	$\updownarrow$	$\updownarrow$	$\updownarrow$	$\updownarrow$	$\updownarrow$	$\updownarrow$
1	4	9	16	25	36	49	64	81	100	121	144

Con números finitos, si dos conjuntos de objetos se pueden relacionar de este modo, deben contener el mismo número de miembros. Si cada una de las personas que se sienta a una mesa tiene cuchillo y tenedor propios, y solo uno por persona, el número de cuchillos será igual al de tenedores y ambos iguales al número de comensales. Así pues, aunque los cuadrados conforman un subconjunto bastante «fino» de todos los números, se diría que hay exactamente el mismo número de cuadrados que de números. Salviati llega a la siguiente conclusión: «Podemos inferir solamente que la totalidad de todos los números es infinita, y que los atributos "igual", "mayor que" y "menor que" no pueden aplicarse al infinito, sino solamente a las cantidades finitas».

Cantor se dio cuenta de que la situación no es tan desalentadora. Utilizó este mismo tipo de correspondencia (que llamó «uno a uno») para definir el «mismo número de miembros» para conjuntos, ya sean finitos o infinitos. Esto puede hacerse, curiosamente, sin necesidad de conocer el número de elementos. De hecho, acabamos de hacerlo para los cuchillos y los tenedores. Por tanto, lógicamente, «mismo número» es previo a «número». No hay nada extraño en ello; por ejemplo, podemos ver si dos personas son igual de altas sin necesidad de conocer su estatura.

El modo de introducir los números es especificando un conjunto estándar, y decir que cualquier cosa que se corresponda con él tiene a ese conjunto como su cardinal, una peculiar palabra para referirse a «número de elementos». La elección obvia para un conjunto infinito es el conjunto de todos los números naturales, el cual define un cardinal transfinito que Cantor apodó «aleph-Null», por la primera letra del alfabeto hebreo, álef, y *Null*, «cero» en alemán. Con símbolos, álef 0 se escribe $\aleph_0$. Salviati demostró que el conjunto de los cuadrados tiene a $\aleph_0$ como cardinal.

Esto parece paradójico porque claramente hay números que no son cuadrados; de hecho, la «mayoría» de los números no son cuadrados. Podemos resolver la paradoja si aceptamos que la eliminación de algunos elementos de un conjunto infinito no tiene por qué reducir su cardinal. El todo no tiene por qué ser mayor que la parte, en lo que a cardinales se refiere. No obstante, no tenemos por qué seguir a Salviati y rechazar de plano la idea de la comparación: obtenemos resultados razonables si suponemos que el todo es mayor o igual que la parte. Al fin y al cabo, la gracia del infinito como concepto es que no siempre se comporte como los números finitos. La gran pregunta es hasta dónde podemos llegar, y qué podemos salvar.

El siguiente gran descubrimiento de Cantor fue que los números racionales (trabajemos con los positivos en bien de la simplicidad) también tienen cardinal $\aleph_0$. Pueden hacerse corresponder con los números naturales de este modo:

1/1	1/2	2/1	1/3	3/1	1/4	2/3	3/2	4/1	1/5	5/1
↕	↕	↕	↕	↕	↕	↕	↕	↕	↕	↕
1	2	3	4	5	6	7	8	9	10	11

Para llegar a esto, ordenamos los racionales de forma distinta a su orden numérico. Definamos la complejidad de un número racional como la suma del numerador y el denominador, y tomemos en consideración únicamente los racionales que no tengan ningún factor común, para evitar incluir dos veces el mismo número. Por ejemplo, 2/3 y 4/6 son el mismo racional; escogemos solamente la primera forma. Primero dividimos los racionales en clases, ordenados por complejidad. Cada una de estas clases es finita. Entonces, dentro de cada clase, ordenamos las fracciones de acuerdo con sus numeradores. Así, la clase de complejidad 5 queda ordenada de este modo:

1/4 2/3 3/2 4/1

Es fácil demostrar que todo racional positivo aparece una y solo una vez. El número natural que le corresponde es su posición en la lista ordenada resultante.

❋

Hasta este punto, podría parecer que $\aleph_0$ no sea más que un símbolo chulo para el infinito y que todos los infinitos sean iguales. El siguiente descubrimiento echa por tierra esa posibilidad. El conjunto de los números reales no se puede hacer corresponder con el de los números naturales.

La primera demostración que publicó Cantor en 1874 pretendía abordar un problema de la Teoría de los Números. Un número algebraico es aquel que satisface alguna ecuación polinómica con coeficientes enteros, como $\sqrt{2}$, que satisface $x^2 - 2 = 0$. Si un número no es algebraico, se denomina «trascendente». No se conocía ninguna ecuación de ese tipo para el número e o para π, así que se les tenía por trascendentes, una conjetura que resultó ser correcta. Liouville demostró la existencia de un número trascendente en 1844, pero su ejemplo era muy artificioso. Cantor evidenció que la «mayoría» de los números reales son trascendentes al demostrar que el conjunto de los números algebraicos tiene cardinalidad $\aleph_0$, mientras que el conjunto de los reales tiene una cardinalidad mayor. Su demostración parte de suponer que los números reales son contables para entonces construir una secuencia de intervalos encajados que, por turnos, omita cada uno de los números reales. La intersección de esos intervalos (que se puede demostrar que no está vacía) debe contener un número real, pero sea el que sea, ya se ha excluido.

En 1891 halló una demostración más elemental, su célebre argumento de la diagonal. Supongamos (para llegar a una contradicción) que los números reales (digamos entre 0 y 1 para simplificar) son contables. En ese caso, se puede hacer corresponder los números naturales (los de contar) con esos reales. En notación decimal, cualquier correspondencia de este tipo adopta la forma

1 $0{,}a_1a_2a_3a_4 \ldots$
2 $0{,}b_1b_2b_3b_4 \ldots$
3 $0{,}c_1c_2c_3c_4 \ldots$
4 $0{,}d_1d_2d_3d_4 \ldots$

De acuerdo con la suposición, todo número real aparece en algún lugar de la lista. Ahora construyamos uno que no aparezca. Definamos lugares decimales sucesivos $x_1, x_2, x_3, \ldots$ de un número real x del siguiente modo:

Si $a_1 = 0$ sea $x_1 = 1$, de lo contrario sea $x_1 = 0$.
Si $b_2 = 0$ sea $x_2 = 1$, de lo contrario sea $x_2 = 0$.
Si $c_3 = 0$ sea $x_3 = 1$, de lo contrario sea $x_3 = 0$.
Si $d_4 = 0$ sea $x_4 = 1$, de lo contrario sea $x_4 = 0$.

Continuemos con este proceso indefinidamente, haciendo cada x_n o bien 0 o bien 1, de tal manera que difiera del n-ésimo dígito decimal del número real correspondiente a n.

Por construcción, x será diferente de todos los números de la lista. Diferente del primero en su primer dígito, del segundo en su segundo dígito y, en general, diferente del número n-ésimo en su n-ésimo dígito, lo que quiere decir que será diferente del n-ésimo número, sea cual sea el valor de n. Pero hemos partido de la suposición de que la lista existe, y de que en ella aparecen todos los números reales, de manera que hemos llegado a una contradicción, y lo que se contradice es la existencia de esa lista. Si esa lista no existe, entonces el conjunto de los números reales no es contable.

Una idea parecida subyace al descubrimiento de Cantor, que a él mismo le resultaba difícil de creer, de que el plano tiene el mismo cardinal que la recta real. Un punto en el plano tiene coordenadas (x, y), donde x e y son números reales. Para simplificar, restrinjámoslo al cuadrado unidad; entonces x e y tienen las expansiones decimales

$$x = 0{,}x_1x_2x_3x_4\ldots$$

$$y = 0{,}y_1y_2y_3y_4\ldots$$

y hagamos corresponder este par a un punto de la línea cuyas coordenadas sean las de x e y intercaladas, así:

$$0{,}x_1y_1x_2y_2x_3y_3x_4y_4\ldots$$

Dado que podemos recuperar x e y si seleccionamos solamente números sucesivos en posición par o impar, esto define una correspondencia uno-a-uno entre el cuadrado unidad y el intervalo unidad de la línea. Es fácil ampliar este razonamiento al plano entero y a toda la línea. (Hay que tener en cuenta una serie de cuestiones técnicas que he obviado aquí, y que tienen que ver con la falta de unicidad de la representación decimal de un número.)

Hay una cuestión sobre la que Cantor se vio incapaz de decidir. ¿Existe un cardinal transfinito estrictamente entre $\aleph_0$ y el cardinal de los números reales? Cantor creía que no porque no pudo hallarlo pese a intentarlo con un montón de candidatos plausibles. Esta conjetura se dio a conocer como la Hipótesis del Continuo. Veremos qué tal le fue en el capítulo 22.

❋

Durante una década, a partir de 1874, Cantor centró sus esfuerzos en la Teoría de Conjuntos, descubrió la importancia de las correspondencias uno-a-uno para los fundamentos del sistema de números, y concibió su extensión de los principios del conteo a los números transfinitos. Su trabajo era tan original que muchos de sus contemporáneos se veían incapaces de aceptarlo o de creer que tuviera algún valor. Su carrera matemática se vio arruinada por Kronecker, a quien sus revolucionarias ideas le parecían de mal gusto. «Dios creó los enteros; el resto es obra del hombre», decía.

Cantor se presentó como diana de los dardos filosóficos cuando afirmó inequívocamente que la Teoría de Conjuntos trataba del infinito en acto, no del infinito en potencia de Aristóteles, una afirmación un tanto exagerada, puesto que es infinito «en acto» solamente en un sentido conceptual. En matemáticas, suele ser posible pasar de una descripción que parece implicar un infinito en acto a una descripción de otro que parece en todo un infinito en potencia. Sin embargo, este proceso de traducción a menudo resulta forzado: Cantor tenía razón en que el modo natural de pensar sobre su trabajo pasaba por ver el infinito como un todo completo, no como un proceso que, aunque finito en cada paso, puede continuarse de manera indefinida. El filósofo Ludwig Wittgenstein era uno de los críticos más feroces. Fue especialmente mordaz con el argumento de la diagonal, e incluso tras la muerte de Cantor seguía quejándose de «los perniciosos modismos de la Teoría de Conjuntos». Pero la principal razón de que siguiera quejándose era que los matemáticos cada vez se ponían más del lado de Cantor, y ninguno de ellos le prestaba mucha atención a Wittgenstein. Aquello debía resultarle especialmente molesto porque tenía un interés particular por la filosofía de las matemáticas; pero ocurre que los matemáticos no se lo toman demasiado bien cuando unos filósofos insisten en que lo están haciendo todo mal. La Teoría de Conjuntos funcionaba, y la mayoría de los matemáticos son pragmáticos, incluso cuando se trata de cuestiones fundamentales.

Cantor era una persona religiosa y luchaba por reconciliar sus matemáticas con sus creencias. La naturaleza del infinito todavía estaba muy unida a la religión, puesto que el Dios cristiano se consideraba infinito y, además, el único infinito en acto. El comentario de Kronecker sobre los enteros no era una metáfora. Y entonces llega Cantor hablando de infinitos en acto en las matemáticas... Ya se puede imaginar lo que podía ocurrir. Cantor replicó diciendo: «Las especies transfinitas se encuentran tan a disposición de las intenciones del Creador [...] como los números finitos». Ese era un ingenioso argumento, pues negarlo habría sido como admitir que Dios tenía limitaciones, y eso era herejía. Cantor llegó a escribirle al papa León XIII sobre todo ello, e incluso le envió algunos artículos. A saber qué pensó de ellos el papa.

❋

Otros sí entendieron lo que estaba haciendo Cantor. Hilbert reconoció la importancia de su trabajo, y lo elogió. Sin embargo, a medida que envejecía, Cantor tenía la impresión de que la Teoría de Conjuntos no había tenido la influencia que él esperaba. En 1899 sufrió una depresión. No tardó en recuperarse, pero perdió la confianza, y le confesó a Gösta Mittag-Leffler: «No sé cuándo reanudaré mis estudios científicos. Por el momento no puedo hacer absolutamente nada al respecto». Para combatir su depresión, se fue de vacaciones a las montañas del Harz e intentó reconciliarse con su enemigo académico, Kronecker. Este respondió positivamente, pero la atmósfera entre ellos siguió siendo tensa.

También le preocupaban a Cantor sus propias matemáticas. Le irritaba no poder demostrar su Hipótesis del Continuo; creyó haberla refutado, y encontró un error; luego creyó demostrar que era cierta, y de nuevo encontró un error. Entonces Mittag-Leffler le pidió a Cantor que retirara un artículo de *Acta Mathematica* (aunque ya había llegado a las pruebas de imprenta), no porque fuera incorrecto, sino porque «se había adelantado cien años». Cantor bromeó sobre ello, pero se sintió herido. Dejó de escribir a Mittag-Leffler, perdió todo interés por la revista y básicamente abandonó la Teoría de Conjuntos.

Su depresión tendía a expresarse de dos maneras. Una era un creciente interés en las implicaciones filosóficas de la Teoría de Conjuntos. La otra, la convicción de que las obras de Shakespeare habían sido escritas en realidad por Francis Bacon. Esta obsesión lo llevó a realizar un estudio serio sobre literatura isabelina, y en 1896 publicó panfletos sobre su teoría favorita. Entonces, en rápida sucesión, murieron su madre, su hermano menor y su hijo más joven. Comenzó a manifestar cada vez más signos de inestabilidad mental, y en 1911, cuando la Universidad de Saint Andrews, en Escocia, lo agasajó como invitado distinguido en las celebraciones del 500 aniversario de la universidad, pasó la mayor parte del tiempo hablando sobre Bacon y Shakespeare. La depresión se convirtió en una compañera inseparable. Pasó algún tiempo ingresado por este trastorno, y en 1918 falleció en un hospital psiquiátrico de un ataque al corazón.

❋

La ironía es que Mittag-Leffler básicamente tenía razón cuando le decía a Cantor que se adelantaba un siglo a su tiempo, aunque posiblemente se lo dijera en otro sentido. Aunque las ideas de Cantor fueron ganando terreno poco a poco, el mayor impacto de la Teoría de Conjuntos sobre las matemáticas hubo de esperar hasta las décadas de 1950 y 1960, cuando por fin floreció el enfoque abstracto a las matemáticas promovido por un grupo que se hacía llamar Nicolas Bourbaki. La influencia de Bourbaki en la educación matemática ha disminuido (por suerte), pero su insistencia en que los conceptos matemáticos tienen que definirse de forma precisa, y con tanta generalidad como sea posible, persiste hasta nuestros días. Y la base para la precisión y la generalidad es la perspectiva que nos ofrecen los estimados conjuntos de Cantor. A día de hoy, no hay área de las matemáticas, sean puras o aplicadas, que no esté firmemente asentada en el formalismo de la Teoría de Conjuntos. No solo desde un punto de vista filosófico, sino también práctico. Sin el lenguaje de los conjuntos, a los matemáticos les resulta hoy imposible siquiera especificar de qué están hablando.

El veredicto de la posteridad es que, en efecto, se plantean cuestiones filosóficas en torno a la Teoría de Conjuntos y los números transfinitos, pero estas no son peores que las cuestiones filosóficas, muy parecidas, que plantean los amados enteros de Kronecker. También estos son obra del hombre, y la obra del hombre suele ser falible. Irónicamente, hoy los definimos usando... la Teoría de Conjuntos. Y vemos en Cantor a uno de los protagonistas realmente originales de las matemáticas. Si no hubiera inventado la Teoría de Conjuntos, otro lo habría hecho tardo o temprano, pero podrían haber pasado décadas antes de que surgiera otro matemático con su combinación única de potencia, profundidad y perspicacia.

17

La primera gran dama Sofia Kovalévskaya

Sofia Vasilyevna Kovalévskaya (de soltera Corvino-Krukóvskaya)
o Sophie/Sonya Kovalevski
Nacimiento: Moscú, Rusia, 15 de enero de 1850
Muerte: Estocolmo, Suecia, 10 de febrero de 1891

Desde su más tierna juventud, la joven Sofa, como cariñosamente la llamaba su familia, sintió un deseo ardiente por comprender todo lo que le llamase la atención. Su interés por las matemáticas se despertó a los once años a causa, curiosamente, del papel de pared de su cuarto. Su padre, Vasili Corvino-Krukovski, era lugarteniente general de artillería en el Ejército imperial ruso, y su madre, Yelizaveta (de soltera Shubert), provenía de una familia de alto *standing* de la nobleza rusa. El papel de la pared viene a cuento porque la familia poseía una casa de campo en Palabino, cerca de San Petersburgo. Al mudarse allí, la familia decoró toda la casa, pero no compraron suficiente papel pintado para el cuarto del bebé, y en su lugar utilizaron páginas de un viejo libro de texto, que resultó ser un curso de Ostrogradski sobre cálculo diferencial e integral. En su autobiografía, *Memorias de juventud*, Sofia recordaba pasar horas y horas mirando las paredes e intentando averiguar el significado de los extraños símbolos que las cubrían. No tardó en memorizar las fórmulas, aunque más tarde recordaría que «cuando las estudiaba no las entendía en absoluto».

Ya estaba acostumbrada a ser autodidacta. Lo habitual en aquella época era no enseñar a leer a los niños de poca edad, pero Sofia se moría de ganas por leer y con seis años ya había aprendido a fuerza de memorizar las formas de las letras de los periódicos y perseguir a algún adulto para que le dijera su significado. Cuando le enseñó su nueva habilidad a su padre, este al principio se mostró incrédulo (pensó que tan solo había memorizado unas cuantas frases), pero enseguida se quedó convencido e inmensamente orgulloso de la iniciativa e inteligencia de su hija.

Cuando el papel de pared de la habitación de Sofia desencadenó un parecido interés, por iniciativa propia, hacia las matemáticas, su familia, con una actitud muy progresista para su época, no hizo nada por quitárselo de la cabeza por más que a muchos, en su círculo social, no les habría parecido que las matemáticas fuesen un tema apropiado para una joven dama. Las circunstancias se confabularon para que pudiera perseguir su pasión. Las matemáticas habían sido una de las asignaturas preferidas de su padre, y Sofia era su hija favorita. El padre de su madre, Fiódor Fiodórovich Shubert, había sido topógrafo militar, y el padre de este, Fiódor Ivánovich Shubert, un destacado astrónomo y miembro de la Academia de las Ciencias. Así pues, la sangre matemática (por usar la imagen de la herencia propia de la época) corría por las venas de Sofia. Además, su familia llevaba tiempo inmersa en la subcultura matemática, lo que seguramente fuese una influencia aún más importante.

Para que comenzase por el principio, el general se aseguró de que los tutores de Sofia la instruyeran en aritmética. Sin embargo, cuando le preguntó a su hija si le gustaba, su primera respuesta fue bastante tibia: aquello no era cálculo infinitesimal. Su modo de verlo cambió en cuanto comprendió que sin los conocimientos básicos nunca llegaría a entender aquellas fascinantes ecuaciones del papel de la pared. No solo llegó a dominar el cálculo, sino que llegó a las fronteras de la investigación matemática y realizó descubrimientos que dejaron pasmados a los principales matemáticos de la época. Investigó sobre ecuaciones en derivadas parciales, mecánica y la difracción de la luz por los cristales. Sus publicaciones matemáticas son solo diez, y una es una traducción al sueco de otra de las nueve restantes, pero su calidad es extraordinaria. Era perspicaz, original y técnicamente experta. El renombrado matemático americano Mark Kac la describió como «la primera gran dama de las matemáticas», y fue posiblemente la mejor científica de su época, eclipsada únicamente por Marie Curie unas pocas décadas más tarde.

Sofia nació en Moscú en 1850. Tenía una hermana mayor, Anna, conocida en la familia como Aniuta, a quien adoraba, y más tarde fue bendecida con un hermano menor, Fiódor. Su tío Piotr Vasílievich Krukovski sentía un vivo interés por las matemáticas, y a menudo hablaba con ella sobre el tema, mucho antes de que ella pudiera entender lo que le explicaba.

En 1853, cuando Sofia tenía tres años, Rusia se vio envuelta en la guerra de Crimea. El conflicto en apariencia tenía que ver con los derechos de las minorías cristianas en Tierra Santa, pero Francia y el Reino Unido estaban decididas a impedir que Rusia se hiciera con más tierras del decadente imperio otomano. En 1856 una alianza entre Francia, el Reino Unido, Cerdeña y los otomanos derrotaba a Rusia tras el sitio de Sebastopol. Esta humillación provocó un enorme descontento entre los rusos. Campesinos y liberales se rebelaron contra un sistema opresivo que, cada vez más, les parecía corrupto e incompetente. El gobierno contraatacó con censura y represión de la mano de la policía secreta del zar. Muchos nobles poseían enormes extensiones de tierras en las que pasaban muy poco tiempo, pues preferían San Petersburgo por su importancia política y sus deleites sociales. Ahora la prudencia dictaba que incluso los de tendencias más liberales debían pasar más tiempo en el campo y atender mejor las reclamaciones de sus trabajadores. Fue así como, en 1858, el general Corvino-Krukovski le comunicó a su esposa que el deber les llamaba a mudarse a sus tierras.

Al principio Sofia y su hermana mayor, Aniuta, fueron dejadas a su aire para explorar la campiña y, a menudo, acabar metidas en algún lío. Pero después de que probasen a comer unas bayas poco recomendables y enfermaran durante varios días, su padre contrató a un tutor polaco, Iósif Malévich, y a una estricta gobernanta inglesa, Margarita Smith, que las niñas detestaban profundamente. Malévich le enseñó a Sofia lo básico de la educación de una joven, incluida la aritmética, pero su tío Piotr la introdujo en algunos de los misterios de las matemáticas más avanzadas, temas como la cuadratura del círculo (la construcción de un área cuadrada igual a la de un círculo dado, algo en realidad imposible con los instrumentos tradicionales, la regla y el compás) y las asíntotas (líneas a las que una curva se aproxima indefinidamente sin llegar nunca a alcanzarlas). Estos conceptos encendían su imaginación y la dejaban deseosa de más.

Con el tiempo, miss Smith dimitió y la paz reinó en la casa de los Corvino-Krukovski. En 1864 Aniuta envió dos cuentos que había escrito a Fiódor y Mijaíl Dostoyevski, que estos publicaron en su revista *Epokha*. Aniuta inició una correspondencia secreta con Fiódor, y después de que el padre objetara y después aceptara, Fiódor Dostoyevski pasó a formar parte del círculo familiar. Sofia se unió a aquel remolino social, donde conoció a otras figuras destacadas. Durante algún tiempo se abandonó a un enamoramiento adolescente hacia Dostoyevski, y cuando Fiódor le propuso matrimonio a Aniuta, Sofia se soliviantó, y más aún cuando su hermana lo rechazó.

Más o menos por aquel tiempo comenzó a interesarse vivamente por los misterios matemáticos que guardaba el papel de su cuarto, y así quedó decidido uno de los hilos de su vida. Un vecino, Nikolái Tyrtov, era profesor de física en la Academia Naval de San Petersburgo, y le trajo una copia de su texto introductorio de física. Como no sabía de trigonometría, tuvo dificultades hasta que dio con una aproximación geométrica más intuitiva; en esencia, el uso clásico de una cuerda de un círculo. Tyrtov, emocionado por aquella demostración de sus habilidades, apremió al general para que le permitiera estudiar matemáticas avanzadas.

*

Por aquel entonces, a las mujeres rusas no se les permitía asistir a la universidad; sin embargo, podían estudiar en el extranjero con un permiso firmado por el padre o el esposo. Así pues, Sofia contrató un «matrimonio ficticio» con Vladímir Kovalevski, un joven estudiante de paleontología. Este ardid, un matrimonio de conveniencia sin que existiera una verdadera relación, era bastante común entre las jóvenes rusas educadas como medio para conseguir un poco de libertad. Para disgusto de Sofia, su padre le sugirió una demora. Con típica determinación, aguardó al momento propicio en que la casa estuvo llena de invitados distinguidos, y entonces se esfumó, dejando solo una nota en la que explicaba que se había ido a las estancias de Vladímir sin acompañamiento y se instalaría allí hasta que le permitiesen casarse. Para evitar un escándalo social, el general presentó a su hija y a su prometido a los invitados. El plan de Sofia era casarse con Vladímir y luego despegarse de él para correr a su aire, pero Vladímir se enamoró perdidamente de su futura esposa y de su círculo social, y no sentía el menor deseo de separarse de ella. Se casaron en 1868, cuando Sofia tenía dieciocho años, y se convirtió así en Sofia Kovalévskaya.

Como muchos jóvenes rusos de su época, las tendencias políticas de Kovalévskaya eran nihilistas. Es decir, rechazaba cualquier convención que careciera de apoyo racional, como el gobierno o las leyes. Vladímir Lenin, citando al escritor radical Dmitri Pisarev, captó esa actitud, una forma extremada de darwinismo social echada a la cara de los ricos y poderosos, que a menudo justificaban sus privilegios casi del mismo modo: «¡Romped, golpeadlo todo, golpead y romped! ¡Todo lo que se rompe es basura y no merece vivir! Lo que sobrevive es lo bueno». Cuando los recién casados llegaron a San Petersburgo, su apartamento no tardó en convertirse en el centro neurálgico de muchos otros nihilistas.

En 1869 salieron de Rusia, al principio para ir a Viena. Los negocios editoriales de Vladímir se habían hundido y huía de sus acreedores; ambos, además, buscaban una atmósfera más intelectual. Vladímir se centró en la geología y la paleontología. Kovalévskaya, para su sorpresa, obtuvo permiso para atender clases de física en la universidad, pero como no encontró matemáticos dispuestos a instruirla, la pareja se mudó a Heidelberg. Al principio, las autoridades de la universidad les dieron largas, como era habitual, tal vez bajo la impresión de que era una viuda, y les desconcertó que estuviera casada, pero finalmente se acordó que era libre de asistir a clases siempre y cuando el profesor no pusiera objeciones. Al poco tiempo pasaba veinte horas semanales atendiendo las clases de matemáticos como Leo Königsberger y Paul DuBois-Reymond, del químico físico Gustav Kirchhoff y del fisiólogo Hermann Helmholtz.

También importunó al misógino químico Wilhelm Bunsen hasta que este permitió que ella y su amiga Iulia Lermontova trabajasen en su laboratorio, donde antes había jurado que ninguna mujer pondría el pie, y menos una rusa. «Ahora "esa mujer" ha hecho que tenga que comerme mis palabras», se quejó a Weierstrass, y como venganza difundió rumores escandalosos. Sus colegas, en cambio, estaban entusiasmados con su talentosa estudiante, y ocasionalmente los periódicos publicaban artículos sobre ella. Kovalévskaya se negó a que la atención se le subiera a la cabeza, y se concentró en sus estudios.

Los Kovalevski viajaron a Inglaterra, Francia, Alemania e Italia. Vladímir se reunió con Charles Darwin y con Aldous Huxley, a quien ya conocía. Gracias a estos contactos, Kovalévskaya logró conocer socialmente a la novelista George Eliot. En su diario del 5 de octubre de 1869 Eliot escribió: «Este domingo vino a verme una interesante pareja rusa, M. y Mme. Kovalevski: ella, una hermosa criatura, con una voz y un hablar cautivadores, estudia matemáticas [...] en Heidelberg; él, amable e inteligente, al parecer estudia ciencias concretas, especialmente geología». El filósofo y darwinista social Herbert Spencer también estaba presente, y groseramente proclamó la inferioridad intelectual de las mujeres. Kovalévskaya discutió con él durante tres horas, y Eliot escribió que había «defendido con rigor y coraje nuestra causa común».

En 1870 Kovalévskaya se mudó a Berlín con la esperanza de estudiar con Weierstrass. Tras oír rumores de que no aprobaba la educación de las mujeres, se vistió con una capota más propia de una mujer de mayor edad, que le ocultaba la cara. Weierstrass se sorprendió cuando le dijo que deseaba estudiar con él, pero su respuesta fue cortés: le dio unos cuantos problemas para que los devolviera resueltos. Cuando regresó, una semana más tarde, los había resuelto todos, a menudo mediante métodos originales. Weierstrass diría más tarde que poseía «el don del genio intuitivo». El senado de la universidad le denegó el permiso para estudiar oficialmente, de modo que Weierstrass le ofreció clases privadas. Iniciaron entonces una correspondencia que mantendrían durante el resto de su vida.

Para entonces, Aniuta vivía en París con Víctor Jaclard, un joven marxista. En 1871 la Guardia Nacional declaró la Comuna de París, un gobierno socialista radical que rigió la ciudad durante un breve período.* Lenin lo calificaría como «el primer intento de la revolución del proletariado por demoler la maquinaria burguesa del Estado». Pero la maquinaria del Estado no tenía la menor intención de ser demolida, y cuando Sofia se enteró de que podrían arrestar a Jaclard por sus actividades políticas, los Kovalevski se dirigieron a París. Mientras el gobierno bombardeaba la Comuna, Sofia y Aniuta cuidaban a los heridos. Los Kovalevski regresaron a Berlín, pero cuando París cayó y Jaclard fue arrestado, volvieron para ayudar a Aniuta y consiguieron llevarla a Londres. Allí, Karl Marx les ofreció más ayuda. El general Corvino-Krukovski y su esposa se acercaron a París con la intención de conseguir la liberación de Jaclard. No lograron su liberación oficial, pero durante las conversaciones se dio a entender que Jaclard iba a ser trasladado a otra prisión. Cuando los prisioneros eran conducidos entre

* Muy breve: del 28 de marzo al 28 de mayo de 1871. (*N. del t.*)

la multitud, una mujer lo cogió del brazo y lo sacó de allí. Algunos creen que era Aniuta (salvo que por aquel entonces estaba en Londres), otros que Kovalévskaya, otros, que la hermana de Jaclard, y aun otros, que se trataba de Vladímir disfrazado. Sea como fuere, Jaclard escapó, Vladímir le dio su pasaporte y huyó a Suiza. A partir de entonces, aunque estuviera inmersa en sus matemáticas, Kovalévskaya se involucraba en movimientos políticos y sociales.

De vuelta a Berlín, se sumergió en sus estudios con entusiasmo. Sus investigaciones iban por buen camino, no así su matrimonio. La pareja se peleaba continuamente, y entre dientes Vladímir ya hablaba de divorcio. Para 1874 Kovalévskaya había escrito tres artículos de investigación, todos ellos de calidad doctoral. El más importante era el primero; Charles Hermite lo calificó como «el primer resultado significativo de la teoría general de las ecuaciones en derivadas parciales». El segundo trataba de la dinámica de los anillos de Saturno, y el tercero era un artículo técnico sobre la simplificación de integrales.

Una ecuación en derivadas parciales relaciona las tasas de cambio de alguna cantidad con respecto a varias variables distintas. Por ejemplo, la ecuación del calor de Fourier relaciona los cambios en la temperatura en el espacio (a lo largo de la varilla) con el modo en que cambia su valor en cada punto con respecto al tiempo. Su truco para resolver la ecuación con la ayuda de series trigonométricas depende de una característica especial: como la ecuación es lineal, las soluciones se pueden sumar para obtener nuevas soluciones. El artículo de Kovalévskaya de 1875 demuestra la existencia de soluciones para ecuaciones en derivadas parciales no lineales, siempre y cuando satisfagan ciertas condiciones técnicas. Ampliaba así los resultados de Cauchy de 1842, por lo que una versión combinada de ambos se conoce hoy como Teorema de Cauchy-Kovalévskaya.

El artículo sobre los anillos de Saturno lo escribió mientras trabajaba con Weierstrass, pero a este el tema no le interesaba y Sofia hizo la investigación en solitario. Estudió la dinámica de anillos de líquido en rotación, que Laplace había propuesto como modelo para los anillos de Saturno. Analizó la estabilidad de los anillos en este modelo, y demostró que no podían ser elipses, como Laplace había creído, sino que tenían que adoptar una forma ovalada, más ancha en un extremo y más estrecha en el opuesto. El artículo es interesante por sus métodos, y lo habría sido todavía más de haber incluido las demostraciones necesarias, pero pronto se supo que los anillos estaban formados por innumerables partículas discretas, y un modelo basado en fluidos resultaba cuestionable. Como escribió Kovalévskaya: «A la luz de las investigaciones de Maxwell, es dudoso que la concepción de Laplace de la estructura de los anillos de Saturno sea aceptable».

Entonces se le presentó el eterno problema de la política académica. Los artículos tenían que presentarse en una universidad para obtener un doctorado, y tenía que ser una de las pocas instituciones dispuestas a conceder este título a una mujer. Weierstrass probó con Gotinga, que en otras ocasiones había concedido doctorados a extranjeros sin obligarlos a la habitual defensa oral, que se hacía en alemán. Kovalévskaya obtuvo un título de doctora en matemáticas *summa cum laude* (con distinción), convirtiéndose así en la primera mujer después de Maria Agnesi, en la Italia del Renacimiento, que conseguía un doctorado en matemáticas, y una de las poquísimas que habían obtenido un doctorado científico.

Kovalévskaya era ya una matemática consumada.

❋

En 1874 los Kovalevski regresaron a Rusia, primero a la casa familiar en Palabino, y desde allí a San Petersburgo en busca de puestos académicos. No lograron ninguna oferta de trabajo. El título alemán de Sofia no contaba para nada: necesitaba un título ruso. Sin embargo, no se le permitía examinarse por ser mujer. Frustrados, los Kovalevski se metieron en negocios para conseguir algo de dinero, una decisión que enseguida se demostró desastrosa. El padre de Kovalévskaya murió en 1875, dejándole una herencia de 30.000 rublos, lo que les habría permitido una vida frugal, si los hubieran invertido con tino. No fue así, sino que pusieron el dinero en un plan inmobiliario. Al principio, parecía que iba a ser un éxito, y los Kovalevski se mudaron a una nueva casa con jardín, huerto y vaca. (Tener vaca propia era *de rigueur* entre los rusos acomodados de clase media.) La pareja tuvo una hija, a la que también llamaron Sofia. Vladímir metió más dinero en un periódico radical, y acabó perdiendo 20.000 rublos cuando echó el cierre. Meses más tarde el plan inmobiliario se vino abajo. Vladímir había usado beneficios futuros especulativos para comprar tierras, pero cuando sus acreedores le exigieron el pago de sus deudas, el imperio inmobiliario resultó ser una fantasía.

En 1878 Kovalévskaya renovó su contacto con Weierstrass y siguió su consejo de estudiar la refracción de la luz por un cristal. En 1879 presentó sus resultados previos sobre integrales abelianas en el Sexto Congreso de Científicos Naturales. En 1881 llegó con su hija a Berlín, donde Weierstrass les había buscado un apartamento. Las finanzas de Vladímir fueron de mal en peor, y las posesiones de la pareja tuvieron que venderse para pagar parte de su deuda. En 1883, aquejado de cambios de ánimo repentinos y ante la perspectiva de ser juzgado por su papel en una estafa financiera, se suicidó bebiendo una botella de cloroformo. Kovalévskaya, sumida en un sentimiento de culpa, dejó de comer durante cinco días, y finalmente se desmayó. Alimentada a la fuerza por su médico, recobró la conciencia y se abocó a su trabajo, completando su teoría de la refracción en un cristal. Regresó a Moscú para poner en orden los asuntos de Vladímir, y presentó sus investigaciones sobre la refracción en el Séptimo Congreso de Científicos Naturales.

La muerte de su esposo eliminó un grave obstáculo entre Kovalévskaya y un puesto académico, puesto que una viuda era más aceptable que una mujer independiente o casada. Anteriormente había conocido al matemático sueco Gösta Mittag-Leffler a través de su hermana Anna Carlotta Edgren-Leffler, revolucionaria, actriz, novelista y dramaturga. Mantuvieron la amistad hasta la muerte de Kovalévskaya. Mittag-Leffler, impresionado por sus investigaciones sobre las integrales abelianas, le consiguió un puesto en la Universidad de Estocolmo, temporal y provisional, pero puesto académico al fin y al cabo. Kovalévskaya se convirtió en la única mujer de toda Europa que ocupaba esa posición. Llegó a Estocolmo a finales de 1883. Sabía que su trabajo sería todo un reto, que tendría que luchar contra los prejuicios, pero un periódico progresista la describió como «una princesa de la ciencia», lo cual era alentador. No obstante, no dejó de señalar que un salario habría sido incluso mejor.

Las ambiciones literarias de Kovalévskaya florecieron, y junto a Edgren-Leffler escribió dos obras de teatro: *La lucha por la felicidad* y *Cómo podría haber sido*. También abordó un problema clásico de la mecánica: la rotación de un cuerpo rígido alrededor de un punto fijo. Aquí hizo un descubrimiento totalmente inesperado, un nuevo tipo de solución que conocemos como Trompo de Kovalévskaya. Un regateo político-académico convirtió su posición no remunerada en un extraordinario puesto de profesora, que podría hacerse indefinido al cabo de cinco años. Ahora ganaba lo suficiente (aunque apenas) para vivir, y comenzó a pagar algunas de las deudas que había dejado su marido. Se convirtió en una suerte de celebridad local, lo que persuadió a la Universidad de Berlín de que debía permitirle asistir a conferencias en cualquier universidad prusiana. Viajó de vuelta a Rusia, luego a Berlín, y de nuevo a Suecia. Pasó a formar parte del comité editorial de la revista *Acta Mathematica*, siendo en esto también la primera mujer que lo conseguía.

La rueda estaba en movimiento. Hermite había convencido a la Academia de París para que el premio Bordin plantease un problema ajustado a los intereses de Sofia, y entre los implicados en el premio no se dudaba de que ella lo ganaría. Así fue. En 1888 ganó el premio por su trabajo sobre la rotación de un cuerpo sólido. A medida que crecía su reputación como destacada investigadora en matemáticas iban cayendo las viejas barreras. En 1889 fue nombrada profesora titular en la Universidad de Estocolmo, un puesto indefinido. Era la primera mujer que ocupaba una posición de este nivel en una universidad del norte de Europa. Tras mucha presión a favor de ella, se le concedió una cátedra en la Academia de Ciencias Rusa. Primero el comité tuvo que votar para cambiar las normas que impedían la admisión de una mujer, y tres días más tarde admitieron a Sofia.

Kovalévskaya escribió varias obras no matemáticas, entre ellas sus *Memorias de juventud*, sus obras con Anna Carlotta, y una novela parcialmente autobiográfica, *La nihilista* (1890). Murió de gripe en 1891.

❋

El inesperado descubrimiento de Kovalévskaya de una nueva solución al problema de la rotación de un cuerpo sólido fue una importante aportación a la mecánica, que se ocupa del movimiento de cuerpos y partículas bajo la acción de fuerzas. Son ejemplos típicos el balanceo de un péndulo, la rotación de un trompo y el movimiento orbital de un planeta alrededor del Sol. Como ya vimos en el capítulo 7, la mecánica alzó el vuelo de verdad en 1687, cuando Newton publicó sus Leyes del Movimiento. La segunda ley es especialmente importante porque nos dice cómo se mueve un cuerpo bajo la influencia de fuerzas conocidas: la fuerza es igual a la masa por la aceleración. Esta ley especifica la posición de un cuerpo en función de la «tasa de cambio de la tasa de cambio» de la posición, lo que la convierte en una ecuación diferencial de «segundo orden».

Si hay suerte, se puede resolver la ecuación y obtener la fórmula que da la posición del cuerpo en un momento dado. En este caso, la ecuación es integrable. Buena parte de las primeras investigaciones de la mecánica se centraron en encontrar sistemas modelados por medio de ecuaciones integrables. Pero incluso para sistemas simples, puede ser difícil. Un péndulo es uno de los sistemas mecánicos más simples que hay, y resulta ser integrable; no obstante, una fórmula exacta requiere el uso de funciones elípticas.

Al principio, los casos integrables se descubrían mediante un proceso inteligente de ensayo y error, pero a medida que los matemáticos fueron acumulando experiencia, comenzaron a esbozar algunos principios generales. El más importante de estos es el comprendido por las llamadas Leyes de la Conservación, porque especifican cantidades que se conservan (no cambian) durante el movimiento. El caso más familiar es el de la energía. En ausencia de fricción, la energía total de un sistema mecánico siempre se mantiene igual. Otras magnitudes que se conservan son el momento lineal y el momento angular. Si hay suficientes magnitudes conservadas, se pueden usar para deducir la solución, y el sistema es integrable. Por razones históricas, los casos integrables para el movimiento de un cuerpo rígido se conocen como «trompos».

Antes de Kovalévskaya se conocían dos trompos integrables. Uno es el Trompo de Euler, un cuerpo rígido no sujeto a fuerzas externas de torsión. El otro es el Trompo de Lagrange, que rota alrededor de su eje sobre una superficie horizontal plana mientras la gravedad actúa verticalmente. Lagrange descubrió que este sistema es integrable si el trompo tiene simetría rotacional. La clave, en ambos casos, es considerar los momentos de inercia de los trompos, que nos dicen cuánta fuerza de torsión se necesita para acelerar su movimiento angular alrededor de un eje dado en una cantidad determinada. Todo cuerpo rígido posee tres momentos de inercia especiales, llamados principales. Todo matemático versado en mecánica conocía los trompos de Euler y Lagrange. También sabían (o creían saber) que estos eran los únicos casos integrables. Así que el descubrimiento de Kovalévskaya de un tercer tipo fue, como mínimo, toda una sorpresa. Además, no requiere simetría, a la que los matemáticos comenzaban a acostumbrarse y veían que les ayudaba a resolver ecuaciones, sino que su nueva solución sacaba partido de misteriosas propiedades de un trompo con un momento principal de inercia que era la mitad de los otros dos. Hoy sabemos que no quedan más casos integrables por descubrir.

Los sistemas que no son integrables se pueden estudiar por otros medios, como las aproximaciones numéricas. A menudo, presentan caos determinista, un comportamiento irregular que es, sin embargo, el resultado de leyes no aleatorias. Pero incluso en la actualidad, físicos, ingenieros y matemáticos se interesan vivamente por los sistemas integrables, pues son más fáciles de entender, proporcionan raras islas de regularidad en un océano de caos, y su excepcional naturaleza los hace especiales, y por ello merecedores de un estudio más profundo. El Trompo de Kovalévskaya se ha convertido en un clásico de la física matemática.

18

Un torrente de ideas
Henri Poincaré

Jules Henri Poincaré
Nacimiento: Lorraine, Francia, 29 de abril de 1854
Muerte: París, Francia, 17 de julio de 1912

Arquímedes tuvo ideas en la bañera; Henri Poincaré, subiendo a un autobús.

Poincaré fue uno de los matemáticos más inventivos y originales de su tiempo. También escribió varios libros de divulgación exitosos basados en conferencias pronunciadas en la Société de Psychologie de París. Se interesó por el razonamiento matemático, poniendo especial énfasis en el plano subconsciente de la mente. En *Ciencia y método* relata un ejemplo de su propia experiencia:

> Durante quince días me esforcé por demostrar que no podía existir ninguna función análoga a las que después denominaría funciones fuchsianas. Era entonces muy ignorante; cada día me sentaba a la mesa de trabajo durante una o dos horas e intentaba un gran número de combinaciones sin llegar a ningún

> resultado. Una noche, en contra de mi costumbre, me tomé un café y no podía dormir. Me asaltó un torrente de ideas. Yo notaba cómo chocaban unas con otras hasta que, por así decirlo, un par de ellas se engancharon y formaron una combinación estable. Por la mañana, había establecido la existencia de una clase de funciones fuchsianas, aquellas que se derivan de la serie hipergeométrica; solo tenía que redactar los resultados, lo que me llevó unas pocas horas.

Luego relata con más detalle sus propias experiencias, señalando primero que, parafraseando, no hace falta conocer lo que significan los términos técnicos de la historia, sino que basta con considerarlos como marcadores de cualquier cuestión matemática avanzada.

> Deseaba entonces representar estas funciones como el cociente de dos series, una idea del todo consciente y deliberada a la que me había guiado la analogía con las funciones elípticas. Me pregunté qué propiedades deberían poseer esas series si existiesen, y logré sin dificultad formar las series que he denominado zeta-fuchsianas. Justo por aquel entonces salí de Caen, donde vivía, para participar en una excursión geológica organizada por la Escuela de Minas. Las peripecias del viaje hicieron que me olvidase de mis trabajos matemáticos; al llegar a Coutances, nos subimos a un ómnibus para ir quién sabe dónde. En el momento en que puse el pie en el escalón me asaltó la idea, sin que nada en mis anteriores pensamientos me hubiese preparado para ella, de que las transformaciones que había utilizado para definir las funciones fuchsianas eran idénticas a las de la geometría no euclidiana. No verifiqué entonces la idea; no tuve tiempo, pues nada más tomar mi asiento en el ómnibus, retomé la conversación que ya había comenzado, pero sentía una absoluta seguridad. A mi regreso a Caen, verifiqué el resultado con tranquilidad para apaciguar mi conciencia.

La historia continúa con dos momentos más de iluminación repentina.

Tras reflexionar sobre este y otros descubrimientos, Poincaré distinguió tres fases en el descubrimiento científico: preparación, incubación e iluminación. En otras palabras: hay que hacer el suficiente trabajo consciente como para sumergirse a fondo en el problema, esperar mientras el subconsciente sigue dándole vueltas, hasta que por fin se enciende en la cabeza una pequeña luz, el celebrado momento dc «¡ajá!».

Sigue siendo una de las perspectivas más penetrantes que tenemos sobre cómo funciona la mente de un gran matemático.

Henri Poincaré nació en Nancy, Francia. Su padre, Léon, era profesor de medicina en la Universidad de Nancy, y su madre era Eugénie (de soltera Launois). Su primo Raymond Poincaré llegó a ser primer ministro, y fue presidente de la República Francesa durante la primera guerra mundial. Henri sufrió difteria siendo aún bastante joven, y su madre le dio clases en casa hasta que se recuperó. Estudió en el Lycée de Nancy, donde estuvo once años. Sacó las mejores notas en todas las asignaturas, y sobresalió especialmente en matemáticas. Su profesor le llamaba «monstruo de las matemáticas» y ganó premios nacionales. Gozaba de una excelente memoria y podía visualizar formas complicadas en tres dimensiones, lo que le ayudaba a compensar una visión tan pobre que apenas le dejaba ver la pizarra, y menos aún lo que estaba escrito en ella.

En 1870 la guerra franco-prusiana estaba en pleno apogeo, y Poincaré sirvió con su padre en el cuerpo de ambulancias. La guerra acabó en 1871, y en 1873 asistió a la École Polytechnique en París, donde se graduó en 1875. Entonces se cambió a la École de Mines, donde estudió ingeniería de minas y más matemáticas. Obtuvo el título de ingeniero de minas en 1879. Fue un año de mucho ajetreo. Se convirtió en inspector de minas del Corps de Mines de la región de Vesoul, y llevó a cabo una investigación oficial sobre un accidente ocurrido en Magny en el que murieron dieciocho mineros. También comenzó su doctorado bajo la dirección de Hermite, trabajando sobre ecuaciones de diferencias, análogos de ecuaciones diferenciales en las que el tiempo transcurre en pasos discretos en lugar de hacerlo de forma continua. Comprendió el potencial que tenían esas ecuaciones como modelos del movimiento de muchos cuerpos bajo la gravedad, como el sistema solar, adelantándose a futuros progresos en esta línea que crecieron en importancia cuando las computadoras se hicieron lo bastante potentes como para realizar el ingente número de cálculos que se requerían.

Tras obtener su doctorado, consiguió un trabajo como profesor asociado en matemáticas en la Universidad de Caen y conoció a su futura esposa, Louise Poulin d'Andesi. Se casaron en 1881 y tuvieron cuatro hijos, tres niñas y un niño. En 1881 Poincaré ya había conseguido un puesto mucho más prestigioso en la Universidad de París, donde fue madurando hasta convertirse en uno de los matemáticos más destacados de su época. Era muy intuitivo, y sus mejores ideas a menudo le llegaban mientras pensaba en alguna otra cosa, tal como ejemplifica su relato sobre el ómnibus. Escribió varios libros de divulgación científica que se convirtieron en éxitos:

Ciencia e hipótesis (1902), *El valor de la ciencia* (1905) y *Ciencia y método* (1908). Investigó sobre la mayor parte de las áreas de la matemática de su época, entre ellas la teoría de las funciones complejas, las ecuaciones diferenciales, la geometría no euclidiana y la topología (que prácticamente fundó); así como en aplicaciones de las matemáticas a campos tan diversos como la electricidad, la elasticidad, la óptica, la termodinámica, la relatividad, la teoría cuántica, la mecánica celeste y la cosmología.

❋

La topología, como se recordará, es la «geometría de la lámina de goma». La geometría de Euclides se construye en torno a propiedades que se conservan frente a movimientos rígidos, como las longitudes, los ángulos y las áreas. La topología arrumba con todo eso, buscando propiedades que se conserven frente a transformaciones continuas, que pueden doblar, estirar, comprimir y retorcer. Entre ellas están la conectividad (¿una pieza o dos?), los nudos y el número de agujeros. El tema puede parecer nebuloso, pero la continuidad es fundamental, tal vez incluso más que la simetría. En el siglo XX la topología se convirtió en uno de los tres pilares de la matemática pura, junto al álgebra y el análisis.

Que lo hiciese se debe en muy buena medida a Poincaré, que fue más allá de las láminas de goma, hasta los espacios de goma, por así decirlo. La metáfora de una lámina es un concepto bidimensional. Si ignoramos el espacio envolvente (según el punto de vista de Gauss), basta con dos números para especificar un punto sobre una lámina, o, más formalmente, una superficie. Los topólogos clásicos, entre ellos el estudiante de Gauss Johann Listing, lograron entender la topología de las superficies bastante a fondo. En particular, las clasificaron, es decir, elaboraron un catálogo de todas las formas posibles. Para ello, sacaron partido de un ingenioso método para construir una superficie a partir de un polígono plano (y su interior).

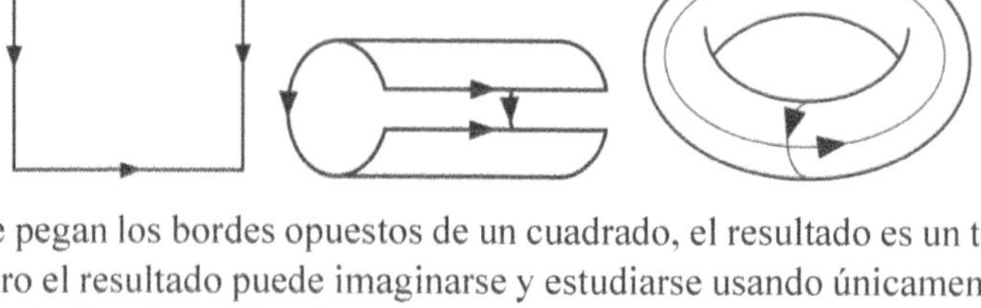

Si se pegan los bordes opuestos de un cuadrado, el resultado es un toro. Pero el resultado puede imaginarse y estudiarse usando únicamente el cuadrado y las reglas de pegado, sin necesidad de doblar el cuadrado.

Un ejemplo simple e importante de una superficie es el toro. Cuando se inserta o embebe en un espacio tridimensional, adopta la forma de una rosquilla, con un agujero en el centro. Un toro matemático se define como la superficie de la rosquilla, sin la masa, solo el límite entre la masa y el aire que la rodea. Conceptualmente, esta forma puede definirse sin necesidad de apelar ni a la masa ni al aire circundante. Comenzamos por un cuadrado y añadimos reglas que digan que los puntos correspondientes de los lados opuestos son idénticos. Si dobláramos el cuadrado y pegáramos los bordes opuestos, obtendríamos la forma del toro, pero podemos estudiarlo sobre una superficie plana, siempre y cuando recordemos las reglas. Muchos juegos de ordenador «doblan» la pantalla rectangular al implementar gráficamente las reglas de pegado, con el resultado de que, por ejemplo, un alienígena que desaparece por la izquierda reaparece por la derecha. A nadie con dos dedos de frente se le ocurriría doblar «físicamente» la pantalla para conseguir este efecto. Este objeto recibe como nombre todo un oxímoron, «toro plano»; plano porque su geometría local es la misma que la de un cuadrado plano, y toro porque su topología global es justamente la de un toro.

Listing y otros demostraron que conceptualmente se puede obtener cualquier superficie cerrada de extensión finita pegando los bordes del polígono adecuado. Por lo general, tendrá más de cuatro lados y las reglas de pegado serán complicadas. A partir de aquí se puede demostrar que cualquier superficie orientable (es decir, con dos lados distintos, a diferencia de la famosa banda de Möbius) es un k-toro. En otras palabras, es una superficie como un toro pero con k agujeros, para $k = 0, 1, 2, 3, \ldots$ Si $k = 0$ obtenemos una esfera, si $k = 1$, el toro usual, y si $k \geq 2$, algo más complicado. Existe una clasificación análoga para las superficies no orientables, pero no entraremos en eso.

El 2-toro y el 3-toro.

Poincaré quería generalizar la topología a espacios de dimensión mayor que dos, y el primer paso evidente era pasar a tres dimensiones. Para ello es esencial la visión intrínseca de la geometría de Gauss, pues tiene poco sentido intentar embeber un espacio topológico complicado en el espacio euclidiano común de tres dimensiones. Es como intentar encajar un toro en el plano sin el truco de identificar los bordes. No encajará.

Para ver que los espacios topológicos tridimensionales interesantes (las variedades tridimensionales, o 3-variedades) son posibles, generalizamos el truco utilizado por Listing. Por ejemplo, el toro plano tridimensional se obtiene tomando un cubo sólido (para obtener algo tridimensional necesitamos el interior, no solo los seis lados de los cuadrados de las caras) y conceptualmente pegamos las caras opuestas. Ahora un alienígena sólido se desvanecería por una de las caras para reaparecer por la opuesta, como si esas dos caras fuesen lados opuestos de una puerta al estilo de *Stargate* y el alienígena acabara de cruzarla.

En general, podemos tomar un poliedro y pegar sus caras siguiendo una lista de reglas. Esta receta lleva a montones de 3-variedades topológicamente distintas, pero ya no nos da todas. (Algo que no es obvio, pero es cierto.) De hecho, clasificar los tipos topológicos de variedades con tres o más dimensiones es esencialmente imposible: hay demasiadas formas topológicamente distintas. Sin embargo, con un poco de esfuerzo se pueden extraer algunos patrones generales. En este sentido, hay una cuestión fundamental que se remonta a Poincaré. Se conoce como Conjetura de Poincaré, aunque, como pronto veremos, sería mejor llamarla «error de Poincaré»; pero seamos caritativos. En 1904 Poincaré descubrió que algo que tácitamente suponía cierto en realidad no lo era, y se preguntó si sería posible arreglarlo partiendo de hipótesis más fuertes. No lo logró, señalando que «esta cuestión nos llevaría demasiado lejos», y la dejó como enigma para generaciones futuras.

Para entender la conjetura, comencemos por una cuestión análoga en el contexto más simple de las superficies. ¿Cómo podemos distinguir la esfera del resto de los k-toros? Poincaré se dio cuenta de que hay una característica topológica simple que resuelve el problema. Si dibujamos un lazo (una curva cuyos extremos se encuentran) sobre una esfera, puede deformarse de forma continua, permaneciendo siempre sobre la esfera, hasta quedar comprimido en un solo punto. Sin agujeros que se metan en medio, se puede ir encogiendo el lazo hasta que queda reducido a ese solo punto. Sin embargo, sobre un k-toro con uno o más agujeros ($k > 0$), un lazo que atraviese un agujero no puede encogerse de ese modo, sino que quedará enhebrado en el orificio.

El argot matemático para «que todo lazo se deforme hasta un punto» es una «esfera homotópica», y acabamos de esbozar una demostración de que, para superficies, toda esfera homotópica es topológicamente igual que una esfera genuina. Esto caracteriza una esfera por medio de una simple característica topológica. Una hipotética hormiga que viviera sobre una superficie podría en principio averiguar si se encuentra sobre una esfera arrastrando hilos alrededor de ella e intentando apilarlos en un solo punto. Poincaré supuso que algo parecido caracterizaría a la 3-esfera, que es una 3-variedad análoga a una superficie esférica. No es simplemente una bola sólida. Una bola tiene un borde, pero la 3-esfera no. Se puede concebir como una bola sólida cuya superficie queda estrujada en un solo punto, del mismo modo que un disco se convierte en una esfera, topológicamente, cuando se juntan todos los puntos de su borde en un solo punto. Pensemos si no en una bolsa con una cuerda alrededor de su abertura superior. Cuando tiramos de la cuerda, el borde se encoge, y la bolsa adopta la misma topología de una esfera.

Ahora basta con hacer lo mismo cuando tenemos una dimensión más con la que jugar.

La conjetura surgió cuando Poincaré pensaba sobre otra propiedad topológica, la homología. Esta es menos intuitiva que la deformación de unos lazos, pero se encuentra estrechamente relacionada con ella. En cierto sentido, los lazos enhebrados a través de distintos agujeros de un *k*-toro constituyen maneras independientes de cómo ser no deformable hasta un punto. La homología capta esta idea sin hacer referencia a agujeros, que son una interpretación del resultado en unos términos que apelan a nuestro sentido visual. La idea de agujero es un poco equívoca porque el agujero no forma parte de la superficie: es un lugar donde la superficie está ausente. En dos dimensiones, gracias al teorema de clasificación, una esfera se puede caracterizar por sus propiedades de homología (no tiene agujero).

En uno de sus primeros trabajos, Poincaré supuso que podía afirmarse lo mismo para tres dimensiones. Parecía tan obvio que no se molestó en demostrarlo. Sin embargo, más tarde descubrió un espacio que tiene la misma homología que la 3-esfera, pero es topológicamente distinto de esta. Para construirlo, hay que pegar las caras opuestas de un dodecaedro sólido, más o menos del mismo modo en que se construye un toro plano tridimensional a partir de un cubo sólido. Para demostrar que este «espacio dodecaédrico» no es topológicamente equivalente a una 3-esfera, Poincaré inventó la homotopía, que tiene que ver con lo que le ocurre a un lazo cuando se deforma. A diferencia de la 3-esfera, su espacio dodecaédrico contiene lazos que no se pueden deformar de forma continua hasta un punto. Entonces se preguntó si esta propiedad adicional servía para caracterizar la 3-esfera. Era una pregunta más que una «conjetura», puesto que no expresó una opinión explícita. Sin embargo, está claro que esperaba que la respuesta fuese que sí, así que calificarla de conjetura no es injusto.

La Conjetura de Poincaré resultó ser difícil. Muy difícil. Para un topólogo, hecho a la terminología y la forma de razonar, la pregunta es sencilla y natural. Debería tener una respuesta natural con una demostración simple. Pero no es así. Sin embargo, las ideas que llevaron a Poincaré hasta ella provocaron un estallido de investigaciones sobre espacios topológicos y propiedades como homología y homotopía que, con suerte, pueden distinguirlos. La Conjetura de Poincaré fue finalmente demostrada en 2002 por Grigori Perelmán, ayudado por nuevos métodos inspirados en parte en la Relatividad General.

❋

Para Poincaré, la topología no era un simple juego intelectual, sino que la aplicó a la física. El método tradicional para analizar un sistema dinámico consiste en escribir su ecuación diferencial y luego resolverla. Por desgracia, este método raramente da una respuesta exacta, así que durante siglos los matemáticos han utilizado métodos aproximados. Hasta el advenimiento de las computadoras, las aproximaciones tomaban la forma de series infinitas, de las que solo se utilizaban algunos de los primeros términos; las computadoras también hicieron factibles las aproximaciones numéricas. En 1881, en «Memoria sobre las curvas definidas por una ecuación diferencial», Poincaré desarrolló una forma completamente nueva de pensar en las ecuaciones diferenciales. Este artículo fundó la teoría cualitativa de las ecuaciones diferenciales, que busca deducir propiedades de las soluciones de una ecuación diferencial sin necesidad de escribir fórmulas o series de ella, o de calcularlas numéricamente, sino que aprovecha las características topológicas generales del retrato de fase, es decir, las colecciones de todas las soluciones, vistas como un objeto geométrico unificado.

Una solución a una ecuación diferencial describe cómo cambian las variables con el paso del tiempo. Una solución puede visualizarse mediante un gráfico en el que estas variables son los ejes. A medida que pasa el tiempo, las coordenadas cambian, de modo que el punto que representan se mueve siguiendo una curva, que es la trayectoria de la solución. Las combinaciones posibles de variables determinan un espacio multidimensional, con una dimensión por variable, llamado «espacio de fases» o «espacio de estados». Si existen soluciones para todas las condiciones iniciales, como suele ser habitual, todo punto del espacio de fases corresponde a alguna trayectoria. Así pues, el espacio de fases se descompone en una familia de curvas, el retrato de fase. Las curvas encajan como una melena larga y bien peinada, salvo cerca de un estado estacionario de la ecuación, donde la solución se mantiene constante en el tiempo y el pelo se reduce a un punto. Los estados estacionarios son fáciles de encontrar, y proporcionan los puntos de partida de un «esqueleto» del retrato de fase: un diagrama de sus principales características distintivas.

Tal como lo hemos descrito hasta aquí, para dibujar el retrato de fase necesitamos conocer las soluciones, o alguna aproximación numérica a las mismas. Poincaré descubrió que algunas propiedades de las soluciones pueden detectarse topológicamente. Por ejemplo, si el sistema tiene una solución periódica (una solución que repite la misma secuencia de estados una y otra vez) la trayectoria será un lazo, y la solución no para de dar vueltas y vueltas como un hámster en su rueda. Topológicamente, todo lazo puede simplificarse a un círculo, de modo que el problema se simplifica a las propiedades topológicas de los círculos. A veces puede detectarse la presencia de un lazo atendiendo a la sección de Poincaré, una superficie que corta un haz de trayectorias. Dado un punto cualquiera en esta sección, seguimos su trayectoria hasta que toca de nuevo la sección (si es que lo hace). Eso determina una aplicación de la superficie en sí misma, la aplicación (o mapa) de Poincaré o de «primer retorno». Si la sección atraviesa una trayectoria periódica, el punto correspondiente retornará al mismo lugar. En otras palabras, será un punto fijo en la aplicación de Poincaré.

En particular, supongamos que la sección es un disco, una bola o algún análogo en un número mayor de dimensiones, y que podemos demostrar que la imagen de la sección bajo la aplicación de Poincaré se encuentra en el interior de la propia sección. Entonces podemos invocar un resultado general de la topología conocido como «teorema del punto fijo de Brouwer» y concluir que debe existir un punto fijo; es decir, que la ecuación diferencial posee una solución periódica que atraviesa esa sección. Poincaré introdujo varias técnicas de este estilo, y enunció una conjetura general sobre el comportamiento a largo plazo de las trayectorias para las ecuaciones diferenciales con dos variables. Esta dice que la trayectoria puede converger en un punto, un lazo cerrado o un ciclo heteroclínico, es decir, un lazo formado por trayectorias que vinculan un número finito de puntos fijos. Ivar Bendixson demostró esta conjetura en 1901, y el resultado se conoce como Teorema de Poincaré-Bendixson.

❋

Poincaré se dio cuenta de que los métodos topológicos nos ofrecen una visión profunda de las soluciones a las ecuaciones diferenciales incluso cuando no disponemos de una fórmula que nos permita calcular esas soluciones, y esta es la aproximación a la dinámica no lineal que hoy en día se aplica a campos tan diversos como la propia ciencia. Además, lo llevó a otro descubrimiento épico: el caos, que hoy constituye uno de los grandes triunfos de la dinámica topológica. El contexto en el que surgió la idea fue el movimiento de varios cuerpos sometidos a la gravedad newtoniana, el problema de los *n*-cuerpos.

Johannes Kepler dedujo a partir de observaciones de Marte que la órbita de un solo planeta alrededor del Sol describe una elipse. Newton explicó este hecho geométrico sobre la base de su Ley de la Gravitación: dos cuerpos «cualesquiera» del universo se atraen mutuamente con una fuerza proporcional a sus masas e inversamente proporcional al cuadrado de la distancia que los separa. En principio, la Ley de Newton predice el movimiento de cualquier número de cuerpos mutuamente afectados por la gravitación, como es el caso de los planetas del Sistema Solar. Por desgracia, la Ley de la Gravedad no prescribe el movimiento de forma directa, sino que proporciona una ecuación diferencial cuya «solución» da las posiciones de los cuerpos en un instante de tiempo. Newton halló que esta ecuación puede resolverse para el caso de dos cuerpos, y que la solución es precisamente la elipse de Kepler. Sin embargo, para tres o más cuerpos no parecía haber ninguna solución de este tipo, de manera que los matemáticos que se dedicaban a la mecánica celeste hubieron de recurrir a aproximaciones y trucos especiales.

El año 1889 fue testigo del sexagésimo aniversario de Óscar II, rey de Suecia y Noruega, que por aquel entonces formaban un solo reino. Para celebrarlo, el rey ofreció un premio a la solución al problema de los *n*-cuerpos, un tema propuesto por Mittag-Leffler. La respuesta no debía darse como una simple fórmula, que casi con seguridad no existía, sino como una serie infinita convergente. El problema podía resolverse entonces hasta el grado de precisión deseado calculando un número suficiente de términos de la serie.

Poincaré decidió probar suerte, y ganó el premio, aunque su memoria no resolvió el problema completo. Solo abordó el problema de los tres cuerpos, y supuso que dos de ellos tenían la misma masa y orbitaban el uno al otro en puntos diametralmente opuestos de un círculo, mientras que el tercero era tan ligero que no afectaba a los dos cuerpos de mayor masa. Sus resultados ponían de manifiesto que, en determinadas circunstancias, no existía solución del tipo que se pedía. El sistema puede comportarse a veces de una forma muy irregular, de manera que su geometría parece un poco como si alguien, accidentalmente, hubiera dejado caer al suelo una bola de cuerda poco apretada. Describió así su principal descubrimiento geométrico sobre cómo se cruzan dos curvas importantes para definir la dinámica:

> Cuando se intenta trazar la figura que forman estas dos curvas y su infinidad de intersecciones, cada una de las cuales corresponde a una solución doblemente asintótica, estas intersecciones forman una suerte de urdimbre, red o malla infinitamente apretada [...] Sorprende la complejidad de esta figura, que no pretenderé siquiera dibujar.

Hoy sabemos que Poincaré había descubierto el primer ejemplo importante del caos dinámico, es decir, la existencia de soluciones a ecuaciones deterministas que son tan irregulares que en algunos aspectos parecen aleatorias. Sin embargo, este resultado, aunque interesante, parecía ser un callejón sin salida.

Hasta aquí he escrito solo lo que constituía la historia oficial. Sin embargo, en la década de 1990 la historiadora de la matemática June Barrow-Green visitó el Instituto Mittag-Leffler en Suecia y durante su estancia dio con una copia impresa de una versión distinta de la memoria de Poincaré, y esta no mencionaba la posibilidad de órbitas muy irregulares. Al parecer, esta es la versión que Poincaré envió al premio, pero después de que este se fallase, se dio cuenta de un error. Se destruyó entonces casi toda la tirada y a toda prisa se imprimió una versión corregida cuyo coste corrió a cargo de Poincaré. Una copia de la original, sin embargo, sobrevivió en los archivos del instituto.[10]

❋

Poincaré quizá tuviera la apariencia del típico académico poco o nada práctico; sin embargo, siempre mantuvo su relación con la minería, y de 1881 a 1885 dirigió el desarrollo del ferrocarril del norte como ingeniero del Ministerio de Servicios Públicos. En 1893 fue nombrado ingeniero jefe del Corps de Mines, y en 1910 fue ascendido a inspector general. En la Universidad de París ocupó varias cátedras sobre temas diversos: mecánica, física matemática, probabilidad y astronomía. Su ingreso en la Academia de las Ciencias se produjo cuando tenía tan solo treinta y dos años, en 1887, el mismo año en que ganó el premio del rey Óscar, y llegó a presidirla en 1906. En 1893 trabajó para el Bureau des Longitude con el objetivo de establecer un sistema unificado del tiempo para todo el mundo, lo que lo llevó a sugerir que el planeta se dividiera en zonas horarias.

Estuvo muy cerca de adelantarse a Einstein con la Relatividad Especial al demostrar en 1905 que las ecuaciones de Maxwell para el electromagnetismo son invariantes bajo lo que hoy conocemos como «Grupo de Transformaciones de Lorentz», lo que implica que la velocidad de la luz debe ser constante en un marco en movimiento. Quizá lo más importante que él no llegó a ver, pero sí Einstein, sea que la física realmente es así. También propuso la idea de una onda gravitatoria que se propagaría a la velocidad de la luz en el espacio-tiempo plano de la Relatividad Especial. El experimento LIGO detectó esas ondas en 2016, pero para entonces el contexto había cambiado hacia los espacios-tiempos curvos de la Relatividad General.

Poincaré murió en 1912 a causa de una embolia después de una operación de cáncer, y fue enterrado en el panteón de su familia en el cementerio de Montparnasse. Su reputación matemática no dejó de crecer a medida que otros desarrollaban las ideas que él había propuesto. Hoy es considerado uno de los grandes pensadores originales de esta disciplina, y uno de los últimos que transitó por todo el paisaje matemático de su época. Su legado matemático sigue vivito y coleando.

19

Debemos saber, y sabremos
David Hilbert

David Hilbert
Nacimiento: cerca de Königsberg, Prusia (hoy Kaliningrado, Rusia), 23 de enero de 1862
Muerte: Gotinga, Alemania, 14 de febrero de 1943

Todo catedrático alemán estaba obligado a retirarse a los sesenta y cinco años de edad. Cuando David Hilbert superó esta edad, en 1930, muchos eventos públicos marcaron el final oficial de una sobresaliente carrera académica. Pronunció una conferencia sobre su primer gran resultado, la existencia de una base finita para los invariantes, y los automovilistas se sorprendieron circulando por la recién bautizada Hilbertstrasse. Cuando su mujer comentó «¡Qué buena idea!», Hilbert replicó: «La idea, no, pero la ejecución sí que es buena».

Lo que más le satisfizo fue que lo nombrasen ciudadano honorario de Königsberg, la ciudad cerca de la cual había nacido. El honor había de conferirse en una reunión de la Sociedad de Científicos Alemanes, y Hilbert tenía que pronunciar una conferencia de aceptación. Decidió que su contenido debía ser ampliamente accesible, y como Immanuel Kant había nacido en Königsberg, un discurso con algún aspecto filosófico le pareció apropiado para la ocasión. También tenía que resumir la obra de toda su vida. Se decidió por «El conocimiento natural y la lógica». Hilbert ya tenía experiencia en este tipo de actividades, pues a menudo pronunciaba conferencias en unas sesiones que se celebraban los sábados por la mañana dirigidas a todos los miembros de la universidad. La relatividad, el infinito, los principios de las matemáticas... hizo cuanto pudo por hacerlos accesibles a cualquiera que estuviera interesado. Ahora centraba todos sus esfuerzos en una conferencia que las superaría a todas.

«La comprensión de la naturaleza y la vida es nuestra más noble tarea», comenzó, y pasó entonces a comparar y contrastar dos maneras de entender el mundo: el pensamiento y la observación. Ambas están enlazadas por las leyes de la naturaleza, que se deducen de las observaciones y se desarrollan mediante la lógica pura. Era una concepción que habría complacido a Kant, lo cual resultaba irónico, porque este filósofo no era precisamente santo de su devoción. No era esta la ocasión de decirlo, y sobre aquella cuestión en particular no estaban en desacuerdo, pero Hilbert no pudo resistirse a una pulla al sugerir que Kant había sobrestimado la importancia del conocimiento *a priori*, el que no se obtiene a partir de la experiencia. La geometría era un buen ejemplo: no había razón para suponer que el espacio fuese necesariamente euclidiano, como Kant había defendido. Sin embargo, si se quita toda la escoria antropocéntrica, quedan algunos verdaderos conceptos *a priori*, que son las generalidades de las matemáticas. «Toda nuestra cultura actual, en la medida que se implica en la comprensión intelectual y la conquista de la naturaleza, ¡se sostiene con las matemáticas!», proclamó. Y finalizó defendiendo la matemática pura, a menudo criticada por falta de relevancia práctica: «La teoría pura de los números es esa parte de las matemáticas para la cual *hasta el momento* [la cursiva es mía] no se ha encontrado ninguna aplicación [...] ¡La gloria del espíritu humano es el único objetivo de toda ciencia!».

Tanto éxito tuvo la conferencia que Hilbert se dejó convencer para repetirla para la estación local de radio, y la grabación ha sobrevivido hasta nuestros días. En su charla hace hincapié en que problemas que en otro tiempo habían parecido imposibles (como el de conocer la composición química de las estrellas) habían cedido ante nuevas maneras de razonar. «No hay problemas irresolubles», decía. Sus palabras finales fueron: «Debemos saber, y sabremos.» Y entonces, justo cuando el técnico cierra la grabación, se le oye reír.

Por aquel entonces, Hilbert andaba metido de lleno en un ingente programa para asentar los fundamentos lógicos de las matemáticas, y sus palabras eran una afirmación de su convencimiento de que ese programa llegaría a buen término. Ya había hecho grandes progresos. Aún tenía que acabar de meter en cintura algunos casos obstinados, pero una vez conseguido, Hilbert no tendría solamente un fundamento lógico para toda la matemática, sino que podría demostrar que sus axiomas eran lógicamente coherentes.

No llegó adonde pensaba.

❋

Hilbert venía de una familia de abogados. Su abuelo había sido juez y consejero privado; su padre, Otto, juez de condado. Su madre, María (de soltera Erdtmann), era hija de un comerciante de Königsberg. Sus pasiones eran la filosofía, la astronomía y los números primos, y parece que algo de su entusiasmo se le pegó a su hijo. Cuando David contaba seis años, le llegó una hermana, Elsie. Su madre le enseñó en casa hasta que ingresó en la escuela a la tardía edad de ocho años. La escuela se especializaba en clásicos, y ofrecía poca matemática y nada de ciencia. Aprender las cosas de memoria estaba a la orden del día, y a Hilbert no se le daba bien nada que implicase memorizar listas de datos sin estructura. Dijo de sí mismo que entonces era «torpe y bobo». Pero una de las materias era una gloriosa excepción. Su informe escolar dice así: «En las matemáticas ha mostrado siempre un vivo interés y una gran perspicacia: ha llegado a dominar todo lo enseñado en la escuela de forma muy satisfactoria y de aplicarlo con seguridad e ingenio».

En 1880 Hilbert comenzó a estudiar un grado en la Universidad de Königsberg, especializándose en matemáticas. Tomó cursos en Heidelberg con Lazarus Fuchs, y de vuelta en Königsberg estudió con Heinrich Weber, Ferdinand von Lindemann y Adolf Hurwitz. Se hizo muy amigo de este último y de Hermann Minkowski, un compañero de estudios, con quien mantuvo correspondencia durante toda su vida. Lindemann, que no tardaría en hacerse célebre por demostrar que π no satisface ninguna ecuación algebraica con coeficientes enteros, se convirtió en el director de tesis de Hilbert, y le sugirió que trabajase en la Teoría de los Invariantes, siguiendo el camino abierto por Boole y ampliado por Cayley, Sylvester y Paul Gordan. Sus métodos se basaban en cálculos, y la habilidad que demostró

Hilbert con aquellos horribles cómputos maravilló a su amigo Minkowski, quien escribió: «Me regocijaba ver todos los procesos por los que tuvieron que pasar aquellos pobres invariantes». En 1885 Hilbert recibió su doctorado después de pronunciar una conferencia pública sobre física y filosofía.

Por aquel entonces, la principal autoridad sobre la Teoría de los Invariantes era Gordan, y la gran cuestión por resolver era demostrar la existencia, para cualquier número de variables y para cualquier grado de ecuación, de una base finita, es decir, un número finito de invariantes tal que todos los otros invariantes sean combinaciones de ellos. Bastaría entonces con obtener la base para tenerlos todos. Para las cuadráticas con dos variables, la base está formada únicamente por el determinante. La finitud se había demostrado para muchos casos, siempre calculando todos los invariantes para luego extraer de ellos la base. Mediante este método, Gordan había demostrado el teorema más general conocido de este tipo.

Todo este campo de investigación se vio trastornado en 1888, cuando Hilbert publicó un breve artículo en el que demostraba que siempre existe una base finita, «sin tener que calcular ningún invariante». De hecho, demostró que cualquier colección adecuada de expresiones algebraicas tiene siempre una base finita, esté o no compuesta por invariantes. Este no es el tipo de respuesta que Gordan esperaba, y cuando Hilbert envió su trabajo a *Mathematische Annalen*, Gordan lo rechazó. «Esto no es matemática», dijo. «Es teología.» Hilbert se quejó al editor, Klein, negándose a modificar su artículo salvo que «se plantee una objeción definitiva e irrefutable contra mi razonamiento». Klein accedió a publicar el artículo en su forma original. Sospecho que entendió la demostración mejor que Gordan, que estaba fuera de su terreno cuando la capacidad de cálculo dejaba paso al razonamiento conceptual.

Algunos años más tarde Hilbert amplió sus resultados y envió otro artículo. Klein lo aceptó, describiéndolo como «el trabajo más importante sobre álgebra general jamás publicado en los *Annalen*». Por lo que respecta a Hilbert, había logrado todo lo que se había propuesto hacer en esta rama. «Decididamente abandono el campo de los invariantes», le escribió a Minkowski. Y así lo hizo.

❋

Después de adecentar la Teoría de los Invariantes (que como tema de investigación prácticamente murió después de que Hilbert lo demoliera, aunque reviviría muchos años más tarde en un contexto aún más general, y con un renovado interés tanto en las computaciones como en los conceptos) Hilbert encontró un nuevo campo en el que trabajar. En 1893 se embarcó en un nuevo proyecto, el *Zahlbericht* (informe sobre números). La Sociedad Alemana de Matemáticas le había pedido que examinara un área importante de la Teoría de los Números que tiene que ver con los números algebraicos. Estos son números complejos que satisfacen una ecuación polinómica con coeficientes racionales (o, lo que es equivalente, enteros). Un ejemplo es $\sqrt{2}$, que es solución de $x^2 - 2 = 0$; otro es el número imaginario i, que es solución de $x^2 + 1 = 0$. Como ya se ha señalado en el capítulo 16, un número complejo que no es algebraico se denomina «trascendente» (p. 181); son ejemplos π y e, aunque esta propiedad era difícil de demostrar y durante mucho tiempo estuvo por resolver. Charles Hermite demostró que e era trascendente en 1873, y Lindemann se ocupó de π en 1882.

El papel principal que desempeñaban los números algebraicos era en la Teoría de los Números. Euler había usado de manera tácita algunas de sus propiedades, por ejemplo para demostrar el Último Teorema de Fermat para los cubos, pero fue Gauss quien inició su estudio sistemático. Al intentar generalizar su Ley de la Reciprocidad Cuadrática a potencias superiores al cuadrado, descubrió una bella extensión a las cuartas potencias, basada en números algebraicos de la forma $a + ib$, donde a y b son enteros. Este sistema de «enteros gaussianos» posee muchas características especiales, y en particular tiene su propio análogo de los números primos, incluso con su propio teorema de factorización. Gauss también usó los números algebraicos relacionados con raíces de la unidad en su construcción del heptadecágono regular.

En el capítulo 6, en relación con el Último Teorema de Fermat, nos ocupamos del uso que hizo Kummer de los números algebraicos y de su idea de los números ideales (p. 71). Dedekind simplificó esta idea al reformularla en términos de «conjuntos» especiales de números algebraicos, a los que llamaba ideales. Después de Kummer, la teoría de números algebraicos floreció, ayudada y apuntalada por la teoría de las ecuaciones de Galois y el creciente desarrollo del álgebra abstracta (capítulo 20). La expresión «teoría de números algebraicos» tiene dos interpretaciones: una aproximación algebraica a la teoría de números, o la teoría de los números algebraicos.* Ambos significados estaban convergiendo ahora en una y la

* La expresión es ambigua en inglés; en castellano la primera acepción se traduce como «teoría algebraica de los números». A pesar de ser históricamente más tardía, esta es actualmente la más correcta, aunque conviven ambas expresiones. (*N. del t.*)

misma cosa, y eso es lo que la Sociedad Alemana de Matemáticas pedía a Hilbert que acabase de esclarecer. Como se puede imaginar, llegó mucho más lejos. Se planteó una pregunta eterna de los matemáticos cuando se enfrentan a un cuerpo ingente de resultados impresionantes pero desorganizados: «Sí, pero ¿de qué se trata "realmente"?». Eso lo llevó a formular y demostrar muchos teoremas nuevos.

Durante la preparación del *Zahlbericht*, Hilbert recibió numerosos comentarios de Minkowski, en ocasiones tan extensos que Hilbert perdía la esperanza de poder acabar nunca su informe a satisfacción de su amigo. Finalmente, sin embargo, fue publicado. El informe formulaba y demostraba análogos generales de la reciprocidad cuadrática, sentando de este modo las bases de lo que hoy conocemos como teoría de los cuerpos de clases, un marco teórico todavía en auge, aunque extremadamente técnico, para la teoría algebraica de los números. El prefacio de *Zahlbericht* afirma:

> Así vemos hasta qué punto la aritmética, la reina de las matemáticas, ha conquistado amplias áreas del álgebra y la teoría de las funciones hasta convertirse en su líder [...] La conclusión, si no ando errado, es que por encima de todo, el moderno desarrollo de la matemática pura se produce en el marco del número.

Hoy no llegaríamos tan lejos, pero entonces era una afirmación justificable.

❋

Hilbert dedicaba de cinco a diez años a un área, resolviendo sus mayores problemas, y luego buscaba nuevos pastos, a veces olvidándose completamente de que hubiera estudiado el problema alguna vez. En una ocasión comentó que se dedicaba a las matemáticas porque uno siempre podría rehacer algo si lo olvidaba. Matemático hasta la médula, ahora que había «pulido» la teoría algebraica de los números, pasaba a otra cosa. A sus estudiantes, que llevaban años siendo bombardeados con lecciones sobre números algebraicos, les sorprendió descubrir que el tema para el curso siguiente serían los elementos de la geometría. Hilbert volvía a Euclides.

Como siempre, Hilbert tenía sus razones, y nuevamente la pregunta clave era: «Sí, pero ¿de qué se trata realmente?». La respuesta de Euclides habría sido que del «espacio», que es la razón por la que ilustraba sus teoremas con dibujos geométricos. Hilbert, sin embargo, estaba mucho más interesado en la estructura lógica de los axiomas de la geometría y en cómo conducían a teoremas que a menudo lo eran todo menos evidentes. Tampoco le satisfacía la lista de axiomas de Euclides, pues el uso de dibujos lo había llevado a adoptar postulados que no enunciaba de manera explícita.

Un ejemplo sencillo es «una línea recta que pasa por un punto del interior de un círculo debe encontrarse con la circunferencia». Esto resulta evidente en un dibujo, pero no es una consecuencia lógica de los axiomas de Euclides. Hilbert se percató de que los axiomas de Euclides eran incompletos, y se dispuso a remediar esa deficiencia. El griego definía un punto como «aquello que no tiene partes», y una línea recta como «aquella línea que yace por igual respecto de los puntos que están en ella». A Hilbert le parecía que estos enunciados carecían de sentido. Lo que importa, argumentaba, es cómo se comportan estos conceptos, no una imagen mental de cómo son. «Uno debería poder decir en todo momento, en lugar de puntos, líneas rectas y planos, mesas, sillas y jarras de cerveza», le dijo a un colega. En particular, sobraban las imágenes.

Este proyecto estaba, por supuesto, relacionado con la cuestión más profunda, para entonces bien comprendida, de las geometrías no euclidianas y el axioma de las paralelas (capítulo 11). Hilbert intentaba establecer los principios básicos de los tratamientos axiomáticos de los temas matemáticos. Estos incluían la coherencia (no conducen a una contradicción lógica) y la independencia (ningún axioma es consecuencia de otros). Otras cualidades deseables eran la completitud (no falta nada esencial) y la simplicidad (cuando sea posible). La geometría euclidiana era el caso que servía de prueba. La coherencia era fácil: se puede «modelar» la geometría de Euclides con el álgebra, aplicada a las coordenadas (x, y) del plano. Es decir, se puede partir de números normales para construir un sistema matemático que obedezca todos los axiomas de Euclides. Por consiguiente, los axiomas no pueden ser contradictorios entre sí, porque la prueba por contradicción demostraría entonces que el modelo construido «no existe». Hay, sin embargo, un defecto potencial en este argumento, y Hilbert enseguida se dio cuenta de ello. Supone que el sistema estándar de números es en sí mismo no contradictorio; que la aritmética es coherente, que es lo que para los matemáticos significa que «existe». Por evidente que parezca, nadie lo había demostrado. Más tarde, Hilbert intentó eliminar esta laguna, pero aún volvería a perseguirlo.

El resultado fue un libro breve, conciso y elegante, *Fundamentos de la geometría*, publicado en 1899, en el que desarrollaba la geometría euclidiana a partir de 21 axiomas explícitos. Tres años más tarde Eliakim Moore y Robert Moore (sin parentesco) demostraron que uno de ellos se podía deducir de los otros, de modo que solo se necesitan veinte. Hilbert partía de seis nociones primitivas: «punto», «línea», «plano» y las relaciones «entre», «yace sobre» y «congruente». Ocho axiomas rigen las relaciones de incidencia entre puntos y líneas, como «dos puntos distintos cualesquiera sobre una recta». Cuatro (que a Euclides sus gráficos lo llevaron a suponer sin hacerlos explícitos) gobiernan el orden de los puntos a lo largo de una línea. Otros seis establecen la congruencia (de segmentos de línea y triángulos; «congruente» significa básicamente «de la misma forma y tamaño»). A continuación estaba el axioma de las paralelas de Euclides, que para entonces todo matemático competente sabía que había que incluir. Por último, había dos sutiles axiomas de continuidad que garantizaban que los puntos de una línea están modelados a partir de los números reales (y no, pongamos por caso, de los racionales, donde las líneas que parecen encontrarse en un diagrama podrían no hacerlo en un punto racional).

El valor principal del libro de Hilbert no yacía en la enseñanza (Euclides ya no estaba precisamente en boga), sino en desencadenar una frenética actividad sobre los fundamentos lógicos de las matemáticas. Los matemáticos americanos, en particular, se situaron al frente de esta oleada, de la que emergió un híbrido lógico-matemático, la metamatemática. Esta es, en cierto sentido, matemática aplicada a la propia matemática o, más propiamente, a su propia estructura lógica. Una demostración matemática puede verse no solo como un proceso que conduce a nueva matemática, sino como un objeto matemático en sí mismo. De hecho, fue este profundo aspecto autorreferencial lo que sembró las semillas de la destrucción del sueño de Hilbert. En noviembre del mismo año cayó como una bomba el artículo de un joven lógico llamado Kurt Gödel (capítulo 22), que contenía demostraciones de dos teoremas devastadores. En primer lugar, que la matemática sea coherente es algo que nunca se podrá demostrar. En segundo lugar, hay enunciados de la matemática para los cuales no existe ni demostración ni refutación. La matemática es inherentemente incompleta, su coherencia lógica no puede determinarse y algunos problemas son verdaderamente imposibles de resolver.

Hilbert, al parecer, se mostró «enfurecido» cuando se enteró del trabajo de Gödel.

*

Ningún relato sobre la influencia de Hilbert estaría completo sin mencionar los Problemas de Hilbert, una lista de las 23 principales áreas abiertas y cuestiones sin resolver, que presentó en una conferencia en el Segundo Congreso Internacional de Matemáticas celebrado en París en 1923. La lista define el ruedo en el que se desarrolló buena parte de la investigación matemática durante el siglo XX. En ella se incluye encontrar una demostración de coherencia para las matemáticas, una petición bastante vaga de un tratamiento axiomático de la física, preguntas sobre números trascendentes, la Hipótesis de Riemann, la ley de reciprocidad más general para cualquier cuerpo de números, un algoritmo para determinar cuándo tiene solución una ecuación diofántica y varias cuestiones técnicas sobre geometría, álgebra y análisis matemático. Diez se han podido resolver por completo, tres quedan por resolver, unas pocas son demasiado vagas como para poder reconocer qué aspecto tendría una solución, y dos no tienen solución, en un sentido estricto.

Las matemáticas después de Hilbert no se limitaron a las personas que intentaron resolver estos 23 problemas, pero sin duda ejercieron una influencia considerable, en su mayor parte beneficiosa, sobre el desarrollo de las matemáticas durante los cincuenta años siguientes. Si uno deseaba dejar su huella entre sus compañeros matemáticos, resolver uno de los problemas de Hilbert era una buena manera de conseguirlo.

El interés de Hilbert por la física matemática se fue haciendo más fuerte con la edad, un fenómeno común entre los matemáticos que comienzan su carrera en la matemática «pura» y luego van derivando hacia sus aplicaciones. En 1909 ya trabajaba con las ecuaciones integrales, lo que lo llevó a la idea del Espacio de Hilbert, hoy fundamental para la mecánica cuántica. También estuvo a punto de descubrir las ecuaciones de la Relatividad General en un artículo de 1915, publicado cinco días antes del anuncio de Einstein, en el que enunciaba un principio variacional que implica la ecuación de Einstein. Sin embargo, no llegó a escribir la propia ecuación.

Hilbert solía ser una persona afable, de fácil elogio hacia una buena actuación, pero podía ser brutal cuando alguien pronunciaba tópicos sin sentido o le mentía. En los seminarios, si un estudiante se entretenía con alguna cuestión que a Hilbert le parecía obvia, decía «¡Pero si eso es simplísimo!», y el estudiante avispado se apresuraba a zanjarlo. En la década de 1920 Hilbert dirigió un Club de Matemáticas que se reunía semanalmente y estaba abierto a todo el mundo. Muchos matemáticos conocidos dieron charlas, tras ser advertidos de que presentasen «solamente las pasas del pudin». Si los cálculos se tornaban difíciles, Hilbert lo interrumpía con un «no estamos aquí para ver si el signo está bien».

Con el tiempo se fue haciendo menos tolerante. Aleksandr Ostrovski comentó que en una ocasión, cuando un visitante dio una excelente charla sobre una investigación verdaderamente importante y hermosa, la única pregunta de Hilbert fue un áspero «¿Para qué sirve?». Después de que Norbert Wiener, el brillante americano que acuñó el término «cibernética», pronunciase una charla en el club, todo el mundo fue a cenar, como era la costumbre, y a Hilbert le dio por hablar de conferencias pasadas del club, aseverando que en general su calidad había ido en declive con el paso de los años. En su tiempo, señaló, los participantes realmente pensaban en el contenido y en la presentación, pero ahora los jóvenes pronunciaban charlas más pobres. «Recientemente han sido bastante malas», añadió. «Pero hoy, esta misma tarde, se ha producido una excepción.»

Wiener se preparó para el cumplido.

«¡La de esta tarde ha sido la peor!»

En 1933 los nazis empezaron a identificar a los judíos entre los académicos de Gotinga para despedirlos. Uno de ellos era Hermann Weyl, uno de los grandes físicos matemáticos, que había sido nombrado sucesor de Hilbert tras la jubilación de este en 1930. Otros fueron Emmy Noether (capítulo 20), el teórico de números Edmund Landau, y Paul Bernays, el colaborador de Hilbert en la lógica matemática. En 1943 prácticamente todo el departamento de matemáticas había quedado reemplazado por personas más aceptables para la administración nazi, y se había convertido en una pálida sombra de su glorioso pasado. Aquel mismo año, Hilbert falleció.

Lo había visto venir. Unos años antes Bernhard Rust, el ministro de Educación, le había preguntado a Hilbert si el Instituto de Matemáticas de Gotinga se había resentido de la expulsión de los judíos. Era una pregunta estúpida, puesto que la mayor parte de sus miembros eran judíos o cónyuges de judíos. La respuesta de Hilbert fue directa y contundente:

«¿Resentido? ¿Es que acaso todavía existe?»

20

El derrumbe del orden académico
Emmy Noether

Amalie Emmy Noether
Nacimiento: Erlangen, Alemania, 23 de marzo de 1882
Muerte: Bryn Mawr, Pensilvania, EE. UU., 14 de abril de 1935

En 1913 Emmy Noether, una matemática de gran renombre, se encontraba en Viena para pronunciar una serie de conferencias cuando visitó a Franz Mertens, un matemático que trabajó en muchos campos, pero especialmente conocido por sus aportaciones a la Teoría de los Números. Uno de los nietos de Mertens escribiría más tarde sus recuerdos de aquella visita:

> Aunque mujer, me recordaba a un capellán católico de una parroquia rural. Toda de negro, con un vestido casi talar y bastante anodino, sombrero de hombre sobre un cabello corto [...] y una bolsa que llevaba en bandolera como los conductores de ferrocarril del período imperial, presentaba una extraña figura.

Dos años más tarde esta modesta persona sería responsable de uno de los grandes descubrimientos de la física matemática: un vínculo fundamental entre simetrías y leyes de conservación. Desde entonces, las simetrías de las leyes de la naturaleza han desempeñado un papel central en la física. En la actualidad subyacen al «modelo estándar» de las partículas subatómicas de la teoría cuántica, que es prácticamente imposible de describir sin apelar a la simetría.

Noether fue una figura principal en el desarrollo del álgebra abstracta, en la que los cálculos con muchos tipos distintos de números o fórmulas se organizaban por medio de las leyes algebraicas que esos sistemas obedecían. Tal vez más que ningún otro matemático, la «extraña figura» que vio el nieto de Mertens fue la responsable del cambio que marca la frontera entre el período neoclásico del siglo XIX y principios del XX, con su énfasis en estructuras y fórmulas especiales, y el período moderno, más o menos desde 1920 en adelante, más interesado en la generalidad, la abstracción y el razonamiento conceptual. Ella fue la inspiración del posterior movimiento bourbakista, que tuvo su origen en los esfuerzos colectivos de un grupo de jóvenes matemáticos, en su mayoría franceses, que se propusieron hacer las matemáticas precisas y generales. Tal vez «demasiado» generales, en opinión de algunos, pero qué se le va a hacer.

❋

Emmy Noether nació en el seno de una familia judía en la ciudad bávara de Erlangen. Su padre, Max, fue un notable matemático que trabajó en geometría algebraica y teoría de las funciones algebraicas. Gozaba de un gran talento pero, en comparación con los grandes de su época, era un tanto especializado. Su familia era acomodada, propietaria de un floreciente negocio de ferretería al por mayor. Este entorno sin duda influyó en las actitudes de Emmy hacia la vida y las matemáticas. Al principio pensó en ser profesora, y obtuvo los certificados necesarios para enseñar francés e inglés. Sin embargo, como quizá era de esperar, le picó el gusanillo de las matemáticas y estudió en la Universidad de Erlangen, donde trabajaba su padre.

Dos años antes, el órgano de gobierno de la universidad había declarado que la educación mixta llevaría «al derrumbe de todo orden académico», y solo había dos mujeres entre 986 estudiantes. Le permitieron ir de oyente a las clases pero no participar en ellas con pleno derecho, y tuvo que recabar el permiso de cada uno de los profesores para poder asistir a sus lecciones. Pero en 1904 las reglas cambiaron, y permitieron que las mujeres se matriculasen con los mismos derechos que los hombres. Así lo hizo Noether en 1904, y se mudó a los viejos pagos de Gauss, la Universidad de Gotinga, para realizar su doctorado sobre la Teoría de los Invariantes bajo la dirección del eminente Gordan. Los cálculos de su tesis eran extremadamente complejos, y culminaban en una lista de 331 «covariantes» para formas de cuarto grado con tres variables. Gordan, por lo general infatigable, se había rendido ante estos ingentes cálculos cuarenta años antes. Los métodos de Noether eran bastante anticuados, y no prestaban mucha atención a las innovaciones de Hilbert. En 1907 obtuvo su doctorado *summa cum laude*.

Si Noether hubiera sido hombre, habría avanzado con absoluta normalidad hacia su siguiente etapa hasta conseguir un puesto académico permanente. Pero a las mujeres no se les permitía proceder con la tesis de habilitación, de modo que durante siete años trabajó en Erlangen sin cobrar. Ayudaba a su padre, afectado por una discapacidad, y prosiguió con sus investigaciones. Una experiencia formativa, que la dirigió hacia métodos más abstractos, fue una serie de discusiones con Ernst Fischer, quien atrajo su atención hacia los nuevos métodos de Hilbert y le aconsejó que los utilizase. Así lo hizo, y de una forma espectacular, con efectos que se dejaron sentir durante el resto de su carrera.

Las matemáticas comenzaban a abrirse a las mujeres, y Noether fue admitida en varias de las principales sociedades matemáticas. Así fue como visitó Viena, como recordaría el nieto de Mertens. En Erlangen dirigió a dos estudiantes de doctorado, aunque oficialmente estaban registrados bajo la dirección de su padre. Luego Hilbert y Klein la invitaron a Gotinga, que se había convertido en un centro de renombre mundial en la investigación matemática. Corría entonces el año 1915, y Hilbert se interesaba por la física matemática, inspirado por las teorías de la relatividad de Einstein. La relatividad se apoya en la matemática de los invariantes, aunque en un contexto más analítico que los invariantes algebraicos que Gordan, Hilbert y Noether venían estudiando. En particular, se ocupaba de los invariantes diferenciales, que incluyen lo que por aquel entonces se había convertido en conceptos físicos fundamentales, como la curvatura del espacio.

Hilbert necesitaba un experto en invariantes, y Noether se ajustaba a la perfección a lo que requería. No tardó en resolver dos problemas. El primero era un método para hallar todos los covariantes diferenciales de campos vectoriales y tensoriales sobre una variante riemanniana, lo que a efectos prácticos implicaba descubrir qué otras magnitudes se comportaban como el tensor de curvatura de Riemann. Esto era fundamental porque la aproximación de Einstein a la física se basaba en el principio de «relatividad», que decía que las leyes debían ser las mismas para cualquier observador cuando se expresaban en cualquier marco de coordenadas en movimiento con velocidad uniforme. Por consiguiente, las leyes tenían que ser invariantes bajo el grupo de transformación definido por los marcos en movimiento. El segundo era un problema derivado del primero. El grupo de simetría natural de la Relatividad Especial es el Grupo de Lorentz, definido por transformaciones que mezclan espacio y tiempo pero conservan la velocidad de la luz, que era la peculiaridad de la relatividad. Noether demostró que toda «transformación infinitesimal» del Grupo de Lorentz tiene su correspondiente teorema de la conservación.

❋

Podemos comprender y apreciar las ideas de Noether en el contexto más familiar de la mecánica newtoniana, donde también se aplican y sugieren ideas importantes. La mecánica clásica contiene varias leyes de la conservación, la más familiar de las cuales es la de la conservación de la energía. Un sistema mecánico es cualquier conjunto de cuerpos que se mueve, con el paso del tiempo, de acuerdo con las Leyes del Movimiento de Newton. En estos sistemas hay un concepto de energía que toma varias formas: energía cinética, relacionada con el movimiento; energía potencial, resultado de la interacción con un campo gravitatorio; energía elástica, como la contenida en un muelle comprimido; y así otras. La ley de la conservación de la energía dice que en ausencia de fricción, se mueva como se mueva el sistema de acuerdo con las Leyes del Movimiento de Newton, su energía total permanece constante: se conserva. Si hay fricción, la energía cinética se convierte en otro tipo de energía, el calor, y de nuevo la energía total se conserva. El calor es en «realidad» la energía cinética asociada a la vibración de las moléculas de la materia, pero en la física matemática se modela de un modo distinto de la energía de los cuerpos sólidos, las varillas y los muelles, de modo que su interpretación difiere respecto a la de los otros tipos mencionados. Otras leyes de conservación de la mecánica clásica son las de la conservación del momento (masa por velocidad) y del momento angular (una medida de la rotación cuya definición, bastante técnica, no tiene importancia aquí).

Gracias a Galois (capítulo 12) y a quienes le siguieron, el concepto de simetría se había identificado con el de invariancia bajo grupos de transformaciones: colecciones de operaciones que se pueden realizar sobre alguna estructura matemática y cuyo efecto es dejar esa estructura aparentemente igual. Una ecuación tiene simetría cuando una transformación de este tipo, aplicada a la solución de la ecuación, arroja siempre otra solución. Las leyes de la física, cuando se expresan como ecuaciones matemáticas, tienen muchas simetrías. Las Leyes del Movimiento de Newton, por ejemplo, tienen las simetrías del grupo euclidiano, que está formado por todos los movimientos rígidos del espacio. También son simétricas bajo traslación en el tiempo (medir el tiempo desde un punto de partida distinto) y en algunas circunstancias, bajo «reflexión» del tiempo, es decir, la inversión de la dirección en la que corre el tiempo.

La aportación de Noether fue darse cuenta de la existencia de un vínculo entre algunos tipos de simetría y las leyes de la conservación. Demostró que toda simetría «continua» (perteneciente a una familia de simetrías correspondientes a números reales, que varían de forma continua) da origen a una magnitud que se conserva.

Vayamos por partes, porque dicho así resulta bastante enigmático. Algunos tipos de simetría se encuentran de manera natural en familias continuas. Las rotaciones del plano, por ejemplo, corresponden al ángulo de rotación, que puede ser cualquier número real. Estas rotaciones forman un grupo cuyos elementos corresponden a los números reales. Merece la pena fijarse en una cuestión técnica: los números reales que difieren en un círculo entero (360° o 2π radianes) definen la misma rotación. Todos estos «grupos uniparamétricos» parecen o bien números reales o ángulos. Las traslaciones del espacio en una dirección dada, que se pueden obtener deslizando el espacio de forma rígida hasta cualquier distancia en esa dirección determinada, también son simetrías continuas. Otras simetrías pueden ser aisladas, no parte de una familia de este tipo. La reflexión es un ejemplo. No se puede hacer media reflexión, o una décima parte de una reflexión, así que no forma parte de ningún grupo uniparamétrico de movimientos rígidos. Las transformaciones infinitesimales que Noether estudió en su tesis doctoral son otra forma de pensar en los grupos uniparamétricos. El concepto subyacente es el de un grupo de Lie y su álgebra de Lie asociada, que reciben su nombre del matemático noruego Sophus Lie.

En la mecánica newtoniana, la magnitud conservada que corresponde a un grupo uniparamétrico de traslaciones en el tiempo resulta ser la energía. Esto revela un notable vínculo entre energía y tiempo, que a su vez se pone de manifiesto en el principio de incertidumbre de la mecánica cuántica. Esto permite que un sistema cuántico tome energía prestada (que temporalmente no se conserva) siempre y cuando la devuelva antes de que la naturaleza se percate de la discrepancia (si se espera una fracción de segundo, sí se conserva). La magnitud conservada que corresponde a un grupo uniparamétrico de traslaciones espaciales resulta ser el momento en la dirección correspondiente, y para las rotaciones, es el momento angular. En suma, todas las magnitudes conservadas fundamentales de la mecánica newtoniana provienen de simetrías continuas de las Leyes del Movimiento de Newton: subgrupos uniparamétricos del grupo euclidiano. Y lo mismo puede decirse de la relatividad y, hasta cierto punto, de la mecánica cuántica.

No está nada mal para una matemática a la que se había considerado incapaz de impartir clases en su propio nombre y que acababa de empezar a abordar el problema.

Sobre la base de este y otros éxitos, Hilbert y Klein se esforzaron por convencer a la universidad de que cambiara de opinión acerca de las mujeres en el profesorado. Entró entonces en juego la política académica, junto a la misoginia que le era propia, y los profesores del departamento de filosofía se opusieron con vehemencia. Si una mujer podía conseguir la habilitación y cobrar por sus clases, ¿qué le impediría llegar a ser profesora y miembro del consejo universitario? ¡Dios nos libre! La primera guerra mundial estaba en pleno apogeo, y eso les proporcionó un nuevo argumento: «¿Qué pensarán nuestros soldados cuando regresen a la universidad y descubran que tienen que estudiar a los pies de una mujer?».

La réplica de Hilbert fue mordaz: «Caballeros, no veo cómo el sexo del candidato pueda ser un argumento contra su admisión como *Privatdozent*. Al fin y al cabo, el consejo universitario no es un establecimiento de baños». Pero ni siquiera eso consiguió mover a los filósofos de su trinchera. Hilbert, inventivo e iconoclasta como nunca, halló una solución. Una notificación para el semestre 1916-1917 dice así:

Seminario de física matemática
Profesor Hilbert, con la asistencia de la Dr. E. Noether
Lunes de 4 a 6, sin matrícula

Noether estuvo cuatro años dando clases bajo el nombre de Hilbert, hasta que la universidad finalmente cedió. Su habilitación se aprobó en 1919, lo que le permitió obtener el rango de *Privatdozent*. Fue un miembro destacado del departamento hasta 1933.

Podemos hacernos una idea de la capacidad didáctica de Noether por una broma que en una ocasión le jugaron sus desesperados estudiantes. Normalmente tenía de cinco a diez alumnos en la clase, pero una mañana se encontró con un centenar. «Deben de estar ustedes en la clase equivocada», les dijo, pero no, insistieron, estaban allí deliberadamente. Así que impartió su clase ante aquella inusitada muchedumbre.

Cuando acabó, uno de sus estudiantes habituales le pasó una nota. «Los visitantes han entendido la clase tan bien como cualquiera de los estudiantes regulares».

El problema de sus clases era simple. A diferencia de la mayoría de los matemáticos, era una pensadora formal. Para ella, los símbolos «eran» los conceptos. Para seguir sus clases, había que pensar del mismo modo. Y eso no era fácil.

Pese a ello, fue Noether, con su énfasis en las estructuras formales, quien abriría las puertas a buena parte de las actuales matemáticas. A veces no hay más remedio que esforzarse.

❋

Con la habilitación felizmente a sus espaldas, Noether no tardó en cambiar de campo, tomando el relevo que había dejado Dedekind cuando reemplazó la oscura noción de Kummer de un número ideal por una idea conceptualmente más simple pero más abstracta, la de un ideal. El contexto para este enfoque era en sí mismo abstracto: la Teoría de Anillos, que son sistemas algebraicos en los que están definidas la adición, la sustracción y la multiplicación, y que satisfacen las reglas habituales, con la posible excepción de la ley conmutativa, $xy = yx$, para la multiplicación. Los enteros, los números reales y los polinomios con una o más variables forman anillos.

Podemos hacernos una idea rápida de la situación con la ayuda de los enteros. La forma tradicional de pensar sobre los números primos y la divisibilidad es trabajando con enteros concretos, como 2, 3 o 6. Observamos que $6 = 2 \times 3$, de modo que 6 no es primo; en cambio, no es posible descomponer de este modo 2 o 3 en números más pequeñas, de manera que son primos. Sin embargo, como Dedekind comprendió, hay otra forma de ver esto. Consideremos los conjuntos formados por todos los múltiplos de 6, 2 y 3, que designaremos así:

$$[6] = \{..., -12, -6, 0, 6, 12, 18, 24, ...\}$$

$$[2] = \{..., -4, -2, 0, 2, 4, 6, 8, 10, 12, 14, 16, 18, 20, 22, 24, ...\}$$

$$[3] = \{..., -6, -3, 0, 3, 6, 9, 12, 15, 18, 21, 24, ...\}$$

En esta notación, las llaves indican conjuntos, y permitimos múltiplos negativos. Podemos observar que «todo» miembro de [6] es miembro de [2]. Esto es obvio: todo múltiplo de 6 es automáticamente múltiplo de 2 porque 6 es múltiplo de 2. De igual modo, todo miembro de [6] es miembro de [3]. En otras palabras, podemos detectar los divisores de un número dado (en este caso 6) fijándonos en qué conjuntos de este tipo contienen todos los múltiplos de 6.

Por otro lado, algunos números de [3] no están en [2], y viceversa. Así pues, 2 no es divisor de 3 y 3 no es divisor de 2.

Con un poco de trabajo, toda la teoría de los primos y la divisibilidad de los enteros puede reformularse en términos de estos conjuntos de múltiplos de un número dado. Los conjuntos son ejemplos de ideales, que se definen mediante dos propiedades principales: la suma y la diferencia de números en el ideal también pertenecen al ideal, y el producto de un número del ideal y cualquier número del anillo también pertenece al ideal.

Noether volvió a enunciar los teoremas de Hilbert sobre invariantes en términos de ideales, y luego generalizó sus resultados en una dirección totalmente nueva. El Teorema de Hilbert de la base finita de los invariantes se reduce a demostrar que un ideal asociado es de generación finita, es decir, está formado por todas las combinaciones de un número finito de polinomios (la base). Noether reinterpretó el argumento como el enunciado de que toda cadena ascendente de ideales debe parar tras un número finito de pasos. Dicho de otro modo, todo ideal en el anillo de polinomios es de generación finita. Publicó su idea en 1921 en un artículo de gran alcance, «La teoría de los ideales en dominios de anillos», que dio el pistoletazo de salida a toda la Teoría de Anillos. Noether se hizo muy ducha en extraer teoremas importantes a partir de condiciones de cadena, y un anillo que satisface esta «condición de la cadena ascendente» se denomina «noetheriano». Esta aproximación conceptual a los invariantes representaba un marcado contraste con los enrevesados cálculos de su tesis, que ahora repudiaba como *Formelgestrüpp*, una jungla de fórmulas.

En la actualidad, todo estudiante de matemáticas aprende en la universidad el enfoque axiomático abstracto al álgebra. En este, el concepto más importante es el de grupo, ahora despojado de toda asociación con permutaciones o la solución de ecuaciones algebraicas. De hecho, un grupo abstracto no necesita siquiera estar formado por transformaciones. Se define como un sistema de elementos que pueden combinarse para producir otro elemento del sistema, sujeto a una corta lista de condiciones simples: la ley asociativa, la existencia de un «elemento identidad» que combinado con cualquier otro elemento dé ese mismo elemento, y la existencia, para cada elemento, de un elemento «inverso» que combinado con el primero dé el elemento identidad. Es decir, existe un elemento que no tiene ningún efecto, a cada elemento corresponde otro que deshace aquello que el elemento hace, y si se combinan tres elementos en una fila, no importa qué par se combine primero.

Unas estructuras ligeramente más complicadas producen el abanico completo de las operaciones aritméticas. Ya he mencionado el anillo. También existe el cuerpo, en el que la división también es posible. El desarrollo preciso de esta visión abstracta es complejo, y fueron muchas las figuras que contribuyeron a él. No siempre está claro quién hizo qué primero. Para cuando se depuraron unas definiciones precisas, la mayoría de los matemáticos ya se habían hecho una buena idea sobre todo ello. Pero en su origen debemos toda la aproximación a Noether, quien hizo hincapié en la necesidad de un enfoque axiomático para todas las estructuras axiomáticas.

En 1924, el matemático holandés Bartel van der Waerden se unió a su círculo y se convirtió en el principal expositor de su enfoque, que compendió en su *Álgebra moderna* de 1931. En 1932, cuando Noether pronunció una conferencia plenaria en el Congreso Internacional de Matemáticos, su competencia algebraica ya era reconocida en todo el mundo. Fue una persona discreta, modesta y generosa. Van der Waerden resumió su aportación cuando escribió su obituario:

> La máxima por la que se guio Emmy Noether en todos sus trabajos podría formularse del siguiente modo: cualesquiera relaciones entre números, funciones y operaciones solamente se tornan transparentes, de aplicación general y plenamente productivas después de que se hayan aislado de sus objetos particulares y formulado como conceptos universalmente válidos.

❋

Noether tenía más que álgebra en su punto de mira, y aplicó la misma perspicacia a la topología. Para los primeros topólogos, un invariante topológico era un objeto combinatorio, como el número de ciclos independientes, que son lazos cerrados con ciertas propiedades. Poincaré había iniciado el proceso de añadir estructura con el concepto de homotopía. Cuando Noether descubrió lo que estaban haciendo los topólogos, vio al instante algo que a todos se les había pasado por alto: una estructura algebraica abstracta subyacente. Los ciclos no eran simplemente cosas que uno pudiera contar; con un poco de atención, se los podía convertir en un grupo. La topología combinatoria se convirtió en topología algebraica. Su perspectiva ganó conversos de inmediato, en particular Heinz Hopf y Pavel Alexandrov. De manera independiente, tuvieron ideas parecidas Leopold Vietoris y Walther Mayer en Austria entre 1926 y 1928, que los llevaron a definir un grupo de homología, un invariante básico de un espacio topológico. El álgebra suplantaba a la combinatoria y revelaba una estructura mucho más rica de la que los topólogos podían explotar.

En 1929 Noether visitó la Universidad Estatal de Moscú para trabajar con Alexandrov y para enseñar álgebra abstracta y geometría algebraica. Aunque no era políticamente activa, expresó después discretamente su apoyo a la revolución rusa por las oportunidades que ofrecía para la ciencia y la matemática, algo que no sentó bien a las autoridades, que la expulsaron de sus acomodaciones después de que unos estudiantes se quejasen de la presencia de una judía que simpatizaba con el marxismo.

En 1933, cuando los nazis echaron a los judíos de sus puestos en la universidad, Noether intentó primero conseguir una posición en Moscú, pero finalmente optó por la Universidad Bryn Mawr, en Estados Unidos, con la ayuda de la Fundación Rockefeller. También dio conferencias en el Instituto de Estudios Avanzados de Princeton, pero lamentó que incluso en América se sentía incómoda en una «universidad de hombres, donde no se admite nada femenino».

Pese a ello, disfrutó de su estancia en Estados Unidos, aunque no durante mucho tiempo. Falleció en 1935 por complicaciones tras una operación de cáncer. Albert Einstein escribió en una carta al *New York Times*:

> A juicio de los más competentes matemáticos vivos, Fräulein Noether fue el más significativo genio matemático creativo que haya producido la educación superior de las mujeres desde su inicio. En el dominio del álgebra, al que durante siglos se han dedicado las mentes más dotadas, descubrió métodos que han demostrado tener una enorme importancia para el desarrollo de la generación actual de jóvenes matemáticos.

No solo eso: jugó con los hombres en su propio tablero, y les ganó.

21

El hombre de las fórmulas Srinivasa Ramanujan

Srinivasa Ramanujan
Nacimiento: Erode, Tamil Nadu, India, 22 de diciembre de 1887
Muerte: Kumbakonam, Tamil Nadu, India, 26 de abril de 1920

Corría el mes de enero de 1913. Turquía estaba en guerra en los Balcanes y Europa se veía arrastrada cada vez más profundamente hacia el conflicto. Godfrey Harold Hardy, catedrático de matemáticas en la Universidad de Cambridge, detestaba la guerra, y se enorgullecía de que el campo al que había dedicado su vida, la matemática pura, no tuviera usos militares.

Fuera, los copos caían mansamente y, los estudiantes, con sus túnicas negras, se apresuraban a atravesar la aguanieve que cubría Trinity Great Court. Pero en los aposentos de Hardy el crepitar de un alegre hogar guardaba del frío. Sobre la mesa estaba el correo de la mañana, todavía por abrir. Observó los sobres y uno le llamó la atención por sus extraños sellos.

India, con matasellos de Madrás del 16 de enero de 1913. Hardy cortó el sobre de papel manila, un tanto ajado por el largo viaje, y extrajo de él un fajo de papeles. Les acompañaba una carta manuscrita con una letra que no le resultaba familiar y que comenzaba así:

> Estimado Señor,
>
> Permítame presentarme como empleado del Departamento de Contabilidad de la Oficina de la Autoridad Portuaria de Madrás con un salario de tan solo 20 libras al año. Tengo en la actualidad veintitrés años de edad. No he recibido ninguna educación universitaria [...] Tras dejar el colegio, he dedicado todo mi tiempo libre a trabajar en matemáticas [...] Estoy labrando mi propio camino.

«Oh, Dios, otro chiflado. Probablemente crea haber conseguido la cuadratura del círculo.» A punto estuvo Hardy de tirar la carta a la papelera pero, al cogerla, un papel con símbolos matemáticos le llamó la atención. Fórmulas curiosas. Algunas podía reconocerlas, pero otras eran... inusuales.

«Si el autor de la carta es un chiflado, quizá al menos sea un chiflado entretenido.» Hardy siguió leyendo:

> Recientemente ha llegado a mis manos un tratado de su autoría titulado *Órdenes de infinitud*, en cuya página 36 se afirma que no se ha hallado todavía una expresión definitiva para el número de números primos menores que un número dado. He dado con una expresión que da una aproximación muy cercana al resultado real, con un error despreciable.

«Mucho me temo que habrá redescubierto el Teorema del Número Primo.»

> Le ruego que examine los papeles adjuntos. Siendo pobre, me gustaría que si encuentra en ellos algo de valor tenga a bien publicar mis teoremas [...] Por carecer de experiencia, agradeceré enormemente cualquier consejo que pueda darme. Le ruego que me excuse por cualquier molestia que le pueda haber causado.
>
> Sinceramente suyo,
>
> S. Ramanujan

«No se trata del chiflado habitual», pensó Hardy. «El habitual habría sido más agresivo y más engreído.» Dejó la carta a un lado, cogió el fajo de papeles que iba en el sobre y comenzó a leer. Media hora más tarde meditaba reclinado en su silla con una extraña expresión en la cara. «Qué extraño.» Hardy estaba intrigado. Pero había llegado la hora de su clase de análisis, de modo que se puso su túnica manchada de tiza, salió de la habitación y cerró la puerta a sus espaldas.

Aquella noche, durante una cena formal, habló sobre la extraña carta con cualquiera de los *Fellows* del colegio universitario que se prestara a escucharle, entre ellos su colega y cercano colaborador John Littlewood. Este se mostró dispuesto a perder una hora examinando la cuestión si de ese modo tranquilizaba a su amigo, y la sala de ajedrez estaba vacía. Mientras entraban, Hardy alzó la fina hoja de papel. «Este hombre», anunció a los congregados en la cena, «o es un chiflado o es un genio».

Una hora más tarde, Hardy y Littlewood salieron con el veredicto.

Genio.

❋

Confío en que se me disculpe esta dramatización de los acontecimientos. He puesto pensamientos en la mente de Hardy, pero la documentación que nos ha llegado deja claro que algo parecido debió de pasarle por la cabeza, y el relato de los eventos en general respeta la historia escrita.

El autor de la carta, Srinivasa Ramanujan, nació en 1887 en una familia de la casta brahmán. Su padre, K. Srinivasa Iyengar, era dependiente en una tienda de saris, y su madre, Komalatammal, era hija del alguacil. El nacimiento se produjo en la casa de su abuela en Erode, una ciudad de la provincia meridional de Tamil Nadu, en la India. Creció en Kumbakonam, donde trabajaba su padre. Pero era habitual que una joven esposa pasara tiempo con sus padres además de con su esposo, así que con frecuencia su madre lo llevaba a vivir con su padre cerca de Madrás, a unos cuatrocientos kilómetros de distancia. La familia era pobre y la casa, diminuta. Fue en términos generales una infancia feliz, aunque Ramanujan era muy terco. Durante los tres primeros años de su vida apenas pronunció una palabra, y su madre temía que fuera deficiente. A los cinco años, no le gustaba su profesor y no quería ir al colegio. Prefería pensar en las cosas por su cuenta, haciéndose preguntas como «¿A qué distancia se encuentran las nubes?».

Los talentos matemáticos de Ramanujan se manifestaron tempranamente, y a los once años de edad ya superaba a dos estudiantes universitarios que se alojaban en su casa. Aprendió a resolver ecuaciones cúbicas y podía recitar un buen número de dígitos de π y e. Un año más tarde tomó prestado un libro avanzado y lo dominó por completo sin esfuerzo aparente. A los trece años devoró la *Trigonometría* de Sidney Loney, que incluía las expansiones de series infinitas para el seno y el coseno, y ya producía sus propios resultados. Su talento para las matemáticas le reportó muchos premios en el colegio, y en 1904 su director dijo de él que merecía una nota más alta de la máxima posible.

A los quince años ocurrió algo que, aunque entonces pareciera trivial, cambiaría su vida. Consiguió en la Biblioteca Universitaria Gubernamental un ejemplar de la *Sinopsis de resultados elementales en matemática pura*, de George Carr. La *Sinopsis* es como mínimo idiosincrásica. Sus más de mil páginas contienen una relación de unos cinco mil teoremas, todos ellos sin demostración. Carr había escrito su libro a partir de los problemas que planteaba a sus estudiantes. Del mismo modo, Ramanujan se planteó un problema: demostrar «todas las fórmulas del libro». No contaba con más ayuda, ningún otro libro. En la práctica, se había propuesto un proyecto de investigación de cinco mil temas distintos. Como era demasiado pobre para permitirse comprar papel, hacía sus cálculos en una pizarra y apuntaba sus resultados en una serie de cuadernos que conservó durante toda su vida.

En 1908, la madre de Ramanujan, Komalatammal, decidió buscar una esposa para su hijo, que entonces contaba veinte años. Se decidió por Janaki, la hija de uno de sus parientes, que vivía a unos cien kilómetros de Kumbakonam. Janaki tenía nueve años. La diferencia de edad no era un gran obstáculo en una sociedad de matrimonios acordados y novias de corta edad. Ramanujan era, al parecer, un joven de lo más corriente, un fracasado sin trabajo, sin dinero, sin perspectivas. Pero Janaki era una de las cinco hijas de una familia que había perdido la mayor parte de lo que poseía, y sus padres estaban más que satisfechos con encontrar un esposo que la tratase bien. Eso le bastaba a Komalatammal, lo que habitualmente implicaba que el trato estaba sellado. Pero en esta ocasión su marido se plantó. ¡Su hijo podía aspirar a mucho más! Dos años antes había estado a punto de casarse, pero por desgracia una muerte en la familia de la novia puso fin a la boda. Sobre todo, el padre estaba enojado porque su esposa no le hubiera consultado. Sea como fuere, desairó a la familia de la novia negándose a asistir a la celebración del enlace.

Amaneció el día de la boda, y ni el novio ni su familia aparecían por ningún lado. El padre de la novia, Rangaswamy, anunció a los cuatro vientos que si Ramanujan no aparecía pronto, casaría allí mismo a su hija con otro hombre. Por fin llegó el tren de Kumbakonam, con horas de retraso, y ya pasaba de la medianoche cuando Ramanujan y su madre (no su padre) alcanzaron el pueblo de la novia en un carro de bueyes. Komalatammal se apresuró a apaciguar a Rangaswamy, señalando muy públicamente que un pobre padre con cinco hijas haría muy mal en rechazar una oferta genuina.

Tras los cinco días acostumbrados de celebración, Janaki se encontró casada con Ramanujan. No se uniría a él hasta alcanzar la pubertad, pero las vidas de los dos ya habían cambiado. Ramanujan empezó a buscar trabajo. Probó a dar clases particulares de matemáticas, pero no encontró pupilos. Enfermó, posiblemente a consecuencia de una antigua operación, y se presentó en carro de caballos en la casa de un amigo, R. Radhakrishna Iyer, quien le llevó a que le viera un médico y luego lo puso en un tren de vuelta a Kumbakonam. Al partir, Ramanujan le dijo: «Si muero, por favor entrega esto al profesor Singaravelu Mudaliar o al profesor británico Edward Ross», y puso en manos de su sorprendido amigo dos gruesos cuadernos llenos a rebosar de matemáticas.

No había en ellos únicamente el legado de Ramanujam, sino también su oportunidad de trabajar, la prueba de que era algo más que un indolente haragán. Comenzó a contactar con personas influyentes con su porfolio matemático bajo el brazo. En *The Man Who Knew Infinity* [El hombre que conoció el infinito], Robert Kanigel dice: «En el año y medio transcurrido desde su boda, Ramanujan se había convertido en un vendedor a domicilio. Su producto era él mismo». Y no era fácil de vender. En la India de la época, el camino más directo a un buen empleo era un buen enchufe, y Ramanujan carecía de contactos. Lo único que tenía eran sus cuadernos... y otra cosa importante. Era amable. Gustaba a todo el mundo. Era alegre y amigo de los chistes.

Con el tiempo, su persistencia y su sencillo encanto dieron sus frutos. En 1912 un profesor de matemáticas, P. V. Seshu Aiyar, lo envió a ver a R. Ramachandra Rao, un funcionario que trabajaba como recaudador de distrito en Nellore. Rao recordaría más tarde la entrevista:

> Accedí a que Ramanujan viniera a verme. Entró una figura baja, tosca, fuerte, sin afeitar, no aseado en exceso, con un rasgo llamativo: unos ojos brillantes [...] Me percaté al momento de que había algo que no encajaba, pero mi conocimiento no me permitía juzgar si hablaba con o sin sentido [...] Me mostró algunos de sus resultados más simples. Llegaban más lejos que cualquiera de los libros existentes, y no me cupo duda de que era un hombre notable. Entonces, paso a paso, me condujo a las integrales elípticas y las series hipergeométricas y, finalmente, su Teoría de las Series Divergentes, todavía no anunciada al mundo, me ganó.

Rao consiguió para Ramanujan un puesto en la Oficina de la Autoridad Portuaria de Madrás con un sueldo de treinta rupias al mes, un trabajo que le dejaba suficiente tiempo libre para proseguir con sus investigaciones. Una ventaja adicional era que podía llevarse el papel de embalaje usado para escribir sus matemáticas.

Fue entonces cuando, a instancias de las mismas personas, Ramanujan escribió su modesta carta a Hardy. Este enseguida le envió una respuesta alentadora. Ramanujan le rogó que le enviara una «carta de simpatía» que le ayudase a conseguir una beca. Hardy ya se había adelantado a su petición, y con más ambición. Había escrito al propio secretario para Estudiantes Indios en Londres para buscar la manera de conseguir para Ramanujan una educación en Cambridge. Pero entonces descubrió que Ramanujan no quería dejar la India. La red de Cambridge se puso en marcha. Otro matemático del Trinity, Gilbert Walker, estaba de visita en Madrás, y escribió una carta a la universidad de esta ciudad, consiguiendo una beca especial para Ramanujan. Por fin era libre para dedicar todo su tiempo a las matemáticas.

Hardy siguió intentando convencer a Ramanujan de que fuera a Inglaterra. Cuando Ramanujan comenzó a considerarlo, el principal obstáculo era su madre. Pero entonces, una mañana, para sorpresa de toda la familia, su madre anunció que la diosa Namagiri se le había aparecido en un sueño y le había ordenado que permitiera que su hijo satisficiera la vocación de su vida. Ramanujan recibió una beca para pagar la subsistencia y los desplazamientos, tomó el barco en dirección a Inglaterra y en abril de 1914 llegaba al Trinity College. Debió de sentirse allí fuera de lugar, pero perseveró, y acabó escribiendo numerosos artículos de investigación, entre ellos algunos influyentes trabajos con Hardy.

Ramanujan era brahmán, una casta hindú que tiene prohibido causar daño alguno a los seres vivos. Aunque sus amigos ingleses tuviesen la impresión de que su principal motivación religiosa no era tanto la creencia como la costumbre social, observaba los rituales de rigor en la medida que podía en una Inglaterra en plena guerra. Como vegetariano, no confiaba en que los cocineros del College eliminaran todos los productos cárnicos, de modo que aprendió a cocinar por su cuenta, naturalmente al estilo indio. Según sus amigos, llegó a ser un cocinero consumado.

Hacia 1916 su amigo Gyanesh Chandra Chatterji, a la sazón en India como académico estatal del gobierno de India, estaba a punto de casarse, de modo que Ramanujan lo invitó a cenar con su prometida. Tal como se había acordado, Chatterji, su prometida y su carabina se presentaron en las estancias de Ramanujan, y les sirvió una sopa. Cuando la acabaron, les ofreció un poco más. Los tres repitieron, así que sugirió un cucharón más. Chatterji aceptó, las mujeres declinaron la oferta.

Al cabo poco tiempo, Ramanujan había desaparecido.

Esperaron a que regresara. Pasó una hora, y Chatterji decidió bajar a buscar a un portero. En efecto, había visto a Mr. Ramanujan. Había parado un taxi y se había marchado en él. Chatterji regresó a la habitación y los tres invitados esperaron hasta las diez de la noche, cuando las normas del colegio universitario les obligaban a marcharse. Su anfitrión no daba señales. Ni las dio durante los cuatro días siguientes... ¿Qué había ocurrido? Chatterji comenzaba a preocuparse.

Al quinto día llegó un telegrama desde Oxford: ¿podría Chatterji transferir cinco libras a Ramanujan? (Eso era mucho dinero en aquellos días, varios cientos de libras en la actualidad.) Enviado el dinero, Chatterji esperó, y Ramanujan finalmente apareció. Preguntado por lo ocurrió, explicó. «Me sentí herido e insultado cuando las dos damas no aceptaron la comida que les servía.»

Era un signo exterior de una agitación interior. Ramanujan había llegado a su límite. Nunca había llegado a adaptarse a la vida en Inglaterra. Su salud, que nunca había sido buena, estaba empeorando, y acabó en el hospital. Hardy lo visitó allí, y la visita provocó otra historia sobre Ramanujan en la que también figura un taxi. Se ha convertido casi en un cliché, pero aun así merece la pena repetirla.

Hardy había escrito en una ocasión que todo entero positivo era amigo personal de Ramanujan, y los ilustraba con una anécdota sobre una visita que le había hecho cuando estaba ingresado en un hospital. «Había llegado en el taxi número 1.729 y le comenté que el número me parecía bastante soso y que esperaba que no fuera un mal presagio. "No —replicó—, es un número muy interesante; es el número más pequeño que puede expresarse como la suma de dos cubos de dos maneras distintas".»

Para ser precisos,

$$1.729 = 1^3 + 12^3 = 9^3 + 10^3$$

y es el número positivo más pequeño que posee esta propiedad.

La historia transmite bien su mensaje, pero no puedo por menos que preguntarme si no sería un poco un montaje, un intento de Hardy por levantarle el ánimo a su amigo enfermo dejando que mordiera el anzuelo. Es obvio que la mayoría de la gente no caería en la cuenta de esta característica del número 1.729, pero era seguro que Ramanujan la reconocería al instante. De hecho, muchos matemáticos, sobre todo los que tienen algún interés en la Teoría de los Números (entre ellos Hardy) la conocerían. Es casi imposible para un matemático ver el número 1.729 y no pensar en 1.728, que es el cubo de 12. Y también es difícil no notar que 1.000 es 10 al cubo y 729 es 9 al cubo.

Sea como fuere, la historia de Hardy condujo a un concepto menor pero interesante de la Teoría de los Números: el llamado «número taxicab». El n-ésimo número taxicab es el número más pequeño que puede expresarse como la suma de dos cubos positivos de n maneras distintas. Los dos números taxicab siguientes son:

87.539.319

6.963.472.309.248

Hay infinitos números taxicab, pero solo se conocen los seis primeros.

Llegado el año 1917, Ramanujan estaba de vuelta en sus estancias, obsesionado única y exclusivamente por las matemáticas. Trabajaba día y noche hasta que se agotaba, y entonces dormía veinte horas seguidas. Aquello no le hizo ningún bien a su salud; además, la guerra había provocado una escasez de frutas y verduras, de las que dependía. Al llegar la primavera, había caído víctima de alguna enfermedad no diagnosticada pero posiblemente incurable. Fue ingresado en un pequeño hospital privado para pacientes del Trinity College. Durante los dos años siguientes, lo visitaron ocho o más médicos y fue ingresado en al menos cinco hospitales y sanatorios. Los doctores sospecharon de una úlcera gástrica, luego de un cáncer, luego de una septicemia, pero finalmente decidieron que la causa más probable era una tuberculosis, y lo trataron fundamentalmente de esa infección.

Por fin, aunque demasiado tarde, le comenzaron a llegar honores académicos. Fue el primer indio elegido miembro (*Fellow*) de la Royal Society, y el Trinity lo seleccionó para un puesto académico. Se entregó entonces con renovadas fuerzas a las matemáticas. Sin embargo, siguió sufriendo de mala salud y, bajo la sospecha de que la culpa la tenía el clima inglés, en abril de 1919 regresó a la India. El largo viaje no le sentó bien, y para cuando llegó a Madrás su salud había empeorado de nuevo. Falleció en Madrás en 1920, dejando viuda pero ningún hijo.

❋

Hay cuatro fuentes principales de los resultados matemáticos de Ramanujan: sus artículos publicados, sus tres cuadernos, sus informes trimestrales a la Universidad de Madrás y sus manuscritos no publicados. Un cuarto cuaderno «perdido» (un fajo de papeles sueltos) fue reencontrado en 1976 por George Andrews, pero algunos de sus manuscritos todavía están en paradero desconocido. Bruce Berndt ha editado en tres volúmenes *Ramanujan's Notebooks* [Los cuadernos de Ramanujan], una obra en la que se incluyen las demostraciones de todas sus fórmulas.

Ramanujan tenía una formación poco común, y ninguna educación formal. No es de extrañar, pues, que su matemática sea un tanto idiosincrásica. Su principal punto fuerte se encontraba en un campo pasado de moda: la producción de fórmulas complejas e ingeniosas. Ramanujan era el hombre de las fórmulas por excelencia, sin rival salvo por algunos de los viejos maestros como Euler o Jacobi. «En una fórmula de Ramanujan siempre hay más de lo que parece a simple vista», escribió Hardy. La mayoría de sus resultados tratan de series infinitas, integrales y fracciones continuas. Un ejemplo de una fracción continua es la expresión:

$$\cfrac{x}{1+\cfrac{x^5}{1+\cfrac{x^{10}}{1+\cfrac{x^{15}}{1+\dots}}}}$$

que se encuentra en la última página de su carta y representa una fórmula sin duda extraña, pero correcta. Aplicó algunas de sus fórmulas a la Teoría de los Números, con especial interés en la teoría analítica de números, que busca aproximaciones simples a cantidades como el número de primos por debajo de cierto número (Teorema de los Números Primos de Gauss; capítulo 10), o el número promedio de divisores de un número dado.

Sus publicaciones durante su estancia en Cambridge estuvieron influidas por su relación con Hardy, de modo que están escritas en un estilo convencional e incluyen demostraciones rigurosas. Los resultados recogidos en sus cuadernos tienen una cualidad muy distinta. Como fue autodidacta, su concepto de demostración no era tan riguroso. Si una mezcla de indicios numéricos y argumentos formales le llevaba a una conclusión plausible, y su intuición le decía que había dado con la respuesta correcta, para Ramanujan era suficiente. Sus resultados normalmente eran correctos, mientras que sus demostraciones contenían lagunas, y en ocasiones se requerían argumentaciones bastante distintas. En algunas raras ocasiones, sus intuiciones resultaban ser erróneas. Berndt sostiene que si Ramanujan «hubiera pensado como un matemático de sólida formación, no habría guardado muchas de las fórmulas que creía haber demostrado», y en consecuencia las matemáticas habrían resultado empobrecidas.

Un buen ejemplo es un resultado que Ramanujan llamaba su «fórmula magistral».[11] Su demostración utiliza expansiones de series, intercambios del orden de sumatorios e integraciones, y otras maniobras por el estilo. Como utiliza procesos infinitos, cada paso está lleno de peligros. Los mejores analistas pasaron la mayor parte del siglo XIX intentando averiguar solamente cuándo eran permisibles esos procedimientos. Las condiciones que, de acuerdo con Ramanujan, determinan que su fórmula es correcta son de todo punto insuficientes. Sin embargo, casi todos los resultados que deriva a partir de su fórmula magistral son correctos.

❋

Algunos de los trabajos más sorprendentes de Ramanujan se produjeron en la teoría de las particiones, una rama de la Teoría de los Números. Dado un número, nos preguntamos de cuántas maneras se puede descomponer como suma de números enteros más pequeños. Por ejemplo, el número 5 puede descomponerse de siete maneras:

$$5 \quad 4+1 \quad 3+2 \quad 3+1+1 \quad 2+2+1$$
$$2+1+1+1 \quad 1+1+1+1+1$$

Por consiguiente, $p(5) = 7$. Los números $p(n)$ crecen rápidamente con n. Por ejemplo, $p(50) = 204.226$ y $p(200)$ es el gigantesco 3.972.999.029.388. No existe ninguna fórmula simple para $p(n)$. Sin embargo, podemos preguntarnos por una fórmula aproximada que nos dé el orden de magnitud de $p(n)$. Este es un problema de la teoría analítica de números, y un problema especialmente difícil. En 1918 Hardy y Ramanujan superaron las dificultades técnicas y obtuvieron una fórmula aproximada, una serie bastante complicada con complejas raíces vigesimocuartas de la unidad.* Luego descubrieron que cuando $n = 200$ «solo» el primer término daba las seis primeras cifras significativas del valor exacto. Sumando solamente siete

* Las raíces n-ésimas de la unidad son los números complejos que cumplen que elevados a n dan la unidad. (*N. del t.*)

términos más obtuvieron 3.972.999.029.388,004, cuya parte entera es el valor exacto. Observaron que este resultado «sugiere con fuerza que es posible obtener una fórmula para $p(n)$ que no solo dé el orden de magnitud y estructura, sino que pueda usarse para calcular su valor exacto para cualquier n», y a continuación demostraron justamente eso. Debe de ser una de las pocas ocasiones en las que la búsqueda de una fórmula aproximada conduce a una exacta.

Ramanujan también descubrió algunos patrones interesantes en particiones. En 1919 demostró que $p(5k + 4)$ siempre es divisible por 5 y $p(7k + 5)$ siempre es divisible por 7. En 1920 enunció algunos resultados parecidos, por ejemplo que $p(11k + 6)$ siempre es divisible por 11, que $p(25k + 24)$ siempre es divisible por 25; que $p(49k + 19)$, $p(49k + 33)$, $p(49k + 40)$ y $p(49k + 47)$ siempre son divisibles por 49, y que $p(121k + 116)$ es divisible por 121. Nótese que $25 = 5^2$, $49 = 7^2$ y $121 = 11^2$. Ramanujan sugirió que existían fórmulas como estas solamente para divisores de la forma $5^a 7^b 11^c$, pero se equivocaba. Arthur Atkin halló que $p(17.303 + 237)$ es divisible por 13, y en 2000 Ken Ono demostró que existen congruencias de este tipo para todos los módulos primos. Un año más tarde él y Scott Ahlgren demostraron que existen para todos los módulos no divisibles por 6.

❋

Algunos de los resultados de Ramanujan siguen esperando a ser demostrados. Uno de los que sucumbieron hace unos cuarenta años es especialmente significativo. En un artículo de 1916 estudió una función, $\tau(n)$, definida como el coeficiente de x^{n-1} en la expansión de

$$[(1-x)(1-x^2)(1-x^3)...]^{24}$$

Así, $\tau(1) = 1$, $\tau(2) = -24$, $\tau(3) = 252$, y así sucesivamente. La fórmula proviene de investigaciones elegantes y profundas sobre funciones elípticas realizadas durante el siglo XIX. Ramanujan necesitaba $\tau(n)$ para resolver un problema sobre potencias de divisores de n, y necesitaba saber lo grande que era. Demostró que su tamaño no es mayor que n^7, pero conjeturó que esto puede mejorarse para $n^{11/2}$. Presentó como conjeturas dos fórmulas:

$$\tau(mn) = \tau(m)\tau(n) \text{ si } m \text{ y } n \text{ no tienen divisores comunes}$$

$$\tau(p^{n+1}) = \tau(p)\tau(p^n) - p^{11}\tau(p^{n-1}) \text{ para todo número primo } p$$

Estas fórmulas facilitan el cálculo de $\tau(n)$ para cualquier n. Louis Mordell las demostró en 1919, pero la Conjetura de Ramanujan sobre el orden de magnitud de $\tau(n)$ se resistió a todos sus esfuerzos.

En 1947 André Weil andaba revisando algunos resultados antiguos de Gauss cuando se dio cuenta de que podía aplicarlos a soluciones enteras de varias ecuaciones. Siguiendo su intuición y una curiosa analogía con la topología, formuló una serie de resultados bastante técnicos, las conjeturas de Weil, que fueron a ocupar un lugar central en la geometría algebraica. En 1974 Pierre Deligne las demostró, y un año más tarde él y Yasutaka Ihara dedujeron a partir de ellas la Conjetura de Ramanujan. Que su conjetura, de aspecto tan inocente, hubiera de necesitar avances de tal magnitud e importancia antes de que pudiera responderse es una señal de lo buena que era la intuición de Ramanujan.

Entre sus invenciones más enigmáticas se encuentran las «falsas funciones zeta» (*mock theta functions*), que describió en su última carta a Hardy, en 1920; con posterioridad se encontraron más detalles sobre ellas en su cuaderno perdido. Jacobi había introducido las funciones zeta como un enfoque alternativo a las funciones elípticas. Se trata de series infinitas que se transforman en una forma muy simple cuando se añaden las constantes apropiadas a la variable, y las funciones elípticas se pueden construir dividiendo una función zeta por otra. Ramanujan definió algunas series análogas, y presentó un gran número de fórmulas en las que participan. En su momento, la idea no parecía ir más allá de un ejercicio de manipulación de series complicadas, sin relación con nada más en las matemáticas. En la actualidad, sabemos que no es así. Tienen importantes vínculos con la teoría de las formas modulares, que aparecen en la Teoría de los Números y también están relacionadas con las funciones elípticas.

La función zeta de Ramanujan, que es un concepto parecido pero distinto, ha resultado ser útil en tiempos recientes en el contexto de la Teoría de Cuerdas, el más célebre intento de los físicos por unificar la relatividad y la mecánica cuántica.

❋

Dado que Ramanujan trabajaba de una forma tan extraordinaria, obteniendo resultados correctos con métodos poco rigurosos, en ocasiones se ha sugerido que su forma de razonar era especial o inusual. Al parecer, el propio Ramanujan había dicho que sus resultados se los dictaba en sueños la diosa Namagiri. No obstante, es posible que lo dijera solamente para evitar discusiones embarazosas. Según su viuda, S. Janaki Ammal Ramanujan, «nunca tenía tiempo de ir al templo porque estaba siempre obsesionado con sus matemáticas». Hardy escribió que creía que «en el fondo, todos los matemáticos tiene la misma forma de pensar, y Ramanujan no era una excepción», pero añadía: «Él aunaba un poder de generalización, una intuición para la forma y una capacidad para la modificación rápida de sus hipótesis que a menudo resultaban sorprendentes».

Ramanujan no fue el matemático más destacado de su tiempo, ni el más prolífico, pero su reputación no descansa únicamente en su peculiar extracción social y su emotiva historia de «niño pobre que logra el éxito». Sus ideas ejercieron influencia durante su propia vida, y ganan en influencia a medida que pasan los años. Bruce Berndt cree que, lejos de estar pasado de moda, Ramanujan se adelantó a su tiempo. A veces es más fácil demostrar alguna de las notables fórmulas de Ramanujan que averiguar cómo diablos consiguió llegar a ella. Muchas de las ideas más profundas de Ramanujan solo comienzan a valorarse ahora. Le dejo la última palabra a Hardy:

> Un don que tienen [sus matemáticas] que nadie puede negar: una originalidad profunda e invencible. Es probable que hubiera llegado a ser un matemático aún más destacado de haber sido captado y domeñado un poco en su juventud; habría descubierto más cosas nuevas y, sin duda, de mayor importancia. Por otro lado, habría sido menos Ramanujan y más un profesor europeo, y tal vez habría sido más lo perdido que lo ganado.

22

Incompleta e indecidible
Kurt Gödel

Kurt Friedrich Gödel
Nacimiento: Austria-Hungría, 28 de abril de 1906
Muerte: Princeton, Nueva Jersey, EE. UU., 14 de enero de 1978

El estereotipo de los matemáticos, aparte de que son todos hombres y viejos, es que son un poco raros. Como de otro mundo, siempre. Excéntricos, a menudo. Locos de atar, a veces.

Ya hemos visto que esta imagen no se ajusta a la mayoría de los matemáticos, aparte de que sean hombres, e incluso eso ha cambiado muy considerablemente durante las últimas décadas. Vale que la mayoría acaban sus carreras siendo viejos, pero ¿quién no? La única manera de evitarlo es muriendo joven, como Galois. Las reputaciones y las responsabilidades suelen aumentar con la edad, de manera que los viejos tienden a estar sobrerrepresentados entre los líderes de una rama de conocimiento.

Cuando su mente está centrada en la investigación, es fácil que los matemáticos parezcan estar en otro mundo, pero como suele decirme un colega biólogo, no es que estén ausentes, es que están presentes en otro lugar. Para resolver un problema matemático difícil se necesita concentración. Algunos matemáticos (y no es la única profesión que lo hace) llevan esa ausencia del mundo hasta la excentricidad. Quizá el ejemplo más obvio sea Paul Erdős, que nunca ocupó un puesto académico y nunca tuvo casa propia. Iba de un colega a otro, pasando una noche en el sofá o unos meses en la habitación de invitados. Pero escribió la friolera de 1.500 artículos de investigación y colaboró con un sorprendente medio millar de matemáticos.

En cuanto a lo de estar locos, es cierto que algunos, en algún momento de su vida, sufrieron alguna enfermedad mental. Cantor pasó por crisis agudas de depresión. John Nash, el protagonista del libro y película *Una mente maravillosa*, ganó el premio Nobel de Economía en 1994 (o, para ser más precisos, el premio en memoria de Alfred Nobel, que a todos los efectos se trata como cualquiera de los premios Nobel originales), pese a que durante años sufrió un trastorno diagnosticado como esquizofrenia paranoica y fue sometido a terapia por electrochoque. Mediante un gran esfuerzo de voluntad, reconociendo sus crisis psicóticas y negándose a sucumbir a ellas, logró curarse.

Kurt Gödel fue sin duda excéntrico, y a veces cruzó la línea. El área de investigación que eligió, la lógica matemática, no era entonces una rama estándar de las matemáticas, y en este sentido parecía, aún más que sus colegas, que estaba en otro mundo. Para compensar, sus descubrimientos en ese campo revolucionaron nuestra manera de pensar sobre los fundamentos de la lógica y las matemáticas, y sobre sus relaciones. Fue original y brillante, y un pensador muy profundo.

Su interés por la lógica nació en 1933, cuando Adolf Hitler se alzó con el poder en Alemania, y se vio estimulado por seminarios impartidos por Moritz Schlick, un filósofo fundador del positivismo lógico y del Círculo de Viena. Schlick murió en 1936 asesinado por Johann Nelböck, uno de sus antiguos estudiantes. Muchos miembros del Círculo de Viena ya habían huido de Alemania, temiendo la persecución antisemita, pero Schlick, que estaba en Austria, permaneció en la Universidad de Viena. Subía las escaleras para impartir un seminario cuando Nelböck le disparó con una pistola. Nelböck confesó el crimen, pero usó los procedimientos judiciales a modo de plataforma para vocear sus creencias políticas. Proclamó que su falta de contención moral había sido una reacción a la posición filosófica de Schlick, antagónica de la metafísica. Otros sospechaban que la verdadera razón tenía que ver con la obsesión de Nelböck hacia otra estudiante, Sylvia Borowicka. Su pasión no correspondida le habría llevado a la creencia paranoica de que Schlick competía por su afecto. Fue sentenciado a diez años de prisión, pero el caso contribuyó al crecimiento de la histeria antisemita en Viena, pese a que, en realidad, Schlick no era judío. La política de la posverdad no es nada nuevo. Y lo que es peor, cuando Alemania se anexionó Austria, Nelböck fue liberado tras cumplir apenas dos años de su sentencia.

El asesinato de su mentor tuvo un terrible efecto sobre Gödel. También él desarrolló signos de paranoia, aunque se ajustaba bastante al viejo chiste, «solo porque sea paranoico no significa que me anden persiguiendo». Gödel tampoco era judío, pero tenía muchos amigos que sí lo eran. Para quien vivía bajo el régimen nazi, la paranoia era la expresión última de la cordura. No obstante, desarrolló una fobia centrada en el temor a ser envenenado, y durante varios meses tuvo que ser tratado por enfermedad mental. El temor a perder la cabeza le perseguiría de nuevo en los últimos años de su vida, cuando una vez más desarrolló síntomas de enfermedad mental y paranoia. Se negaba a comer nada que no hubiera cocinado su mujer. En 1977 su esposa sufrió dos infartos y estuvo ingresada durante un largo período, durante el cual ya no podía cocinar para su marido. Gödel dejó de comer y murió de inanición. Fue un final macabro e inútil para uno de los grandes pensadores del siglo XX.

❋

El padre de Gödel, Rudolf, era director de una fábrica textil en Brünn, en Austria-Hungría, hoy Brno, en la República Checa. Durante su infancia y hasta bien entrada la edad adulta, estuvo muy apegado a su madre, Marianne (de soltera Handschuch). Rudolf era protestante, Marianne católica; Kurt creció en la Iglesia protestante. Se consideraba a sí mismo un cristiano comprometido, y creía en un Dios personal, pero en la religión organizada. Escribió que «las religiones son, en su mayoría, malas; no así la religión». Leía la Biblia con regularidad pero no iba a misa. Entre sus papeles inéditos se encontró un intento de demostrar la existencia de Dios mediante la lógica modal. Su mote familiar, de niño, era Herr Warum (señor por qué), por razones que es fácil imaginar. A los seis o siete años de edad sufrió un episodio de fiebre reumática, y aunque se recuperó completamente, nunca dejó de creer que la enfermedad le había dañado el corazón. Su salud tendía a ser frágil, un estado que persistió hasta su muerte.

A partir de 1916 Gödel fue estudiante en el Deutsches Staats-Realgymnasium, donde obtuvo calificaciones altas en todas las asignaturas, pero sobre todo en matemáticas, lengua y religión. Se convirtió de forma automática en ciudadano checoslovaco cuando se desmoronó el imperio austro-húngaro tras la primera guerra mundial. Ingresó en la Universidad de Viena en 1923, sin tener claro al principio si quería estudiar matemáticas o física, pero la *Introducción a la filosofía matemática* de Bertrand Russell lo llevó a decidirse por las matemáticas, con especial interés en la lógica matemática. Se produjo un importante punto de inflexión en su carrera en 1928, cuando asistió en Bolonia a una conferencia de David Hilbert en el primer Congreso Internacional de Matemáticos, celebrado al acabar la primera guerra mundial. Hilbert explicó sus perspectivas sobre los sistemas axiomáticos, en particular sobre si son coherentes y completos. En 1928 Gödel leyó *Principios de lógica matemática*, de Hilbert y Wilhelm Ackerman, la obra que erigía el esqueleto técnico del programa de Hilbert para dirimir aquellas cuestiones. En 1929 escogió ese tema para su tesis doctoral, dirigida por Hans Hahn. Demostró entonces lo que hoy conocemos como Teorema de Completitud de Gödel: que el cálculo de predicados (capítulo 14) es completo, es decir, que todo verdadero teorema puede demostrarse, todo falso teorema puede refutarse, y no hay más opciones. Sin embargo, el cálculo de predicados es muy limitado, e inadecuado como fundamento de las matemáticas. El programa de Hilbert se formulaba en el contexto de un sistema axiomático mucho más rico.

Gödel se convirtió aquel mismo año en ciudadano austríaco. (Su ciudadanía pasó automáticamente a ser alemana en 1938, cuando Alemania se anexionó Austria.) Recibió un doctorado en 1930, y al año siguiente demolió el programa de Hilbert al publicar «Sobre las proposiciones formalmente indecidibles de los *Principia mathematica* y sistemas parecidos», donde demostraba que ningún sistema axiomático lo bastante rico como para formalizar las matemáticas podía ser lógicamente completo, y que es imposible demostrar que un sistema así sea coherente.* (Me ocuparé enseguida de los *Principia mathematica*.) Consiguió la habilitación en 1932, y al año siguiente ya era *Privatdozent* en la Universidad de Viena. Los terribles acontecimientos relatados más arriba se produjeron durante este período de su vida. Para alejarse de la Austria nazi, visitó Estados Unidos, y fue allí donde conoció a Einstein, con quien entabló amistad.

En 1938 se casó con Adele Nimbursky (de soltera Porkert), a quien había conocido en Der Nachtfalter, un club nocturno de Viena, once años antes. Tenía seis años más que él y ya había estado casada, por lo que sus padres se opusieron a la boda, pero Gödel desatendió sus deseos. Cuando en 1939 estalló la segunda guerra mundial, Gödel temió ser reclutado por el ejército alemán. Su mala salud lo hacía difícil, pero ya lo habían tomado por judío, así que también podían tomarlo por persona sana. Se agenció un

* He preferido usar los términos coherente y coherencia (lógica), por ser más propios del castellano que los términos consistente y consistencia, de uso también muy extendido por calco del inglés y el alemán. (*N. del t.*)

visado americano y se dirigió a Estados Unidos a través de Rusia y Japón, acompañado de su esposa. Llegaron allí en 1940. Ese mismo año demostró que la Hipótesis del Continuo de Cantor es coherente con los axiomas habituales de la Teoría de Conjuntos para la matemática. Aceptó un puesto en el Instituto de Estudios Avanzados de Princeton, primero como miembro ordinario, y más tarde, en 1953, como catedrático. Aunque dejó de publicar en 1946, siguió investigando.

Gödel devino ciudadano estadounidense en 1948. Al parecer, creía haber encontrado un defecto lógico en la Constitución de Estados Unidos e intentó explicárselo al juez, que sensatamente no mordió el anzuelo. Su estrecha amistad con Einstein lo llevó a trabajar un poco en la relatividad. En concreto, encontró un espacio-tiempo que poseía una curva temporal cerrada, es decir, una formulación matemática de una máquina del tiempo. Si algo sigue esa curva por el espacio y el tiempo, su futuro acaba juntándose con su pasado. Es como estar en Londres en 1900, viajar veinte años hacia el futuro y descubrir que uno vuelve a estar en Londres y el año vuelve a ser 1900. Recientemente, las curvas temporales cerradas se han convertido en un tema candente, no tanto porque puedan llevarnos a construir una máquina del tiempo práctica, sino porque arrojan luz sobre las limitaciones de la Relatividad General y sugieren la posibilidad de que se necesiten nuevas leyes físicas.

En sus últimos años, la salud de Gödel, que nunca había sido buena, empeoró. Su hermano Rudolf informó de que

> tenía una opinión muy personal y fija sobre todas las cosas [...] Por desgracia, toda su vida creyó tener la razón en todo, no solo en las matemáticas, sino también en la medicina, así que era un paciente muy difícil para los médicos. Tras una grave hemorragia provocada por una úlcera duodenal [...] mantuvo una dieta extremadamente estricta (¿demasiado?), que poco a poco lo llevó a perder peso.

El resto ya lo conocemos. En su certificado de defunción consta como causa de su muerte «malnutrición e inanición provocada por un trastorno de la personalidad». La inanición es el agotamiento causado por la falta de alimento. Solo pesaba treinta kilos.*

* Rudolf debía saber de qué hablaba, puesto que él mismo era médico. Recogió sus recuerdos en Gödel, R. (1987) «History of the Gödel family», en Weingartner, P. y Schmmetterer, L. (eds.), *Gödel remembered*, Bibliopolis, Nápoles, pp. 13-27. (*N. del t.*)

Desde tiempos antiguos, las matemáticas se habían mantenido como ejemplo estelar de algo que simplemente era «verdadero», una verdad absoluta, sin peros ni condiciones. Dos más dos son cuatro, y punto. Su único competidor por la verdad absoluta era la religión (la confesión o secta al gusto del creyente, por supuesto), y aun en ese caso las matemáticas contaban con una ventaja. Las religiones, como dijo Terry Pratchett, son verdaderas «para un valor dado de verdad». Las matemáticas podían «demostrar» que eran verdad.

Cuando los filósofos, lógicos y matemáticos interesados en estas cuestiones comenzaron a pensar más a fondo sobre lo que implica este tipo de verdad absoluta, se dieron cuenta de que, hasta cierto punto, era ilusoria. Dos más dos es igual a cuatro para números naturales, pero ¿qué es exactamente un número? Y, ya puestos, ¿qué significan «más» e «igual»? Los matemáticos respondieron estas preguntas formulando el continuo de los números reales, pero Kronecker consideraba que aquello era «obra del hombre», y creía que solo los enteros nos habían sido dados por Dios. Es difícil ver de qué modo una creación arbitraria de la mente humana puede constituir una verdad absoluta. A lo sumo, será una convención.

La idea de que las matemáticas estaban hechas de verdades necesarias se abandonó a favor de considerarlas deducciones a partir de supuestos explícitos de acuerdo con algún sistema específico de lógica. La honestidad exige que se siga el ejemplo de Euclides y se enuncien esos supuestos y normas lógicas en forma de un sistema de axiomas explícitos. Eso ya es metamatemática, o sea, la aplicación de principios matemáticos a la estructura lógica interna de la propia matemática. Bertrand Russell y Alfred North Whitehead desbrozaron el camino en sus *Principia mathematica* de 1910-1913, un título que constituía un homenaje explícito a Newton, y donde, tras varios centenares de páginas, conseguían definir el número «uno». A partir de aquí, el ritmo se aceleraba, e iban apareciendo conceptos matemáticos cada vez más avanzados a un ritmo cada vez más animado, hasta llegar al punto en que ya resultaba evidente que el resto se podía deducir del mismo modo y podían parar. Una característica técnica, su teoría de los «tipos», introducida para evitar ciertas paradojas, fue abandonada más tarde en beneficio de otros esquemas axiomáticos para la Teoría de Conjuntos, de los cuales el más popular era el de Ernst Zermelo y Abraham Fraenkel.

Fue en este contexto donde Hilbert intentó completar el círculo lógico demostrando que alguno de aquellos sistemas axiomáticos era lógicamente coherente (ninguna demostración conduce a una contradicción) y completo (todo enunciado con significado puede ser demostrado o refutado). El primer paso es esencial porque, en un sistema incoherente, se puede demostrar que «dos más dos es igual a cinco». De hecho, se puede demostrar «cualquier» enunciado. El segundo identifica «verdad» con «tiene demostración» y «falso» con «no tiene demostración». Hilbert se centró en un sistema axiomático para la aritmética porque los *Principia mathematica* deducían el resto de la matemática a partir de ese punto: tomándole la palabra a Kronecker, una vez que Dios nos da los enteros, el hombre puede deducir el resto. El programa de Hilbert esbozaba una serie de pasos que, según creía, podían llevarnos hasta aquel objetivo, en función de la complejidad lógica de los enunciados en cuestión, y logró resolver algunos de los casos más simples.

❋

Gödel, me parece a mí, debió de ver algo un tanto sospechoso en toda aquella empresa. En realidad, se le estaba pidiendo a un sistema axiomático para la lógica matemática que demostrase su propia coherencia. «¿Eres coherente?» «¡Por supuesto que lo soy!» Pausa. «Ya, ya [...] ¿y por qué habría de creerte precisamente a ti?» Sea como fuere, alguna razón hubo para el escepticismo que lo llevó a demostrar dos resultados demoledores: su Teorema de Incompletitud y su Teorema de Coherencia.

El segundo descansa sobre el primero. Si, como se recordará, un sistema lógico incoherente puede demostrar cualquier proposición, cabe suponer que también pueda demostrar la que dice que «este sistema es coherente». (Naturalmente, también puede demostrar la verdad de «este sistema es incoherente», pero vamos a ignorarlo.) Así las cosas, ¿qué garantía de veracidad puede ofrecernos una demostración así? Ninguna. Eso es lo que la respuesta del «ya, ya» capta de forma intuitiva. Hay una vía posible para que el programa de Hilbert escape a esta trampa: tal vez la proposición «este sistema es coherente» no tenga sentido dentro del sistema axiomático formal. Ciertamente, no parece muy aritmética.

La respuesta de Gödel fue «convertirla» en aritmética. Un sistema matemático formal se construye con símbolos, y una demostración (o supuesta demostración) de un enunciado no es más que una cadena de símbolos. A los símbolos se les pueden asignar códigos numéricos, y a una cadena de ellos se le puede dar también un código numérico único. La enumeración de Gödel lo logra convirtiendo una cadena de códigos numéricos *abcdef*... en un solo número definido como la multiplicación de potencias de primos:

$$2^a 3^b 5^c 7^d 11^e 13^f \ldots$$

Para descodificarlo y obtener de nuevo una cadena, basta con apelar a la unicidad de la factorización de números primos.

Hay otras maneras de codificar cadenas de símbolos con números; esta es matemáticamente elegante y en absoluto práctica, pero todo lo que necesitaba Gödel era que existiera.

No solo se puede codificar con números las proposiciones, sino también las demostraciones, que no son más que secuencias de proposiciones. Las reglas lógicas para deducir cada proposición a partir de las anteriores restringen los números que pueden corresponder a una demostración lógicamente válida. Así pues, la proposición «P es una demostración válida de la proposición S» puede concebirse también como una proposición aritmética: «si se descodifica P en una secuencia de números, el último es el número que corresponde a S». La enumeración de Gödel nos permite pasar de una proposición metamatemática sobre la existencia de una demostración a una proposición aritmética sobre los números correspondientes.

Gödel quería jugar a este juego con la proposición «esta proposición es falsa». No podía hacerlo de una forma directa porque esa proposición no es aritmética. Pero puede «hacerse» aritmética con la ayuda de los números de Gödel, y entonces acaba convirtiéndose en «este teorema no tiene demostración». Hacen falta algunos trucos técnicos para que todo esto tenga sentido, pero en esencia eso es lo que ocurre. Supongamos ahora que Hilbert tiene razón y el sistema axiomático para la aritmética es completo. Entonces «este teorema no tiene demostración» o bien tiene demostración o bien no la tiene. En cualquiera de los dos casos, tenemos un problema. Si tiene demostración, entonces llegamos a una contradicción. Si no tiene demostración, es falso (puesto que, como se recordará, partimos de la suposición de que Hilbert tiene razón), y por lo tanto tiene demostración, lo cual es otra contradicción. Así que el enunciado es contradictorio consigo mismo... y hay un teorema en la aritmética que no puede ser ni demostrado ni refutado.

Gödel se valió rápidamente de este resultado para enunciar su Teorema de Coherencia: si una formulación axiomática de la aritmética es coherente, entonces no puede existir una demostración de su coherencia. Este es el «ya, ya» elevado a la gloria formal: si alguna vez encontrase alguien una demostración de que la aritmética es coherente, podríamos deducir de inmediato que no lo es.

Durante algún tiempo, Hilbert y sus seguidores conservaron la esperanza de que los teoremas de Gödel no indicasen más que una deficiencia técnica del sistema axiomático particular planteado en *Principia mathematica*. Tal vez hubiera alguna alternativa que no cayese en esa trampa. Sin embargo, no se tardó mucho en ver que el mismo argumento funciona con «cualquier» sistema axiomático lo bastante rico como para formalizar la aritmética. Así pues, la aritmética es inherentemente incompleta. Y si es lógicamente coherente, como creen la mayoría de los matemáticos y todos suponemos como hipótesis de trabajo, nunca podremos demostrarlo. De un solo golpe, Gödel había cambiado la visión filosófica completa de la humanidad sobre las matemáticas. Sus verdades no pueden ser absolutas porque hay enunciados cuya verdad o falsedad se encuentran fuera del propio sistema lógico.

Solemos suponer que una conjetura no resuelta, como la Hipótesis de Riemann, es o bien verdadera o bien falsa, así que o bien hay una demostración o bien una refutación. Después de Gödel, debemos añadir una tercera posibilidad. Quizá no exista ninguna vía lógica que nos lleve de los axiomas de la Teoría de Conjuntos a la Hipótesis de Riemann, como «tampoco» una vía lógica que nos lleve de los axiomas de la Teoría de Conjuntos a la refutación de la Hipótesis de Riemann. De ser así, no hay prueba de que sea verdadera ni prueba de que sea falsa. La mayoría de los matemáticos apostarían por que la Hipótesis de Riemann es decidible. De hecho, la mayoría creen que es cierta y que tarde o temprano se podrá demostrar. Y si no lo es, se dará con un contraejemplo, un cero fuera de la línea crítica. El caso es que eso «no lo sabemos». Suponemos que los teoremas «sensatos» pueden demostrarse o refutarse, que los indecidibles tienen un aspecto un tanto forzado o artificial. Sin embargo, en el siguiente capítulo veremos que una pregunta sensata y natural de la informática teórica resultó ser indecidible.

La lógica clásica, con su clara distinción entre verdad y falsedad, sin ninguna tierra de nadie, tiene dos valores. El descubrimiento de Gödel sugiere que para las matemáticas es más apropiada una lógica con tres valores: verdadero, falso e indecidible.

23

La máquina se para
Alan Turing

Alan Mathison Turing
Nacimiento: Londres, 23 de junio de 1912
Muerte: Wilmslow, Cheshire, 7 de junio de 1954

Según su colega Jack Good de Bletchley Park, Alan Turing sufría la fiebre del heno. Iba en bicicleta hasta su oficina, y cada junio llevaba una máscara de gas para protegerse del polen. Además, su bicicleta no andaba demasiado bien, y cada dos por tres se le salía la cadena, por lo que Turing llevaba consigo una lata de aceite y un trapo para limpiarse después de ponerla en su sitio.

Por fin, cansado de poner la cadena una y otra vez, decidió abordar el problema de una forma racional. Comenzó a contar el número de pedaladas hasta que se salía la cadena. El número era notablemente constante, y tras compararlo con el número de eslabones de la cadena y el número de radios de la rueda trasera, dedujo que se salía cada vez que la cadena y la rueda se encontraban en una configuración particular. A partir de entonces, iba contando para saber cuándo iba a salirse la cadena, y entonces hacía una maniobra para mantenerla en su sitio. De este modo, no tenía que llevar consigo el aceite y el trapo. Al final descubrió que un radio que estaba un poco doblado entraba en contacto con un eslabón que estaba dañado.

Un triunfo de la racionalidad, sin duda, aunque cualquier otra persona habría llevado la bicicleta a un taller, donde no habrían tardado nada en identificar el problema. No obstante, al no hacerlo, Turing se ahorró el coste de la reparación, y de paso se aseguró de que nadie más pudiera llevar su bici. Como en tantas otras cosas, él tenía sus razones; sencillamente, no eran las de los demás.

❋

El padre de Alan Turing, Julius, era funcionario británico en la India. Su madre, Ethel (de soltera, Stoney), era hija del ingeniero jefe de los ferrocarriles de Madrás. La pareja deseaba que sus hijos se criaran en Inglaterra, de modo que se mudaron a Londres. Alan fue el segundo de dos hijos. Cuando contaba seis años empezó a ir al colegio en el pueblo costero de St Leonards, donde la directora no tardó en percatarse de que era un niño brillante.

A los trece años ingresó en la escuela Sherborne, una escuela «pública» independiente, que es el peculiar nombre que dan los ingleses a los colegios privados que frecuentan los hijos de los ricos. Como la mayoría de ellas, aquella escuela hacía hincapié en las materias clásicas. Turing tenía mala letra, se le daba mal la lengua, e incluso en su asignatura favorita, las matemáticas, prefería sus propias respuestas a las que esperaban sus profesores. Pese a ello, o tal vez gracias a ello, ganó todos los premios de matemáticas. También le gustaba la química, y también en este caso prefería abrir su propio camino. Su director escribió: «Si solamente va a ser un científico especialista, pierde el tiempo en una escuela pública».

No sabía cuánta razón tenía.

La escuela no sabía que en su tiempo libre Turing leía sobre la relatividad en los artículos de Einstein, y sobre la teoría cuántica en *The Nature of the Physical World* (*La naturaleza del mundo físico*) de Arthur Eddington. En 1928 se hizo buen amigo de Christopher Morcom, un estudiante un año mayor con el que compartía su interés por la ciencia. Pero dos años más tarde Morcom murió. Turing quedó destrozado, pero no desistió en ningún momento y ganó una plaza para estudiar matemáticas en el King's College, en Cambridge. Siguió leyendo libros de texto que eran más avanzados o incluso se salían de lo que requería su plan docente. Se graduó en 1934.

Turing era un desaliñado incorregible. Incluso cuando iba con traje, lo más habitual era que no lo llevase planchado. Se dice que había usado una corbata, o incluso un cordel, a modo de cinturón. Su risa era una carcajada sonora. Tenía un problema en el habla, no tanto un tartamudeo como unas pausas súbitas durante las cuales se quedaba en un *ah-ah-ah-ah-ah*... mientras buscaba en su mente la palabra adecuada. No era muy cuidadoso con el afeitado y a menudo llevaba barba de un día. Se le suele presentar como un científico excéntrico, nervioso y socialmente inepto, cuando en realidad era bastante popular y comunicativo. Sus evidentes excentricidades nacían de su originalidad, no tanto por lo que pensaba como por «cómo» lo pensaba. Cuando trabajaba en un problema, Turing lo abordaba desde ángulos que otros ni sabían que existían.

Un año más tarde tomó un curso de posgrado sobre los fundamentos de las matemáticas con Max Newman, donde aprendió sobre el programa de Hilbert y su refutación por Gödel. Turing comprendió que el Teorema de la Indecidibilidad de Gödel tenía que ver con los algoritmos. Un problema es decidible si existe un algoritmo que le dé respuesta. Y eso puede probarse, para un problema determinado, encontrando uno. La indecidibilidad es más profunda y más difícil: hay que demostrar que no existe tal algoritmo. Es inútil intentarlo siquiera si no se dispone de una definición precisa de qué es un algoritmo. Gödel había abordado esta cuestión pensando en un algoritmo como una demostración dentro de un sistema axiomático. Turing comenzó a pensar en cómo formalizar los algoritmos en general.

❋

En 1935 fue elegido *Fellow* del King's College por su descubrimiento independiente del Teorema Central del Límite de la Teoría de Probabilidad, que ofrece cierta justificación al uso extendido de la «curva de la campana», la distribución normal, en la inferencia estadística. Pero en 1936 sus ideas sobre los teoremas de Gödel saltaron a la primera línea con la publicación de su artículo pionero «Sobre números computables, con una aplicación al *Entscheidungsproblem*» (problema de la decisión). En él, demostraba un Teorema de la Indecidibilidad para un modelo formal de computación que hoy conocemos como Máquina de Turing. Demostró que ningún algoritmo puede decidir por adelantado si una computación finalizará con una respuesta. Su demostración es más simple que la de Gödel, aunque ambas requieren de algunas maniobras preliminares para establecer el contexto.

Aunque hablamos de una «máquina» de Turing, el nombre se refiere a un modelo matemático abstracto que representa una máquina idealizada. Turing la llamaba «a-máquina», con la «a» de «automática». Podemos imaginarla como una cinta magnética dividida en celdas adyacentes que o bien están vacías o bien contienen un símbolo. La cinta es la memoria de la máquina, y su longitud es ilimitada pero finita. Si se llega al final, se añaden más celdas. Un cabezal posicionado sobre la celda inicial lee el símbolo que contiene, y a continuación consulta una tabla de instrucciones (un programa suministrado por el usuario), escribe un símbolo en la celda (sobrescribiendo lo que haya en ella), y corre la cinta al espacio de al lado. Entonces, dependiendo de la tabla y el símbolo, la máquina o bien se para o bien obedece las instrucciones de la tabla para el símbolo de la celda hasta la que se ha desplazado.

Hay muchas variantes, pero todas son equivalentes en el sentido de que pueden calcular las mismas cosas. De hecho, esta rudimentaria máquina puede, en principio, calcular cualquier cosa que pueda calcular una computadora digital, por rápida y avanzada que sea. Por ejemplo, una Máquina de Turing que use los símbolos 0-9 y tal vez unos pocos más se podría programar para calcular los dígitos de π hasta el número de espacios decimales que se desee, escribiéndolos en celdas sucesivas de la cinta, hasta parar al completar el programa. Este nivel de generalidad puede parecer sorprendente para un dispositivo tan simple, pero la complejidad de la computación es inherente a la tabla de instrucciones, que puede ser muy complicada, del mismo modo que las acciones de un ordenador son inherentes al programa informático que esté ejecutando. No obstante, la simplicidad de una Máquina de Turing hace que sea muy lenta, en el sentido de que una simple computación requiere de un número ingente de pasos. No es práctica, pero su simplicidad la hace adecuada para responder preguntas teóricas sobre los límites de la computación.

El primer teorema importante de Turing demuestra la existencia de una Máquina de Turing «universal», que puede simular cualquier máquina específica. El programa de la máquina específica está codificado en la cinta de la máquina universal antes de que se inicie la computación. La tabla de instrucciones le dice a la máquina universal cómo descodificar estos símbolos en instrucciones, y cómo ejecutarlos. La arquitectura de la máquina universal es un paso importante hacia una computadora real, con un programa almacenado en la memoria. No construimos un ordenador nuevo para cada problema, con un programa escrito en el soporte físico, salvo para algunas aplicaciones muy especiales.

Su segundo teorema importante es afín al de Gödel: demuestra que para las máquinas de Turing, el problema de la parada es indecidible. Este problema se pregunta por un algoritmo que, dado un programa para una Máquina de Turing, pueda decidir si la máquina acabará parando (tarde o temprano) con una respuesta, o si continuará de forma indefinida. La demostración de Turing de que tal algoritmo no existe (que el problema de la parada es indecidible) supone que sí existe, y entonces aplica la máquina resultante a su propio programa. Sin embargo, este es astutamente transformado de manera que la simulación se pare si y solo si la máquina original no lo hace. Esto lleva a una contradicción: si la simulación para, entonces no lo hace, y si no para, entonces lo hace. Ya vimos anteriormente que la demostración de Gödel acaba codificando en último término un enunciado de la forma «este enunciado es falso». La de Turing, que es más simple, se parece más a una carta que en sus caras lleva los mensajes:

El enunciado de la otra cara de esta carta es verdadero.
El enunciado de la otra cara de esta carta es falso.

Cada uno de los enunciados implica, en dos pasos, su propia negación.

Turing envió su artículo a los *Proceedings of the Londond Mathematical Society* sin saber que, unas pocas semanas antes, el lógico matemático americano Alonzo Church había publicada «Un problema irresoluble de la teoría elemental de números» en *American Journal of Mathematics*. Este artículo ofrecía otra demostración alternativa a la de Gödel de que la aritmética es indecidible. La demostración de Church era muy compleja, pero la publicó primero. Newman convenció a la revista de que publicara el artículo de Turing de todos modos porque era mucho más simple, tanto conceptual como estructuralmente. Turing lo revisó para citar el artículo de Church, y apareció en 1937. La historia tiene final feliz porque Turing acabo yendo a Princeton a hacer una tesis doctoral bajo la dirección de Church. Su tesis se publicó en 1939 con el título *Sistemas de lógica basados en cardinales*.

❋

El infame año 1939 marcó el inicio de la segunda guerra mundial. Consciente de que la participación en la guerra era probable, y sabedor de que los conflictos modernos dependían en buena medida de la criptografía (códigos secretos), el director del Servicio Secreto de Inteligencia (SIS o MI6) había adquirido una propiedad adecuada para usarla como escuela de cifrado. Bletchley Park estaba formado por una mansión construida en una extraña mezcla de estilos arquitectónicos que se alzaba en un terreno de 235 hectáreas. La casa estaba pendiente de demolición para construir una urbanización. Hoy todavía existe, junto con sus edificios adyacentes, entre ellos algunos de los refugios de tiempos de guerra, y el conjunto de Bletchley Park es una atracción turística centrada en el trabajo de los criptoanalistas de la guerra.

El comandante Alastair Dennison, jefe de operaciones de la Escuela Gubernamental de Códigos y Cifrados (GC&CS, por sus siglas en inglés), llevó a sus criptoanalistas (los encargados de descifrar los códigos) a Bletchley Park. Había entre ellos jugadores de ajedrez, expertos en resolución de crucigramas y lingüistas, y hasta un experto en papiros egipcios. Con vistas a ampliar el equipo, buscó «hombres del tipo profesor». Las fuerzas del Eje usaban con creciente frecuencia máquinas para encriptar mensajes, para lo cual usaban complejos sistemas de rotores con configuraciones diarias que dependían del cableado. Se necesitaba, pues, un conocimiento técnico avanzado, y eso significaba matemáticos. Se unieron varios al equipo, entre ellos Newman y Turing. El trabajo se realizaba en el más estricto secreto, con el apoyo de los administrativos. En su momento de auge, a principios de 1945, la plantilla de Bletchley Park alcanzaba los diez mil trabajadores.

Las principales máquinas utilizadas por la fuerzas del Eje eran las máquinas de cifrado Enigma y Lorenz. Ambos sistemas de cifrado se consideraban absolutamente seguros, pero la estructura matemática del algoritmo de cifrado tenía algunas sutiles debilidades que se veían agravadas cuando los usuarios se saltaban las reglas y tomaban atajos, por ejemplo al usar la misma configuración dos días consecutivos, enviar dos veces el mismo mensaje o iniciar los mensajes con palabras o frases tipificadas. Turing era un personaje clave del equipo que intentaba romper los códigos de Enigma, donde trabajaba bajo la dirección de Dilly Knox, del GC&CS. En 1939 los polacos habían logrado agenciarse una máquina Enigma y explicaron a los ingleses cómo funcionaba, es decir, cómo se cableaban los rotores. Los criptoanalistas polacos también habían desarrollado métodos para descifrar el código de Enigma, gracias a la costumbre alemana de preceder los mensajes codificados con un breve fragmento de texto que permitía al operador comprobar el funcionamiento correcto de la máquina. Por ejemplo, un mensaje que era continuación de uno anterior a menudo comenzaba con FORT (por *Fortsetzung*, «continuación»), seguido por el tiempo en que se había enviado el primer mensaje, repetido dos veces y enmarcado entre letras Y. Los criptoanalistas polacos inventaron una máquina, la *bomba*,* para hacer más rápido su trabajo.

Turing y Knox, conscientes de que los alemanes probablemente subsanarían aquellos defectos, buscaron métodos de descifrado más robustos, y decidieron que también necesitaban una máquina, a la que llamaron «bombe». Turing redactó las especificaciones para esta nueva *bomba*, que implementaría la misma técnica general de descifrado basado en las llamadas «cribas». Este método puede intentarse cuando se puede adivinar la versión en texto claro (no encriptado) de alguna parte del mensaje, como en el caso del segmento FORT. Textos típicos de este tipo son las versiones alemanas de «sin novedad» y «estado del tiempo [día y hora]». Sorprendentemente, el contramaestre del mariscal de campo Erwin Rommel comenzaba todos los mensajes que le dirigía con las mismas expresiones formales de introducción.

El diseño de Turing para la *bomba* fue convertido en máquina por un ingeniero llamado Harold Keen, quien trabajaba para la Compañía Británica de Máquinas de Tabulación (una especie de IBM británica). La tarea encomendada a la *bomba* era usar un método de ensayo y error de alta velocidad para identificar algunas de las configuraciones básicas de la máquina Enigma, que (por lo general) se modificaba diariamente. Examinaba las posibilidades una a una buscando una contradicción. Si la encontraba, pasaba a la siguiente posibilidad, y así con las 17.576 combinaciones hasta que daba con algo plausible. Cuando llegaba a ese punto, se paraba, lo que permitía leer la configuración. Turing mejoró el proceso con algunos análisis estadísticos. También abordó una versión de Enigma más difícil que usaba la marina alemana. En 1942 fue trasladado temporalmente a la Misión Británica de Defensa en Washington D. C. para asesorar a los americanos sobre las *bombas* y su uso. Sus técnicas redujeron el número de máquinas necesarias de 336 a 96, acelerando su implementación.

La capacidad para descifrar las comunicaciones del Eje provocó un problema estratégico: si el enemigo se daba cuenta de que los aliados podían hacer eso, mejorarían sus procedimientos. Por consiguiente, aunque los aliados conocieran las intenciones del enemigo, cualquier acción dirigida a derrotarlos tenía que ser indirecta e infrecuente. Usada con astucia y

* Así en el original y en polaco (*bomba kryptologiczna*). Una historia, posiblemente apócrifa, cuenta que *bomba* era el nombre de un popular postre helado. La explicación más probable (y prosaica) es que la llamaran así por el ruido que hacía cuando daba con una solución. (*N. del t.*)

mucho engaño, la capacidad de los aliados para desencriptar los mensajes codificados del enemigo fue una gran ayuda para ganar en muchos enfrentamientos, en particular en la batalla del Atlántico. Los logros de Turing y sus colegas probablemente acortaran la guerra en cuatro años.

Al acabar la guerra, se supo que los criptoanalistas alemanes eran conscientes de que, en principio, el código de Enigma se podía romper. Sencillamente, creyeron que nadie invertiría el ingente esfuerzo necesario para conseguirlo.

✻

El trabajo criptográfico era intenso y continuo, pero la vida en Bletchley Park también tenía momentos ligeros. Turing se relajaba haciendo deporte, jugando al ajedrez y charlando con sus colegas durante el limitado tiempo asignado a este propósito. En 1941 se hizo especialmente amigo de Joan Clarke, una brillante matemática que había dejado sus estudios de la Parte III de los Tripos Matemáticos de Cambridge para unirse al equipo de Bletchley Park. Iban juntos al cine y en general disfrutaban de su compañía. La relación se fue haciendo cada vez más estrecha, hasta que Turing le propuso casarse. Joan aceptó de inmediato.

Él la había hecho partícipe de sus tendencias homosexuales, pero eso no la desalentó, posiblemente porque tenían mucho en común: ajedrez, matemáticas, criptografía... En aquella época, pocos hombres habrían querido tener por esposa a un prodigio de las matemáticas, pero eso no era ningún problema para Turing. Como tampoco lo era su homosexualidad, al menos al principio. Por aquel entonces, para mucha gente era más importante la respetabilidad que la orientación sexual, y lo que se consideraba el principal papel de la mujer era el cuidado de la casa. No obstante, Turing le dio a entender a Joan que su homosexualidad era solo una tendencia, sin actividad sexual. Se presentaron a los padres respectivos sin problemas, y Turing le compró un anillo de compromiso. Joan no lo llevaba al trabajo, y entre sus colegas solamente Shaun Wylie sabía oficialmente que estaban comprometidos, aunque los demás lo sospechaban.

A medida que transcurría el año, Turing comenzó a tener dudas. Pasaron un permiso de una semana haciendo excursiones a pie o en bicicleta por el norte de Gales, pero durante las vacaciones tuvieron problemas a causa de una reserva de hotel, y Turing se había olvidado de tramitar una tarjeta de racionamiento temporal para comprar comida. A poco de su regreso, decidió que el matrimonio no sería bueno para ninguno de los dos, y rompió el compromiso. Consiguió hacer esto sin que Joan se sintiese rechazada, y siguieron trabajando juntos, aunque con menos frecuencia que antes.

Turing era un atleta de primera clase especializado en carreras de larga distancia, en las que su falta de velocidad se veía compensada por su gran resistencia. Siendo *Fellow* en King's College solía correr los cincuenta kilómetros del trayecto de ida y vuelta entre Cambridge y Ely, y durante la guerra corría entre Londres y Bletchley Park cuando tenía reuniones. En 1946 la revista *Athletics* lo menciona como el ganador del título de tres millas (4,82 km) del Walton Athletic Club con un tiempo de 15 minutos y 37,8 segundos, un tiempo respetable, pero nada fuera de lo común. Practicaba también la carrera a campo través, y al año siguiente quedó tercero en la carrera de 20 millas (32,2 km) de Kent con un tiempo de 2 horas, 6 minutos y 18 segundos, cuatro minutos por detrás del ganador; luego quedó quinto en una maratón de la AAA con un tiempo de 2 horas, 46 minutos y 3 segundos. El secretario del club escribió: «Más que verlo, lo oímos. Emitía un terrible gruñido mientras corría, pero antes de que le pudiéramos decir algo, nos había pasado de largo como el disparo de una escopeta». En 1948, cuando Gran Bretaña organizó los Juegos Olímpicos, Turing quedó quinto en las pruebas previas del equipo de maratón británico. El tiempo del ganador del oro fue solo 11 minutos menos que el mejor tiempo de Turing.

❋

Tras la guerra, Turing se mudó a Londres, donde trabajó en el diseño de una de las primeras computadoras, ACE (las siglas en inglés de Motor de Computación Automática) en el Laboratorio Nacional de Física. A principios de 1946 presentó el diseño de una computadora con un programa almacenado, mucho más detallado que el diseño anterior del matemático americano John von Neumann de EDVAC (por Computadora Electrónica Automática de Variables Discretas). El proyecto ACE se frenó a causa del secreto oficial que rodeaba a Bletchley Park, de manera que Turing regresó a Cambridge durante un año, durante el cual escribió un artículo sobre inteligencia artificial, su siguiente gran tema. En 1948 fue nombrado director adjunto del Laboratorio de Máquinas de Computación de la Universidad de Manchester, junto a un puesto de lector (un nivel por debajo del de profesor titular). En 1950 escribió «Computing Machinery and Inteligence» [Maquinaria computacional e inteligencia], donde proponía el hoy célebre test de inteligencia de una máquina; en esencia, se puede mantener con ella una larga conversación sobre cualquier tema que uno desee sin que se pueda determinar que no se trata de un humano (sin ver la máquina, claro está). Aunque controvertida, fue la primera propuesta seria sobre la cuestión. También comenzó a trabajar sobre un programa de ajedrez para una máquina hipotética. Intentó ejecutarlo en un Ferranti Mark 1, pero la memoria era insuficiente, de modo que simuló el programa a mano. La máquina perdió. Sin embargo, tan solo cuarenta y seis años más tarde, la computadora Deep Blue de IBM batió al gran maestro de ajedrez Garri Kaspárov, y un año más tarde un programa actualizado le ganó una serie por 3½ – 2½. Turing solamente se había avanzado a su tiempo.

De 1952 a 1954 dedicó su atención a la biología matemática, especialmente la morfogénesis, la creación de forma y patrón en plantas y animales. Estudió la filotaxis, la notable tendencia de las estructuras vegetales a disponerse según los números de Fibonacci, 2, 3, 5, 8, 13, etc., donde cada uno es la suma de los dos anteriores. Su mayor aportación fue la de escribir ecuaciones diferenciales como modelo de la formación de patrones. La idea subyacente era que unas sustancias químicas llamadas «morfógenos» establecen en el embrión un «prepatrón» críptico que sirve de molde para los patrones de pigmentos de color que aparecen a medida que crece el organismo. El prepatrón se forma mediante una combinación de reacciones químicas y difusión, de tal manera que las moléculas se esparcen de célula en célula. Las matemáticas de estos sistemas demuestran que pueden formar patrones por un mecanismo conocido como rotura de la simetría, que se produce si el estado uniforme (todas las reacciones químicas son iguales en todos los lados) se torna inestable. Turing explicaba así este efecto: «Si se cuelga una varilla por un punto un poco por encima de su centro de gravedad, estará en equilibrio estable. Sin embargo, si un ratón se sube a ella, el equilibrio acabará por romperse y la varilla comenzará a balancearse». Una varilla que se balancea está en un estado menos simétrico que una que cuelga verticalmente.

Los biólogos, sin embargo, acabaron prefiriendo una aproximación diferente al crecimiento y forma del embrión que se conoce como información posicional. En este caso, se cree que el cuerpo del animal funciona como una especia de mapa, y su ADN como libro de instrucciones. Las células del organismo en desarrollo leen el mapa para saber dónde están, y luego el libro de instrucciones para averiguar qué deben hacer en ese lugar. Las coordenadas del mapa vienen dadas por gradientes químicos; por ejemplo, una sustancia podría estar muy concentrada hacia la parte trasera del animal y disminuir gradualmente hacia la parte frontal. «Midiendo» la concentración, una célula puede averiguar dónde se encuentra. Se obtuvieron indicios en apoyo de la teoría de la información posicional gracias a experimentos de trasplante, en los que una sección de tejido de un embrión en crecimiento se traslada a un lugar distinto. Por ejemplo, un embrión de ratón comienza a desarrollar una suerte de patrón a rayas que con el tiempo da lugar a los dedos de las patas. Al trasplantar algo de ese tejido se obtenía información sobre las señales químicas que recibe de las células que lo rodean. Los resultados experimentales resultaron ser coherentes con la teoría de la información posicional, y en general se interpretaron como una confirmación de la teoría.

Sin embargo, en diciembre de 2012 un equipo de investigadores dirigido por Rushikesh Sheth realizó unos experimentos más complejos que demostraron que un conjunto particular de genes afecta el número de dedos que desarrolla un ratón. Si se reduce el efecto de estos genes, el ratón desarrolla más dedos de los normales, como en los humanos con seis o siete dedos en lugar de cinco. Sus resultados son incompatibles con la teoría de la información posicional y los gradientes químicos, pero cobran pleno sentido en el contexto del enfoque de reacción-difusión de Turing. Ese mismo año, un grupo dirigido por Jeremy Green mostró que los patrones de crestas del interior de la boca de un ratón están controlados por un proceso de Turing.[12] Los morfógenos involucrados son el Factor de Crecimiento de Fibroblastos y Sonic Hedgehog (erizo sónico), así llamado porque las moscas de la fruta de laboratorio a las que les falta la versión mosquil tienen más pelos en el cuerpo.

❋

Turing era gay, y en 1952, cuando entabló una relación con un joven de diecinueve años desempleado llamado Arnol Murray, la homosexualidad activa era ilegal. Un robo en la casa de Turing por alguien que conocía a Murray condujo a una investigación policial que reveló la relación homosexual. Turing y Murray fueron acusados de conducta obscena. Siguiendo el consejo de su abogado, Turing se declaró culpable, en tanto que Murray fue puesto en libertad condicional. Turing tuvo que elegir entre la prisión o la libertad condicional acompañada de un tratamiento hormonal con estrógeno sintético. En *Prof: Alan Turing Decoded* [Prof: Alan Turing descodificado]* su sobrino Dermot Turing, abogado, argumenta que la sentencia fue «defectuosa en el procedimiento, parcialmente ilegal e inefectiva». En particular,

* «Prof» (por Profesor) es el mote que le pusieron a Alan Turing sus compañeros de Bletchley Park. (*N. del t.*)

otros acusados de la misma época fueron tratados con mayor indulgencia, y la persona con la que cometió el delito acabó no recibiendo ningún castigo. Turing escogió la libertad provisional y el tratamiento hormonal, y predijo: «Sin duda saldré de todo ello siendo un hombre distinto, pero todavía no sé cuál». Tenía razón. Quedó impotente y le crecieron los pechos.

Todo indica que la sentencia se vio influida por el pánico de los estamentos oficiales. El reciente descubrimiento de que Guy Burgess y Donald Maclean eran agentes dobles del KGB había agravado los temores de que los agentes soviéticos reclutaran homosexuales como espías amenazándolos con ponerlos al descubierto. La Oficina Central de Comunicaciones del Gobierno (GCHQ, por sus siglas en inglés), que se había formado a partir del GC&CS, se apresuró a retirar a Turing los permisos que afectasen a la seguridad, y Estados Unidos le denegó la entrada. De este modo, Alan Turing, el hombre cuyo genio matemático había acortado la segunda guerra mundial en varios años (y por lo cual se le había concedido la Orden del Imperio Británico, aunque merecía que lo nombrasen sir), se convirtió en *persona non grata* a ambos lados del Atlántico.

En junio de 1954 su ama de llaves encontró su cuerpo. La autopsia reveló que la causa del fallecimiento había sido cianuro. Junto a él había una manzana parcialmente comida, y se supuso que aquella había sido la fuente de cianuro, aunque, extrañamente, no se buscó en ella la sustancia. El veredicto del forense fue suicidio. Al parecer se pasó por alto otra posibilidad. Turing podría haber inhalado gases de cianuro emitidos por un experimento de galvanizado que realizaba en la habitación de invitados. Solía comer una manzana antes de ir a dormir, y a menudo la dejaba a medias. No había mostrado signos de depresión a causa de su tratamiento hormonal y había confeccionado una lista de cosas que necesitaba hacer al volver a su oficina después de un día festivo. Así pues, su muerte podría haber sido accidental.

En 2009, a raíz de una campaña en internet, el primer ministro Gordon Brown ofreció una disculpa pública por el «terrible» tratamiento que había recibido Turing. La campaña no acabó allí, y condujo a que en 2013 la reina Isabel II le concediera el perdón póstumamente. En 2016 el gobierno británico anunció que todos los hombres gais o bisexuales condenados por delitos sexuales hoy abolidos serían perdonados, en una enmienda a la Policing and Crimes Act [Ley de policía y crímenes] conocida como «ley de Turing». No obstante, algunos de los activistas siguen insistiendo en una apología, no un perdón, puesto que un perdón implica la comisión previa de una falta o delito.

24

El padre de los fractales
Benoit Mandelbrot

Benoit B. Mandelbrot
Nacimiento: Polonia, 20 de noviembre de 1924
Muerte: Cambridge, Massachusetts, EE. UU., 14 de octubre de 2010

Los trastornos provocados por la segunda guerra mundial retrasaron en seis meses los exámenes de entrada de 1944 a las dos grandes instituciones educativas de París, la École Normale Supérieur y la École Polytechnique. Los exámenes se prolongaron durante un mes y fueron extremadamente difíciles, pero el joven Benoit Mandelbrot completó los dos. Uno de sus profesores descubrió que de todos los candidatos, solo uno había contestado a una pregunta de matemáticas especialmente difícil. Supuso que debía de tratarse de Mandelbrot, lo preguntó, y descubrió que había acertado. El profesor le confesó que a él mismo el problema le había parecido imposible a causa de una «integral triple realmente terrible» que estaba en el corazón de los cálculos.

Mandelbrot se rio. «Es muy simple.» Y procedió a explicarle que la integral era en realidad el volumen de una esfera, pero disfrazado. Si se usaba el sistema de coordenadas apropiado, resultaba evidente. Y todo el mundo conocía la fórmula del volumen de una esfera. Eso era todo. En cuanto se veía el truco... Mandelbrot obviamente tenía razón. El profesor, conmocionado, se alejó murmurando «pues claro, pues claro». ¿Cómo no lo había visto él mismo?

Porque había razonado simbólicamente, no geométricamente.

Mandelbrot era geómetra por naturaleza, y poseía una fuerte intuición visual. Tras una infancia difícil como judío en la Francia ocupada, bajo el constante peligro de ser arrestado por los nazis y acabar, con toda probabilidad, en un campo de concentración, se forjó una carrera matemática poco ortodoxa pero enormemente creativa, el núcleo de la cual transcurrió como *Fellow* en los Laboratorios Thomas J. Watson de IBM en Yorktown Heights, en el estado de Nueva York. Fue allí donde produjo una serie de artículos sobre temas que iban de las frecuencias de palabras en los lenguajes a los niveles de inundación de los ríos. Entonces, con un golpe de inspiración, sintetizó buena parte de aquellas investigaciones diversas y curiosas con un único concepto geométrico, el fractal.

Las formas tradicionales de las matemáticas, como las esferas, los conos o los cilindros, son muy simples. Cuanto más cerca se miran, más lisas y planas parecen. El detalle desaparece y lo que queda se parece mucho a un plano simple. Los fractales son distintos. Un fractal posee una estructura detallada a cualquier escala de aumento. Está infinitamente retorcido. «Las nubes no son esferas —escribió Mandelbrot—, las montañas no son conos, las líneas de costa no son círculos y la corteza no es lisa, del mismo modo que un rayo no viaja en línea recta.» Los fractales captan aspectos de la naturaleza que las estructuras tradicionales de la física matemática no contemplan, y por ello han promovido cambios fundamentales en la forma en que los científicos modelan el mundo real, con aplicaciones en física, astronomía, biología, geología, lingüística, finanzas globales y muchas otras áreas. También poseen características profundas para la matemática pura, y fuertes vínculos con la dinámica caótica.

Los fractales son uno de varios campos de las matemáticas que, aunque no completamente nuevos, despegaron con fuerza durante la segunda mitad del siglo XX y cambiaron la relación entre las matemáticas y sus aplicaciones al proporcionar nuevos métodos y perspectivas. Las raíces de la geometría fractal se remontan a la búsqueda de rigor lógico en el análisis, lo que llevó a la invención, hacia 1900, de diversas «curvas patológicas» cuyo papel principal fue el de demostrar que los argumentos intuitivos e ingenuos pueden llevar a errores. Por ejemplo, Hilbert definió una curva que pasa por cada punto del interior de un cuadrado, es decir, que no solo se acerca, sino que literalmente pasa por encima de cada punto. Por razones obvias, se conoce como «curva de relleno del espacio» (*space-filling curve*), y nos advierte de que tengamos cuidado cuando pensemos en el concepto de dimensión. Una transformación continua puede «aumentar» la dimensión de un espacio, en este caso de 1 a 2. Otros ejemplos son el copo de nieve de Helge von Koch, que tiene una longitud infinita pero encierra un área finita, y el triángulo de Wacław Sierpiński, una curva que se cruza a sí misma en cada punto.

Sin embargo, aquellos primeros trabajos tuvieron poca influencia más allá de sus áreas de especialización, y se veían sobre todo como curiosidades aisladas. Para que un campo de investigación «emerja», alguien tiene que juntar las piezas sueltas, comprender la unidad subyacente, formular los conceptos necesarios, y luego salir a vender las ideas al mundo. Aunque en el sentido ortodoxo no fuera matemático, Mandelbrot tuvo la visión y la tenacidad para hacer justamente eso.

❋

Benoit nació entre guerras en Varsovia, en el seno de una familia académica de judíos lituanos. Su madre, Bella (de soltera Luria), era médica. Su padre, Karl Mandelbrojt, que no había recibido una educación formal, confeccionaba y vendía vestidos, pero su familia estaba formada por estudiosos desde varias generaciones atrás, de modo que Benoit se crio dentro de una tradición académica. Karl tenía un hermano menor, Szolem, que más tarde se convertiría en un matemático distinguido. Como su madre ya había perdido un hijo en una epidemia, mantuvo a Benoit fuera del colegio durante varios años para esquivar la posibilidad de una infección. Otro tío, Loterman, le enseñó en casa, pero no era un profesor eficaz. Benoit aprendió a jugar al ajedrez y muchos mitos e historias clásicas, pero poco más. Ni siquiera aprendió el alfabeto o la tabla de multiplicar. Sin embargo, sí desarrolló una gran habilidad para el pensamiento visual. Sus movimientos de ajedrez venían dictados más que nada por la forma del juego, por el dibujo que formaban las piezas sobre el tablero. Le encantaban los mapas, una predilección que probablemente recibiera de su padre, que los coleccionaba con avidez y los exhibía en todas las paredes. También leía todo lo que caía en sus manos.

La familia marchó de Polonia en 1936 como refugiados económicos y políticos. Su madre ya no podía ejercer la medicina y el negocio de su padre se había desmoronado. Se mudaron a París, donde su padre tenía una hermana. Más tarde Mandelbrot diría que gracias a ella salvaron sus vidas y lograron evitar la depresión.

Szolem Mandelbrojt seguía ascendiendo en el mundo matemático, y cuando Benoit contaba cinco años su tío consiguió una plaza de profesor en la Universidad de Clermont-Ferrand. Ocho años más tarde había progresado hasta el puesto de profesor de matemáticas en el Collège de France, en París. Mandelbrot, impresionado, comenzó a pensar en hacer carrera también él en las matemáticas, aunque su padre no aprobase una ocupación tan poco práctica.

Cuando Mandelbrot llegó a la adolescencia, su tío Szolem comenzó a hacerse cargo de su educación y fue al Lycée Rolin en París. Sin embargo, la Francia ocupada era mal lugar y mal momento para ser judío, y su infancia se vio marcada por la pobreza y la constante amenaza de violencia o muerte. En 1940 la familia huyó de nuevo, esta vez a la pequeña ciudad de Tulle, en el sur del país, donde su tío tenía una casa de campo. Entonces los nazis ocuparon también el sur de Francia, y Mandelbrot pasó los dieciocho meses siguientes intentando no ser capturado. Describió este período de su vida con tono sombrío:[13]

> Durante varios meses estuve en Périgueux como aprendiz de fabricante de herramientas para el ferrocarril. De cara a futuros tiempos de paz, aquella experiencia fue más útil que otro período de la guerra durante el cual trabajé de peluquero de caballos, y hubo un momento en que escapé por los pelos de la ejecución o la deportación. Unos buenos amigos consiguieron que me admitieran en el Lycée du Parc, en Lyon. Mientras buena parte del mundo vivía trastornada, para mí pasar las clases preparando los temibles exámenes para las elitistas universidades francesas llamadas «Grandes Écoles» constituía casi una vida normal. Los pocos meses que pasé en Lyon se cuentan entre los más importantes de mi vida. La absoluta pobreza y el profundo miedo al jefe alemán de la ciudad (más tarde descubriríamos que se llamaba Klaus Barbie) me mantuvieron la mayor parte del tiempo atado a mi mesa de trabajo.

Barbie era *Hauptsturmführer* de las odiadas *Schutzstaffel* (SS, literalmente, «escuadrón de protección») y miembro de la Gestapo (la policía secreta). Fue conocido como el carnicero de Lyon por torturar personalmente a prisioneros franceses. Tras la guerra huyó a Bolivia, pero fue extraditado a Francia en 1983 y encarcelado por crímenes contra la humanidad.

Mientras estudiaba matemáticas en Lyon en 1944, Mandelbrot descubrió que tenía una enorme intuición visual. Cuando su profesor le planteaba un problema difícil en forma simbólica, por ejemplo una ecuación, inmediatamente la transformaba en un equivalente geométrico, que normalmente era mucho más fácil de resolver. Fue admitido en la École Normale Supérieur de París para estudiar matemáticas. Sin embargo, el estilo de las matemáticas que se estudiaban allí era fundamentalmente el de la escuela de Bourbaki: abstractas, generales, centradas en la matemática pura. Su tío seguía una filosofía matemática parecida, y había sido uno de los primeros miembros de Bourbaki, antes de que el grupo iniciara su revisión sistemática de las matemáticas según unas rigurosas líneas abstractas. Aquel estilo formal de pensamiento matemático, sin gráficos ni aplicaciones concretas, no le resultaba nada atractivo a Mandelbrot. A los pocos días había decidido que la École Normale no era donde quería estudiar, y se dio de baja. En su lugar, ingresó en una universidad más aplicada, la École Polytechnique (ya había aprobado el examen de selección, al mismo tiempo que el de la École Normale). Allí tuvo mucha más libertad para estudiar distintas disciplinas.

Su tío siguió empujándolo hacia la matemática más abstracta, y le sugirió que hiciera un doctorado relacionado con el trabajo de Gaston Julia sobre funciones complejas, que se había publicado en 1917. La idea no le atrajo. Cuando aceptó el premio Wolf, Mandelbrot escribió:[14]

> Las series de Taylor y de Fourier, tan preciadas para mi tío, habían tenido sus comienzos siglos antes en el contexto de la física, pero en el siglo XX llegaron a desarrollarse hasta formar un campo que se describe a sí mismo como análisis matemático «fino» o «duro». En los teoremas de mi tío, los supuestos podían ocupar varias páginas. Las distinciones que tanto le gustaban eran tan esquivas que ninguna condición era a un tiempo necesaria y suficiente. El largo pedrigrí de las preguntas, que para él era motivo de orgullo, para mi joven persona era motivo de aversión.

Un día, mientras todavía andaba buscando un tema para su disertación, Mandelbrot le pidió a Szolem algo para leer en el metro. Su tío recordó que había tirado un artículo a la papelera, lo recuperó y le dijo que era «demencial, pero a ti te gustan las locuras». Era la revisión de un libro del lingüista

George Zipf sobre una propiedad estadística común a todos los lenguajes. Nadie parecía comprender de qué trataba todo ello, pero Mandelbrot decidió al momento que explicaría esa propiedad, hoy conocida como Ley de Zipf. Hizo algunos progresos, como pronto veremos.

De 1945 a 1947 Mandelbrot estudió bajo la dirección de Paul Lévy y Gaston Julia en la École Polytechnique, y luego fue al Instituto de Tecnología de California, donde obtuvo un título de maestría en aeronáutica. Regresó entonces a Francia, donde obtuvo el título de doctor en 1952. También estuvo empleado en el Centre Nationale de la Recherche Scientifique. Pasó un año en el Instituto de Estudios Avanzados en Princeton, Nueva Jersey, a cargo de John von Neumann. En 1955 contrajo matrimonio con Aliette Kagan y se mudó a Ginebra. Tras varias visitas a Estados Unidos, los Mandelbrot se mudaron allí de manera permanente en 1958, y Benoit trabajó como investigador de IBM en Yorktown Heights. Estuvo en IBM treinta y cinco años, llegando a ser *Fellow* de IBM, y más tarde *Fellow Emeritus*. Recibió numerosos galardones, entre ellos la Légion d'Honneur (1989), el premio Wolf (1993) y el premio Japón (2003). Entre sus libros se cuentan *Los objetos fractales: forma, azar y dimensión* (1977) y *La geometría fractal de la naturaleza* (1982). Murió de cáncer en 2010.

❋

Sus trabajos sobre la Ley de Zipf marcaron la pauta de la futura carrera de Mandelbrot, que durante mucho tiempo parecía consistir en una serie de investigaciones, en apariencia dispares, sobre extraños patrones estadísticos, saltando como una mariposa de una extraña flor a otra. Solo al llegar a IBM comenzó a cuajar todo aquello.

La Ley de Zipf lo introdujo a una idea simple pero útil (y subestimada) de la estadística, la Ley de Potencias. En una recopilación estándar del inglés americano, las tres palabras más frecuentes son:

The [el], que aparece con una frecuencia de 7 %
of [de], que aparece con una frecuencia de 3,5 %
and [y], que aparece con una frecuencia de 2,8 %

La Ley de Zipf dice que la frecuencia de la *n*-ésima palabra (ordenada por la frecuencia con la que aparece) es la frecuencia de la primera palabra, dividida por *n*. En este caso, 7/2 = 3,5 y 7/3 = 2,3. La segunda cifra es menor que la observada, pero la ley no es exacta, solo cuantifica una tendencia general. En este caso, la frecuencia de la n-ésima palabra en la ordenación (el *ranking*) es proporcional a $1/n$, que podemos escribir n^{-1}. Otros ejemplos muestran pautas parecidas, pero con una potencia distinta de -1. Por ejemplo, en 1913 Felix Auerbach observó que la distribución del tamaño de las ciudades responde a una ley parecida, pero con la potencia $n^{-1,07}$. En general, si el objeto con orden n tiene una frecuencia proporcional a n^c para alguna constante c, hablamos de una Ley de Potencias con exponente c.

La estadística clásica no prestaba mucha atención a las distribuciones de Leyes de Potencias, centrándose en cambio en la distribución normal (la campana de Gauss) por varias razones, algunas de ellas buenas. Pero parece ser que la naturaleza insiste a veces en seguir distribuciones de Leyes de Potencias. Leyes como la de Zipf se aplican a la población de ciudades, al número de personas que miran una selección de programas de televisión y al dinero que ganan las personas de una población. Las razones de este comportamiento todavía no se entienden del todo, pero Mandelbrot empezó a abordarlas en su tesis,[15] y Wentian Li brinda una explicación estadística: en un lenguaje en el que cada letra del alfabeto (más un carácter de espacio para separar las palabras) aparece con la misma frecuencia, la distribución de las palabras por orden de frecuencia obedece a una aproximación a la Ley de Zipf. Vitold Belevitch demostró que lo mismo ocurre para varias otras distribuciones estadísticas. La propia explicación de Zipf era que los lenguajes evolucionan con el tiempo en el sentido de ofrecer una comprensión óptima con un esfuerzo mínimo (al hablar o escuchar), y la potencia -1 emana de este principio.

Posteriormente, Mandelbrot publicó artículos sobre la distribución de la salud, del mercado de valores, de termodinámica, de psicolingüística, de la longitud de las costas, de turbulencia de fluidos, de demografía de poblaciones, de la estructura del universo, las superficies de las islas, la estadística de las redes fluviales, percolación, polímeros, movimiento browniano, geofísica, ruido aleatorio, y otros temas igual de dispares. Todo parecía un poco inconexo. Pero en 1975, con un golpe de perspicacia, encajó todo en su sitio: había un tema que subyacía a casi todo su trabajo. Y era geométrico.

La geometría de los procesos naturales rara vez sigue los modelos matemáticos estándar de esferas, conos, cilindros y otras superficies lisas. Las montañas son quebradas e irregulares. Las nubes son esponjosas, e igual se abultan que se deshilachan. Las ramas de los árboles se dividen repetidamente, de tronco a ramas y ramitas. Los helechos tienen frondas que recuerdan a un montón de frondas más pequeñas todas juntas y dispuestas en pares opuestos. Al microscopio, el hollín es un montón de partículas pequeñas apelonotadas, con lagunas y vacíos. Todo muy lejos de la rotunda lisura de una esfera. La naturaleza detesta las líneas rectas, y no le tiene demasiado cariño a nada más de Euclides o los textos de cálculo. Mandelbrot acuñó un nombre para este tipo de estructura, *fractal*, y de la forma más enérgica y entusiasta, promovió su uso en la ciencia para construir modelos de todo tipo de estructuras irregulares de la naturaleza.

«Modelo» es aquí la palabra clave. La Tierra puede parecer más o menos esférica, o elipsoidal, si se desea un poco más de precisión, y esas formas han ayudado a los físicos y astrónomos a entender cosas como las mareas o la inclinación de la Tierra respecto a su eje de rotación, pero los objetos matemáticos son modelos, no la propia realidad. Captan algunas características del mundo natural de una forma idealizada, lo bastante simple como para que los cerebros humanos podamos analizarlas. Pero la superficie de la Tierra es rugosa e irregular: el mapa no es el territorio. Ni debería serlo. Un mapa de Australia puede doblarse y guardarse en el bolsillo para usarlo cuando haga falta, algo que no puede hacerse con la propia Australia. Un mapa debe ser más simple que el territorio y al mismo tiempo proporcionar información útil sobre este. Una esfera matemática es perfectamente lisa por mucho que se aumente, mientras que a nivel atómico la realidad se torna en partículas cuánticas. Eso, sin embargo, es irrelevante para el campo gravitatorio del planeta, de modo que puede y debe ignorarse en ese contexto. Es útil modelar el agua como si fuese un continuo infinitamente divisible por mucho que el agua de verdad se torne discreta cuando se llega al nivel de las moléculas.

Lo mismo ocurre con los fractales. Un fractal matemático no es simplemente una forma aleatoria. Posee una estructura detallada a todas las escalas de aumento. A menudo tiene exactamente «la misma» estructura a todas las escalas. De una forma de este tipo decimos que es «autosemejante». En un modelo fractal de un helecho, cada fronda está constituida por frondas más pequeñas, y estas, a su vez, por frondas aún más pequeñas, y este proceso nunca acaba. En un helecho real finaliza, a lo más, al cabo de cuatro o cinco pasos. No obstante, un fractal es un modelo mejor que, pongamos por caso, un triángulo. Igual que cuando decimos que un elipsoide es un modelo de la Tierra mejor que una esfera.

Mandelbrot era muy consciente del papel destacado de los matemáticos polacos en la prehistoria de los fractales, una aproximación muy abstracta al análisis, la geometría y la topología desarrollada por una pequeña camarilla de matemáticos, muchos de los cuales se reunían regularmente en el Café Escocés en Lvov (Lwów, hoy Lviv).* Entre ellos estaban Stefan Banach, que fundó el análisis funcional, y Stanisław Ulam, que estuvo muy implicado en el Proyecto Manhattan para construir la bomba atómica, y tuvo la idea principal para la bomba de hidrógeno. Wacław Sierpiński, de la Universidad de Varsovia, de mentalidad afín, inventó una forma que era «simultáneamente cantoriana y jordaniana, en la que cada punto es un punto de ramificación». Es decir, una curva continua que se cruza a sí misma en cada punto.

Primeros pasos en la construcción del triángulo de Sierpiński.

Más tarde Mandelbrot, medio en broma, le dio a esta forma el nombre de «junta de Sierpiński» por su parecido con las juntas llenas de agujeros que unen la cabeza del cilindro con el motor en un automóvil. Recordemos que el triángulo de Sierpiński es uno de varios ejemplos publicados a principios del siglo XX de las llamadas curvas patológicas, por mucho que no lo sean ni para la naturaleza ni para las matemáticas: solo se lo parecía así a los matemáticos de la época. En algunas caracolas marinas aparecen patrones como el del triángulo de Sierpiński. Sea como fuere, el triángulo de Sierpiński se puede construir mediante un procedimiento iterativo aplicado a un triángulo equilátero. Primero se divide en cuatro triángulos congruentes, cada uno de la mitad del tamaño, y se borra el triángulo central, que está boca abajo. A continuación se repite el mismo proceso con cada uno de los tres triángulos restantes, y así indefinidamente. El triángulo de Sierpiński es lo que queda cuando se borran todos los triángulos invertidos, pero no sus bordes.

* Lvov en ruso, Lwów en polaco, Lviv en ucraniano. El nombre tradicional castellano de esta ciudad ucraniana, derivado de su nombre latino, es Leópolis, la ciudad de León, por Lev, el hijo de su fundador. (*N. del t.*)

Mandelbrot se inspiró en curvas de este tipo, que hoy vemos como los primeros fractales. Más tarde aquello le pareció divertido:[16]

> Mi tío se fue a Francia cuando tenía unos veinte años como refugiado empujado por una ideología que no era ni política ni económica, sino puramente intelectual. Le repugnaba la «matemática polaca», que por aquel entonces, de la mano de Wacław Sierpiński (1882-1969), y como un acto de militancia, se estaba erigiendo como un campo abstracto. Por una profunda ironía, ¿de quién sería el trabajo que me habría de servir como fértil campo de cacería cuando, mucho más tarde, busqué herramientas para construir la geometría fractal? ¡De Sierpiński! Huyendo de la ideología [de Sierpiński], mi tío se había unido a los herederos de Poincaré que dominaban París en la década de 1920. Mis padres no eran refugiados ideológicos, sino económicos y políticos; reunirnos con mi tío en Francia nos salvaría la vida. Nunca conocí a Sierpiński, pero, de manera involuntaria, ejerció una inigualable influencia sobre mi familia.

Al hilo de estas ideas, unos pocos matemáticos puros descubrieron que el grado de rugosidad de un fractal se puede caracterizar mediante un número al que llamaron su «dimensión», pues concuerda con la dimensión usual de las formas estándar como la línea, el cuadrado con su interior o el cubo sólido, que tiene dimensión 1, 2 y 3, respectivamente. Sin embargo, la dimensión de un fractal no tiene por qué ser un número entero, de manera que la interpretación de «cuántas direcciones independientes» deja de tener sentido. En su lugar, lo que importa es cómo se comporta la forma cuando se amplía.

Si se dobla el tamaño de una línea, su longitud se multiplica por 2. Si se dobla un cuadrado, su área se multiplica por 4, y en el caso de un cubo, el volumen se multiplica por 8. Estos números son 2^1, 2^2 y 2^3, es decir, 2 elevado a la potencia de la dimensión. Si se dobla el tamaño de un triángulo de Sierpiński, se puede dividir en tres copias del original. Por consiguiente, 2 elevado a la potencia de su dimensión debería ser igual a 3. Así pues, su dimensión es log 3/log 2, que es aproximadamente 1,585. Una definición más general, que no queda restringida a los fractales autosemejantes, es la llamada Dimensión de Hausdorff-Besicovich, y una versión más práctica es la obtenida por el método del conteo de celdas. La dimensión es útil en las aplicaciones, y es una de las formas de testar los modelos fractales experimentalmente. De este modo, por ejemplo, se ha mostrado que las nubes se pueden modelar bien con la ayuda de fractales con una dimensión de aproximadamente 1,35 en una imagen fotográfica (es decir, una proyección en el plano, con la que es más fácil trabajar y tomar medidas).

Una última ironía ilustra el peligro de hacer juicios de valor demasiado deprisa en las matemáticas. En 1980, mientras buscaba nuevas aplicaciones para los fractales, Mandelbrot le echó otra ojeada al artículo de Julia de 1917, el que su tío le había recomendado y que había rechazado por parecerle demasiado abstracto. Julia y otro matemático, Pierre Fatou, habían analizado el extraño comportamiento de funciones complejas sometidas a iteraciones. Se empieza por un número, se le aplica la función para obtener un nuevo número, se le aplica a este la función para obtener un tercer número, y así sucesivamente, de forma indefinida. Se centraron en el caso no trivial más simple: funciones cuadráticas de la forma $f(z) = z^2 + c$, donde c es una constante compleja.[17] El comportamiento de esta aplicación depende de c de una forma compleja. Julia y Fatou habían demostrado varios teoremas profundos y difíciles sobre este particular proceso de iteración, pero todo su trabajo era simbólico. Mandelbrot se preguntó qué aspecto tendría la figura.

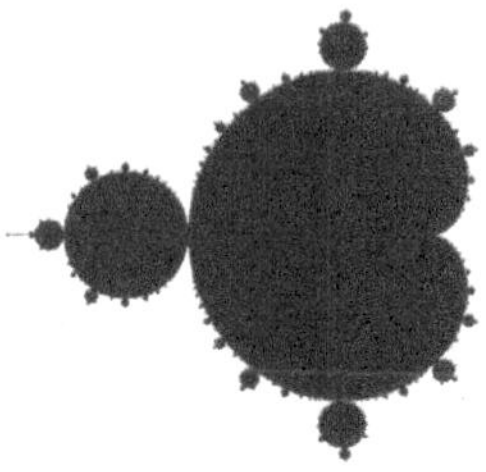

Izquierda: El conjunto de Mandelbrot. *Derecha*: Ampliación de una parte.

Los cálculos eran demasiado largos como para hacerlos a mano, lo que posiblemente explicara que Julia y Fatou no investigasen la geometría del proceso. Pero por aquel entonces las computadoras comenzaban a ser potentes, y Mandelbrot trabajaba en IBM. Así pues, programó una de las computadoras para que que hiciera las sumas y trazara el dibujo. La imagen era confusa (a la impresora se le estaba acabando la tinta) y poco definida, pero reveló una sorpresa. La complicada dinámica de Julia y Fatou se organiza alrededor de un único objeto geométrico, y este, o, para ser más precisos, su límite, es un fractal. La dimensión de este límite o frontera es 2, así que «casi es una curva de relleno del espacio». Hoy conocemos este fractal como Conjunto de Mandelbrot, un nombre que acuñó Adrien Douady. Como siempre, hubo anteriormente descubrimientos y trabajos muy estrechamente relacionados; en particular, Robert Brooks y Peter Matelski dibujaron el mismo conjunto en 1978. El Conjunto de Mandelbrot es fuente de complejas y bellas imágenes de gráficos por ordenador. También es objeto de intensos estudios matemáticos que han conducido al menos a dos medallas Fields.

Así pues, aquel artículo abstracto de matemática pura que Mandelbrot había rechazado inicialmente resultó contener una idea que ocuparía un lugar central en la teoría de fractales y que había desarrollado precisamente por su falta de abstracción y sus vínculos con la naturaleza. La matemática es un todo altamente conectado en el que lo abstracto y lo concreto quedan enlazados por sutiles cadenas lógicas. Ninguna de las dos filosofías es superior. A menudo, los grandes descubrimientos se producen cuando se usan ambas.

25

Al revés del revés
William Thurston

William Paul Thurston
Nacimiento: Washington, D. C., 30 de octubre de 1946
Muerte: Rochester, Nueva York, 21 de agosto de 2012

Nada gusta más a los matemáticos que hablar con otros matemáticos, sobre todo de trabajo, naturalmente, con la esperanza de conocer una nueva idea que les ayude con su último problema; pero también sobre el nuevo restaurante tailandés que acaba de abrir en un extremo del campus o sobre los familiares y amigos mutuos. Como Alfréd Rényi dijo en una ocasión: «Un matemático es una máquina que convierte café en teoremas», con un juego de palabras en alemán, lengua en la que la palabra *Satz* significa tanto «teorema» como «(poso de) café».

Estas discusiones informales a menudo se producen en un contexto más formal, ya sea un seminario (una conferencia técnica para especialistas), un coloquio (una conferencia menos técnica dirigida a profesionales o estudiantes universitarios que tal vez trabajen en un área distinta, aunque a veces no es fácil distinguirlo del seminario), un taller (una reunión especializada), un simposio (una conferencia pequeña y menos formal) o un congreso (más grande y posiblemente de ámbito más amplio). En diciembre de 1971 la Universidad de California en Berkeley albergó un seminario sobre sistemas dinámicos, un tema candente desde que Stephen Smale, Vladímir Arnold y sus colegas y estudiantes en Berkeley y Moscú decidieran tomar el relevo a Poincaré después de que este descubriera el caos. Desarrollaron entonces nuevos métodos topológicos que permitían abordar viejos problemas que hasta entonces se consideraban intratables. Un sistema dinámico es aquel que se desarrolla en el tiempo siguiendo unas reglas no aleatorias específicas. En el caso de un sistema dinámico continuo, estas reglas se expresan en forma de ecuaciones diferenciales que determinan el estado del sistema un minúsculo instante en el futuro en función de su estado actual. Hay un concepto análogo, el sistema dinámico discreto, en el que el tiempo transcurre en instantes aislados, 1, 2, 3, ... El conferenciante del seminario presentó una solución novedosa a un problema que se reducía a buscar un número finito de puntos en el plano, y explicó un truco clave: cómo mover cualquier número de puntos dados a nuevas posiciones, no demasiado alejadas, de manera que no se desviasen demasiado en ninguna fase del movimiento. (Tenían que obedecerse además otras condiciones.) Este teorema era fácil de demostrar para espacios de tres o más dimensiones, y ahora, según se decía, se había dado con la largamente buscada demostración en dos dimensiones. De ello se seguía un buen número de resultados interesantes para la dinámica.

Al fondo de la sala se sentaba un estudiante de doctorado joven y retraído que, con su poblada barba y su cabello largo, tenía aspecto de hippie. Se levantó, y de forma un tanto tímida dijo que la prueba no le parecía correcta. Se acercó a la pizarra, dibujó dos gráficos, cada uno de los cuales mostraba siete puntos en el plano, y comenzó a utilizar los métodos explicados en la conferencia para mover los puntos de la primera configuración a las posiciones de la segunda. Dibujó las trayectorias por las que supuestamente se desplazaban los puntos, y estas comenzaron a obstaculizarse unas a otras, obligando a la siguiente trayectoria a realizar una excursión más larga para evitar el obstáculo, lo que a su vez creaba un obstáculo aún mayor. A medida que brotaban curvas como las cabezas de la mítica hidra, quedaba cada vez más claro que el estudiante tenía razón. Dennis Sullivan, que estaba presente, escribió: «Nunca había visto a nadie demostrar tal comprensión y tal habilidad para crear un contraejemplo con tanta rapidez. Y todo ello unido a mi pasmo por la enorme complejidad de la geometría que de todo ello surgía».

El estudiante era William Thurston, Bill para los amigos y colegas. Hay docenas de historias parecidas sobre él. Poseía una intuición natural para la geometría, sobre todo cuando se tornaba realmente complicada, y la geometría en muchas dimensiones (cuatro, cinco, seis, las que sean) que entonces se estaba desarrollando le ofrecía mucho campo para ejercitar su asombrosa capacidad para convertir problemas técnicos en formas visuales, y luego resolverlos. Tenía una pasmosa habilidad para ver claro en lo más complejo y desvelar principios subyacentes simples. Llegó a ser uno de los más destacados topólogos de su época, resolvió numerosos problemas importantes e introdujo unas cuantas conjeturas fundamentales de su propia cosecha que se resistieron incluso a sus prodigiosos talentos. Bill Thurston, una figura verdaderamente significativa de la matemática pura moderna, es un merecido representante de esta esotérica especie.

❋

Irónicamente, Thurston tenía mala vista. Sufría de estrabismo congénito: era bizco y no podía enfocar los dos ojos en el mismo objeto cercano. Esto afectaba a su percepción de la profundidad, así que le costaba averiguar la forma de un objeto tridimensional a partir de una imagen bidimensional. Su madre, Margaret (de soltera Martt), era una consumada costurera capaz de coser patrones tan difíciles que ni Thurston ni el padre de este, Paul, lograban entenderlos. Paul era físico ingeniero en Ball Labs y aficionado a construir artefactos con sus manos, en una ocasión de la forma más literal, cuando le enseñó al joven Bill a provocar la ebullición del agua solo con las manos. (Hay que usar una bomba de vacío para disminuir el punto de ebullición del agua justo por encima de la temperatura ambiente; entonces se introducen las manos para calentarla.) Para ayudar a combatir el estrabismo de Bill, Margaret pasaba horas con él cuando tenía dos años mirando libros llenos de patrones coloreados. Es probable que su posterior pasión por los patrones y su condición de manitas se las debiera a aquellas actividades de la niñez.

Sus primeros años en la escuela no fueron, en modo alguno, ordinarios. El New College Florida aceptaba un pequeño número de estudiantes seleccionados por sus destacadas capacidades, y les imponían muy pocos límites sobre lo que debían estudiar, o siquiera dónde debían vivir. A veces,

Thurston vivía en una tienda en el bosque, otras veces dormía en los edificios de la escuela, evitando al conserje. La escuela estuvo a punto de cerrar a los dieciocho meses, cuando dimitieron la mitad de los profesores. Sus días universitarios en Berkeley fueron más organizados, pero aquellos fueron también tiempos turbulentos, con una fuerte oposición de los estudiantes a la guerra de Vietnam. Thurston se unió a un comité que intentaba persuadir a los matemáticos de que no aceptasen financiación militar. Para entonces se había casado con Rachel Findley, y tuvieron su primer hijo. El nacimiento, según dijo Rachel, tenía en parte el objetivo de evitar que Thurston fuese llamado a filas. El parto coincidió con sus exámenes de doctorado, por lo que su actuación fue errática pero, como siempre, original. Su tesis doctoral se centraba en ciertos problemas especiales del entonces candente tema de las foliaciones, en el que un espacio (o variedad) multidimensional) se descompone en «hojas» que encajan estrechamente, igual que un libro se descompone en páginas, pero con menos regularidad en su disposición. Este tema está relacionado con la aproximación topológica a los sistemas dinámicos. La tesis contiene varios resultados importantes, pero no llegó a publicarse. Las foliaciones fueron el primer campo de investigación de Thurston, y siguió trabajando sobre ellas en el Instituto de Estudios Avanzados de Princeton en 1972-1973 y en el MIT en 1973-1974. De hecho, resolvió tantos de los problemas básicos de este ámbito que, por lo que concernía a otros matemáticos, cuando acabó prácticamente lo había dejado despachado.

❋

En 1974 Thurston fue nombrado catedrático en la Universidad de Princeton (que no debe confundirse con el Instituto de Estudios Avanzados, que no tiene estudiantes). A los pocos años, sus investigaciones se habían desplazado a una de las áreas más difíciles de la topología, las variedades tridimensionales. Estos espacios son análogos a superficies, pero con una dimensión más. Su estudio se remonta a más de un siglo, hasta Poincaré (capítulo 18), pero hasta que Thurston abordó su estudio, habían resultado bastante desconcertantes. La topología de las variedades de varias dimensiones es curiosa. Las dimensiones más fáciles son uno (trivial) y dos (superficies, que se resuelven por métodos clásicos). La siguiente más fácil resultó ser la dimensión cinco o alguna dimensión superior, fundamentalmente porque los espacios de muchas dimensiones tienen mucho espacio para realizar maniobras complicadas. Incluso entonces, los problemas son difíciles. Más difíciles aún en variedades de cuatro dimensiones, pero las más difíciles son las de tres dimensiones, con bastante espacio para acoger una gran complejidad, pero no el suficiente para simplificarla de una forma sencilla.

Una forma estándar de construir variedades n-dimensionales consiste en tomar parches de espacio n-dimensional y prescribir reglas para pegarlos. Conceptualmente, claro, no en la realidad. En el capítulo 18 vimos cómo funciona esta aproximación para superficies y 3-variedades (p. 204). También conocimos una pregunta fundamental de la topología de las 3-variedades, la Conjetura de Poincaré. Esta caracteriza la esfera en función de una propiedad topológica simple: todos los lazos se encogen hasta un punto. Una forma estándar de aproximarse a una pregunta consiste en generalizarla a análogos en más dimensiones para luego leer el caso especial del que se partió. El progreso inicial era alentador. En 1961 Stephen Smale demostró la Conjetura de Poincaré para todas las dimensiones mayores o iguales a 7. Entonces John Stallings depuró la dimensión 6 y Christopher Zeeman hizo lo propio con la dimensión 5. Sus métodos fallan para las dimensiones 3 y 4, de modo que los topólogos comenzaron a preguntarse si esas dimensiones no serían distintas. Entonces, en 1982, Michael Freedman halló una demostración terriblemente complicada de la Conjetura de Poincaré para cuatro dimensiones usando técnicas radicalmente distintas. Llegados a este punto, los topólogos habían demostrado la Conjetura de Poincaré para todas las dimensiones menos aquella por la que había preguntado el propio Poincaré. Sus métodos no arrojaban la más mínima luz sobre el caso final, que se resistía.

Y aquí es donde Thurston entra en escena y lo pone todo patas arriba.

La topología es la geometría de la lámina de goma, y la pregunta de Poincaré era topológica. Como es lógico, todos la habían abordado usando métodos topológicos. Thurston se deshizo de la lámina de goma y se preguntó si el problema era realmente geométrico. No lo resolvió, pero sus ideas inspiraron a un joven ruso, Grigori Perelmán, que lo conseguiría años más tarde.

Recordemos (capítulo 11) que hay tres tipos de geometría: euclidiana, elíptica e hiperbólica. Estas son, respectivamente, la geometría natural de los espacios con curvatura cero, con curvatura constante positiva y con curvatura constante negativa. Thurston comenzó con un curioso hecho, que parece casi accidental. Decidió revisar la clasificación de las superficies: esfera, toro, 2-toro, 3-toro, etc. como vimos en el capítulo 18, y se preguntó por los tipos de geometría que aparecían. La esfera tiene curvatura constante positiva, de modo que su geometría natural es elíptica. Una de las manifestaciones del toro es el toro plano, un cuadrado en el que están identificados los lados opuestos. Un cuadrado es un objeto plano, de modo que es natural que su geometría sea euclidiana, y las reglas de pegado dan al toro plano el mismo tipo de geometría que al cuadrado. Por último, aunque esto sea menos obvio, todo toro con dos o más agujeros tiene una geometría natural hiperbólica. De algún modo, la topología flexible de las superficies queda reducida a la geometría rígida, y se dan las tres posibilidades.

Naturalmente, las superficies son muy especiales, pero Thurston se preguntó si algo parecido ocurría con las 3-variedades. Con su extraordinaria intuición para la geometría no tardó en darse cuenta de que no podía ser tan simple. Algunas variedades tridimensionales, como el toro plano, son euclidianas. Otras, como la 3-esfera, son elípticas. Y otras son hiperbólicas. Pero la mayoría no son ninguna de estas cosas. Impertérrito, investigó por qué, y halló dos razones. En primer lugar, hay «ocho» geometrías razonables para las 3-variedades. Una, por ejemplo, es análoga al cilindro: plano en algunas direcciones y con curvatura positiva en otras. El segundo obstáculo es más grave: muchas 3-variedades todavía no se conocen. Sin embargo, lo que parecía funcionar era una especie de efecto rompecabezas. Toda 3-variedad parecía estar construida a partir de piezas, de tal modo que cada pieza poseía una geometría natural seleccionada a partir de aquellas ocho posibilidades. Además, las piezas no eran piezas cualesquiera, sino que se podían escoger para que encajasen de una forma bastante rigurosa. Estas ideas llevaron a Thurston a enunciar, en 1982, su Conjetura de la Geometrización: «todo» espacio tridimensional puede cortarse, y además de una forma esencialmente única, en piezas, todas ellas con una estructura geométrica natural dada por alguna de las ocho geometrías. La Conjetura de Poincaré para 3-variedades es entonces una consecuencia simple. Pero ahí se trabó la cuestión. El Instituto Clay de Matemáticas hizo de la Conjetura de Poincaré uno de sus problemas del Premio del Milenio, dotado con un millón de dólares para su demostración.

En 2002, Perelmán subió una prepublicación a un sitio web llamado ArXiv (por «archivo»), sobre algo llamado flujo de Ricci, una idea relacionada con la Relatividad General, en la que la gravedad es un efecto de la curvatura del espacio-tiempo. Con anterioridad, Richard Hamilton se había preguntado si el flujo de Ricci podría ofrecer una demostración simple de la Conjetura de Poincaré. La idea era comenzar por una 3-variedad hipotética tal que cada curva cerrada se encoja hasta un punto. Podemos concebirla como un espacio curvo tridimensional en el sentido de Einstein, una idea que tuvo su origen en la tesis de habilitación de Riemann (capítulo 15).

Y ahora viene el truco inteligente: intentar redistribuir la curvatura para hacerla más homogénea.

Imaginemos que estamos planchando una camisa. Si no la ponemos con cuidado sobre la tabla de planchar, queda llena de bultos y crestas. Estas son regiones de alta curvatura. Fuera de ellas, la camisa es plana, con curvatura cero. Podemos intentar aplanar los bultos con la plancha, pero los tejidos no se estiran o comprimen muy bien, así que o bien los bultos se desplazan a otro lugar, o creamos arrugas. Un método más simple y efectivo, que impide que los bultos se desplacen o reaparezcan, consiste en coger los extremos de la camisa y estirarla. Entonces la dinámica natural del tejido aplana los bultos. El flujo de Ricci hace algo parecido con una 3-variedad: redistribuye la curvatura de las regiones donde es alta a las regiones donde es menor, como si el espacio intentase igualar su curvatura. Si todo va bien, la curvatura sigue fluyendo hasta que es igual en todos los lugares. El resultado puede ser plano o no, pero en cualquier caso la curvatura es la misma en cada punto.

Hamilton demostró que esta idea funciona en dos dimensiones: una superficie rugosa en la que cada superficie curva se puede encoger hasta un punto puede plancharse mediante su flujo de Ricci hasta acabar con una curvatura constante positiva, lo que implica que es una esfera. Pero en tres dimensiones hay obstáculos, y el flujo puede quedar frenado en lugares donde la variedad se apelotona y forma arrugas. Perelmán descubrió una manera de evitar este problema, que básicamente consiste es recortar ese trozo de camisa, plancharla aparte y luego volver a coserla. Su prepublicación y otra que le siguió aseguraban que este método demostraba tanto la Conjetura de Poincaré como la Conjetura de Geometrización de Thurston.

Por lo general, los anuncios de que se ha resuelto una conjetura de tal magnitud se reciben con escepticismo. La mayoría de los matemáticos han descubierto demostraciones prometedoras para algún problema difícil que les interesaba, solo para descubrir más tarde que se les había colado un error. En este caso, sin embargo, ya desde el principio la impresión general era que Perelmán podía haberlo conseguido. Su método para demostrar la Conjetura de Poincaré parecía plausible; la Conjetura de Geometrización tal vez fuese más problemática. No obstante, con una impresión consensuada no basta: hay que verificar que la demostración sea correcta. Y la versión de ArXiv, la única que había, dejaba muchas lagunas para que las rellenara el lector, supuestamente porque esos pasos eran obvios. En realidad, llenar esas lagunas y comprobar la lógica de la demostración llevó varios años.

Perelmán gozaba de un talento fuera de lo común, y lo que a él le parecía obvio no lo era en absoluto para los matemáticos que intentaron comprobar su demostración. Para ser justos, no habían pensado en el problema del modo en que lo había hecho él, ni durante tanto tiempo, lo cual los ponía en una situación de desventaja. Además, era un tanto retraído, y a medida que pasaba el tiempo y nadie acababa de pronunciarse de forma definitiva sobre lo que finalmente resultaría ser un trabajo épico y rompedor, se fue amargando y desilusionando. Para cuando su demostración fue aceptada, había abandonado las matemáticas. Rechazó el premio de un millón de dólares, que se le ofreció a pesar de que técnicamente no cumplía todas las condiciones porque su demostración no se había publicado en una revista reconocida. Rechazó también la medalla Fields, que suele considerarse el equivalente de un Nobel, aunque con un premio monetario bastante inferior. Al final, el Instituto Clay utilizó el dinero del premio para crear un puesto de corta duración para matemáticos jóvenes y excepcionales en el Institut Henri Poincaré, en París.

En la actualidad, muchos matemáticos utilizan ordenadores, no solo por el correo electrónico y la web, ni siquiera tan solo para realizar cálculos numéricos, sino como herramienta para explorar problemas de un modo casi experimental. De hecho, de vez en cuando aparecen demostraciones asistidas por computador, a menudo en relación con problemas importantes que se han resistido a los métodos tradicionales de lápiz, papel y cerebro. Esta relajación de la actitud hacia las computadoras es relativamente reciente, no solo porque los matemáticos se cierren a las nuevas tecnologías, sino porque hasta hace poco las computadoras eran demasiado limitadas, tanto en velocidad como en memoria. Un problema matemático serio puede poner a prueba incluso a la más rápida de las supercomputadoras; una investigación reciente habría producido un resultado del tamaño de Manhattan, si se hubiera imprimido.

La revitalización de la geometría hiperbólica tridimensional que propició Thurston lo llevó a convertirse en pionero en el uso de computadoras en las fronteras de la geometría. A finales de la década de 1980 la Fundación Nacional para la Ciencia financió un nuevo Centro de Geometría en la Universidad de Minnesota que albergó seminarios de investigación y actividades de transferencia al público general. También hizo progresos en el uso de gráficos computacionales, y dos de sus vídeos alcanzaron una fama considerable. Todavía están disponibles en la web, aunque el centro ya no exista como tal. El primero, *Not Knot* (*No nudo*), hace que el espectador vuele por encima de varias de las variedades tridimensionales hiperbólicas que Thurston descubrió. Sus complejos y curiosos gráficos son tan psicodélicos que Grateful Dead ha utilizado algunos fragmentos en sus conciertos. *Outside In* [Al revés del revés] es una animación de un notable teorema que descubrió Smale mientras hacía su doctorado, en 1957: la eversión de una esfera.[18]

Imaginemos una esfera con el exterior pintado en color dorado y el interior en color púrpura. Es evidente que se le puede dar la vuelta haciendo un agujero y metiéndola por ahí, pero eso no es una transformación topológica. El truco es claramente imposible con una esfera real, como un balón (aunque demostrarlo no sea del todo obvio), pero matemáticamente podemos permitir transformaciones en las que la esfera se atraviesa a sí misma, algo que no se puede hacer con un balón o un globo. Siendo así, se puede apretar desde dos extremos opuestos hasta que aparezcan dos bultos de color púrpura a través de la superficie dorada, pero eso nos deja con un anillo tubular dorado cada vez más estrecho. Cuando este anillo se contrae hasta un círculo, la superficie deja de ser lisa. El Teorema de Smale dice que eso puede evitarse: existe una transformación tal que en todos los pasos la esfera está lisamente encajada en el espacio, aunque quizá atravesándose a sí misma. Durante un largo tiempo, no pasó de ser una demostración de existencia: nadie sabía realmente cómo hacerlo. Entonces varios topólogos dieron con varios métodos; uno de ellos, Bernard Morin, era ciego desde los seis años. El método más elegante y simétrico es el de Thurston, la estrella de *Outside In*.

Thurston influyó también de otros modos en la percepción popular de las matemáticas. Escribió sobre lo que realmente significa ser matemático, y sobre cómo pensaba sobre los problemas de investigación, dando así a los de fuera una visión desde dentro. Cuando Dai Fujiwara, un diseñador de moda, oyó hablar de las ocho geometrías, se puso en contacto con Thurston, y su interacción condujo a toda una variedad de modas femeninas.

La contribución de Thurston a muchas áreas de la geometría, de la topología a la dinámica, es muy extensa. Su obra se caracteriza por una notable capacidad para visualizar conceptos matemáticos complejos. Cuando se le pedía una demostración, solía hacer un dibujo, y estos solían poner de manifiesto conexiones que nadie antes había notado. Otra de sus características era su actitud hacia las demostraciones: a menudo dejaba los detalles porque a él le parecían obvios. Cuando alguien le pedía que explicase una demostración que no comprendía, se inventaba otra al momento y decía: «A lo mejor prefieres esta». Para Thurston, toda la matemática constituía un todo conectado que él conocía tan bien como otras personas conocen su jardín.

Thurston murió en 2012, después de una operación por un melanoma en la que perdió el ojo derecho. Mientras recibía tratamiento, siguió dedicado a la investigación y demostró resultados nuevos y fundamentales sobre la dinámica discreta de mapeos racionales en el plano complejo. Seguía asistiendo a congresos de matemáticas y trabajando para inspirar a los jóvenes en la disciplina que lo apasionaba. Fueran cuales fuesen los obstáculos, nunca se rendía.

Gente matemática

¿Qué hemos aprendido, pues, de nuestras veinticinco mentes maravillosas, aquellas cuyos descubrimientos abrieron nuevos horizontes matemáticos?

El mensaje más obvio es la diversidad. Encontramos pioneros de las matemáticas en todos los períodos de la historia, en todas las culturas y de cualquier extracción social. Las historias que he seleccionado abarcan un período de 2.500 años. Sus protagonistas vivieron en Grecia, Egipto, China, Persia, India, Italia, Francia, Suiza, Alemania, Rusia, Inglaterra, Irlanda y Estados Unidos. Algunos nacieron en familias ricas: Fermat, King, Kovalévskaya. Otros eran de clase media. Otros pobres: Gauss, Ramanujan. Algunos venían de linajes académicos: Cardano, Mandelbrot. Otros no, como, una vez más, Gauss y Ramanujan, pero también Newton y Boole. Algunos vivieron en tiempos revueltos: Euler, Fourier, Galois, Kovalévskaya, Gödel, Turing. Otros tuvieron la fortuna de vivir en una sociedad más estable, o al menos en una parte más estable de ella: Madhava, Fermat, Newton, Thurston. Algunos fueron activos en la política, como Fourier, Galois, Kovalévskaya; los dos primeros fueron encarcelados por esa causa. Otros, Euler y Gauss, se guardaron la política para sí.

Hay algunas pautas parciales. Muchos crecieron en familias intelectuales. Algunos fueron músicos. Algunos eran buenos con las manos, otros podían arreglar una bicicleta. Muchos fueron precoces, demostrando un talento insólito a una tierna edad. Pequeñas casualidades, como la elección de un papel para la pared de la habitación, una conversación fortuita o un libro prestado, desencadenaron un interés por las matemáticas que habría de cambiarles la vida. Muchos empezaron una carrera profesional distinta, sobre todo en derecho o en el clero. Algunos fueron alentados por sus orgullosos padres, a otros les prohibieron estudiar matemáticas y a algunos se les permitió solo a regañadientes que siguieran su vocación.

Algunos fueron excéntricos, y uno fue todo un granuja. Unos cuantos cataron la locura, pero la mayoría fueron gente normal en la medida que cualquiera de nosotros pueda serlo. La mayoría se casaron y tuvieron familia, otros no (Newton, Noether).

La mayoría son hombres, por un sesgo cultural. Hasta hace bien poco, a las mujeres se las solía considerar poco aptas, por biología y temperamento, para las matemáticas, o de hecho para cualquier ciencia. Su educación, se decía, debía centrarse en las habilidades de la casa: calceta, no cálculo. Su sociedad reforzaba esta forma de pensar, y las propias mujeres eran a menudo tan obstinadas como los hombres en su visión de las matemáticas como una profesión poco apta para mujeres. Aunque quisieran estudiarlas, se les prohibía asistir a clases, examinarse, graduarse y perseguir una carrera académica. Nuestras pioneras tuvieron que abrir dos caminos: uno a través de la jungla de las matemáticas, el otro a través de la jungla de una sociedad dominada por los hombres. El segundo camino hacía que abrir el primero fuese todavía más arduo. La matemática ya es de por sí lo bastante difícil cuando se tiene acceso a educación, libros y tiempo para pensar. Es casi imposible cuando se tiene que luchar por conseguir cualquiera de esas cosas. Pese a estos obstáculos, unas pocas mujeres matemáticas lograron saltar las barreras y abrir un camino que otros seguirían. Aun hoy, las mujeres se encuentran subrepresentadas en las matemáticas y en la ciencia, pero ya no es socialmente aceptable atribuir esas diferencias a incapacidad o mentalidad, como varios hombres prominentes han descubierto para su consternación. No hay el menor indicio que apoye esa idea.

Es tentador buscar explicaciones neurológicas del talento matemático sobresaliente. En los primeros días de la frenología, Franz Gall propuso que las habilidades importantes se encuentran asociadas a regiones concretas del cerebro y pueden evaluarse con mediciones de la forma del cráneo. Si uno es bueno en las matemáticas, debe tener un bulto matemático. La frenología se considera hoy una pseudociencia, aunque sí hay regiones específicas del cerebro que desempeñan papeles significativos. La actual obsesión con la genética y el ADN hace que resulte natural preguntarse si existe un «gen de la matemática». Es difícil entender por qué habría de ser así, cuando las matemáticas se remontan a apenas unos pocos miles de años, por lo que la evolución no ha tenido manera de seleccionar a favor de una especial capacidad para las matemáticas, del mismo modo que no ha tenido tiempo de seleccionar una especial habilidad para pilotar un avión de caza. Cabe pensar que el talento matemático saca partido de otros atributos más relacionados con la supervivencia: visión aguda, buena memoria, habilidad para saltar entre árboles. A veces las matemáticas parece que corran en las familias (los Bernoulli), pero por lo general no es así, e incluso cuando parece correr por la sangre, las influencias son más culturales que naturales: un tío matemático, cálculo en el papel de pared. Hasta los genetistas se van haciendo a la idea de que el ADN no lo es todo.

Los pioneros de las matemáticas comparten, no obstante, algunas generalidades. Son originales, imaginativos y heterodoxos. Buscan pautas y les encanta resolver problemas difíciles. Ponen mucha atención a los detalles lógicos, pero al mismo tiempo se permiten a veces grandes saltos de lógica que les permiten convencerse de que cierta línea de ataque merece el esfuerzo aunque nada la justifique. Poseen una enorme capacidad de concentración, aunque, como advertía Poincaré, no deberían ser obsesivos hasta el punto de golpearse la cabeza contra un muro. Tienen que darle tiempo a su mente subconsciente para que le dé vueltas a las ideas. A menudo gozan de excelente memoria, pero no siempre (Hilbert, por ejemplo).

Pueden ser veloces en el cálculo, como Gauss. En una ocasión Euler dirimió una disputa entre otros dos matemáticos sobre el quinto decimal de la suma de una complicada serie haciendo las cuentas «de memoria». No obstante, pueden ser malísimos en la aritmética sin que ello les suponga una desventaja obvia. (La mayoría de las personas que hacen cálculos muy veloces son inútiles en cualquier cosa que vaya más allá de la aritmética; Gauss, como siempre, era una excepción.) Tienen una gran capacidad para absorber grandes cantidades de investigaciones previas, destilar su esencia y hacerla suya, pero también pueden hacer caso omiso a los caminos convencionales. Christopher Zeeman solía decir que era un error revisar la literatura de investigación antes de abordar un problema, porque hacerlo introduce a la mente en los mismos surcos en los que otros han quedado atrapados. Al principio de su carrera, el topólogo Stephen Smale resolvió lo que todo el mundo creía que era un problema imposible porque nadie le había dicho que fuese difícil.

Casi todos los matemáticos gozan de una fuerte intuición, ya sea formal, ya visual, y con esto último me refiero a las áreas visuales del cerebro, no a la vista: la productividad de Euler aumentó después de quedarse ciego. En *The Psychology of Invention in the Mathematical Field* (*La psicología de la invención en el campo de las matemáticas*), Jacques Hadamard le preguntó a varios matemáticos destacados si pensaban en los problemas de investigación simbólicamente o con algún tipo de imagen mental. Por ejemplo, la imagen mental de Hadamard para la demostración de Euclides de que hay infinitos primos no involucraba fórmulas algebraicas, sino una masa confusa que representaba los primos conocidos y un punto alejado de esa masa que representaba un nuevo primo. Las imágenes metafóricas eran comunes, los diagramas formales, como los de Euclides, raros.

La tendencia a invocar imágenes visuales (y táctiles) ya es evidente en el *Álgebra* de Al-Juarismi, cuyo título hace referencia al «equilibrio». La imagen invocada la suelen usar aún hoy los profesores. Los dos lados de una ecuación se ven como colecciones de objetos colocados sobre los platillos correspondientes de una balanza, que tienen que quedar en equilibrio. Las operaciones algebraicas se realizan entonces del mismo modo en ambos lados para garantizar que la balanza se mantenga en equilibrio. Al final, acabamos con la incógnita en uno de los platillos y un número en el otro: la respuesta. Al resolver ecuaciones, los matemáticos a menudo se imaginan los símbolos moviéndose de un lado a otro. (Por eso todavía prefieren tiza y pizarra: borrar por un lado y escribir por otro consigue un efecto parecido.) Más obvio aún es el pensamiento geométrico en el *Álgebra* de Al-Juarismi, con su diagrama del proceso de completar el cuadrado para resolver una ecuación cuadrática. Según una leyenda, un matemático dio toda una clase muy técnica sobre geometría algebraica dibujando únicamente un punto en la pizarra para representar un «punto genérico». Hacía referencia a él con frecuencia, y gracias a ello la conferencia cobraba más sentido. Por todo el mundo hay pizarras, negras o blancas, por no hablar de servilletas y manteles, repletos de revoltijos de símbolos esotéricos y multitud de garabatos pequeños y raros. Los garabatos pueden representar desde una variedad decadimensional hasta un cuerpo algebraico de números.

Hadamard estimó que alrededor del 90 % de los matemáticos piensan visualmente y un 10 % lo hacen formalmente. Sé de al menos un topólogo prominente que tiene dificultades para visualizar formas tridimensionales. No existe una «mente matemática» universal, una talla que sirva para todos. La mayoría de las mentes matemáticas no avanzan siguiendo una secuencia ordenada de pasos lógicos; eso solo lo hacen las demostraciones depuradas de sus resultados. Por lo general, el primer paso consiste en dar con la idea correcta, a menudo razonando de una forma un tanto vaga sobre cuestiones estructurales, lo cual los conduce a algún tipo de visión estratégica; entonces buscan una táctica para implementarla y solo al final vuelven a escribirlo todo en términos formales para presentar una historia limpia y lógica (lo que, en palabras de Gauss, era retirar el andamiaje). En la práctica, la mayoría de los matemáticos alternan entre estas dos maneras de pensar, recurriendo a imágenes cuando no está claro cómo proceder, o cuando buscan una visión de conjunto sencilla, pero recurriendo en cambio a los cálculos simbólicos cuando saben qué hacer, pero no están seguros de adónde los llevará. Algunos, sin embargo, siguen adelante de cualquier modo, usando solo símbolos.

Una elevada capacidad para las matemáticas no se correlaciona fuertemente con ninguna otra cosa. Da la impresión de aparecer al azar. Algunos, como Gauss, la «consiguen» con solo tres años de edad. Otros, entre ellos Newton, malgastan su niñez y florecen más tarde. A los niños suelen gustarles los números, las formas y los patrones, pero muchos pierden el interés a medida que crecen. A la mayoría nos pueden enseñar matemáticas hasta el nivel de bachillerato, pero son pocos los que van más lejos. Algunos nunca se hacen con ellas. Muchos matemáticos profesionales tienen la fuerte impresión de que, por lo que respecta a la capacidad para las matemáticas, no todos nacemos iguales. Cuando uno pasa la vida con la impresión de que las matemáticas escolares son fáciles y evidentes, mientras que otros tienen dificultades con los elementos más básicos, sin duda parece que sea así. Cuando algunos de tus estudiantes quedan perplejos ante los conceptos más simples mientras otros los captan al instante, esa impresión se ve reforzada.

Pero quizá todas esas pruebas anecdóticas sean erróneas. Así lo creen muchos psicólogos de la educación. En la psicología ha estado en boga la concepción de la mente del niño como una «tabla rasa». Cualquiera puede hacer cualquier cosa; tan solo se requiere formación y mucha práctica. Si uno lo desea de verdad, lo conseguirá. (Que no lo consiga solo demuestra que no lo deseaba lo bastante... un bonito razonamiento circular muy popular entre los comentaristas de deportes.) Sería maravilloso que eso fuese cierto, pero Steven Pinker echó por tierra esta esperanza políticamente correcta en *La tabla rasa*. Además, muchos educadores detectan una discapacidad, la discalculia, que dificulta el aprendizaje de las matemáticas de modo parecido a como la dislexia dificulta la lectura y la escritura. No creo que puedan mantenerse las dos posiciones al mismo tiempo.

Físicamente, no todos nacemos iguales. Pero por alguna razón, mucha gente parece imaginar, o quiere imaginar, que mentalmente sí nacemos iguales. Eso no tiene sentido. La estructura del cerebro afecta a las capacidades mentales del mismo modo que la estructura del cuerpo afecta a las físicas. Algunas personas tienen una memoria eidética que les permite recordarlo todo con sumo detalle. No parece plausible imaginar que a cualquiera se le pueda enseñar a tener una memoria eidética por medio de la formación y el entrenamiento. La hipótesis de la tabla rasa se justifica a menudo señalando que casi todas las personas que tienen un gran éxito en alguna área de la actividad humana la practican mucho. Eso es cierto, pero no implica que cualquiera que practique mucho en cualquier área de la actividad humana haya de tener éxito. Como bien sabían Aristóteles y Boole, «A implica B» no es lo mismo que «B implica A».

Antes de que nadie se enfade, no defiendo que no se intente enseñar matemáticas, o cualquier otra cosa, a quien sea. Casi todos mejoramos con una buena enseñanza y con abundante práctica, sea cual sea la actividad. Por eso la educación merece el esfuerzo. George Pólya reveló algunos trucos útiles en *How to Solve It* (*Cómo plantear y resolver problemas*). Se trata un poco de uno de esos libros al estilo de «cómo tener una memoria superpotente» que nos enseña técnicas que nos ayudan a recordar cosas, solo que dirigido a la resolución de problemas matemáticos. Sin embargo, las personas con memoria eidética no utilizan trucos mnemónicos. Lo que intentan recordar está «ahí» en el momento en que lo necesitan. De modo parecido, aunque uno llegue a dominar todos los trucos de Pólya, no por eso podrá convertirse en un nuevo Gauss, por mucho esfuerzo que ponga en ello. Los Gauss de este mundo no necesitan que nadie les enseñe ningún truco especial. Ellos mismos se inventaron los suyos en la cuna.

En términos generales, la gente no logra el éxito dejándose la piel en algo que realmente no le interesa. Practican mucho porque incluso el talento natural requiere de mucho ejercicio para mantenerlo en forma, porque hay que seguir practicando para conservar el talento, pero sobre todo porque eso es lo que realmente quieren hacer. Incluso cuando es difícil o aburrido, por alguna curiosa razón siguen disfrutando. Solo se puede evitar que haga matemáticas quien ha nacido para las matemáticas encerrándolo, y aun entonces garabateará ecuaciones en las paredes. Y ese es, en definitiva, el hilo común que corre por todas mis mentes maravillosas. Les encantan las matemáticas. Están obsesionadas con ellas. «No pueden hacer otra cosa.» Renuncian a profesiones más rentables, desoyen los consejos de sus familias, siguen adelante incluso cuando muchos de sus propios colegas los tienen por locos, y están dispuestos a morir sin premios ni reconocimientos. Enseñan durante años sin cobrar, solo por meter un pie en la puerta. Las mentes maravillosas lo son porque están enormemente motivadas.

¿Qué hace que sean así?

Es un misterio.

Notas

1. Para referirme a un libro o artículo originalmente en latín o en una lengua europea, suelo utilizar la traducción inglesa del título [la castellana en esta traducción], salvo cuando los historiadores tengan por costumbre usar una forma abreviada del original. La primera vez que aparece una de estas obras, doy el título original con una traducción, salvo que esta sea evidente. Los títulos de antiguos textos chinos, árabes o indios se presentan transliterados y a menudo abreviados, y por lo general acompañados de una traducción.
2. George Gheverghese Joseph. *The Crest of the Peacock*, I.B. Tauris, 1991.
3. Alexandre Koyré, «An unpublished letter of Robert Hooke to Isaac Newton», *Isis*, 43 (1952), pp. 312-337.
4. La Royal Society de Londres planeaba conmemorar el tricentenario de Newton en 1942, pero la segunda guerra mundial hizo que las celebraciones hubieran de posponerse hasta 1946. Keynes había escrito la conferencia «Newton, el hombre», pero falleció antes de que se celebrara el evento. Su hermano Geoffrey leyó la conferencia en su lugar.
5. Richard Aldington, *Frederick II of Prussia, Letters of Voltaire and Frederick the Great*, Carta H7434, 25 de enero de 1778, Brentano's, 1927.
6. Para ser más precisos, el polinomio también tiene que ser irreducible, es decir, no ser el producto de dos polinomios de grado inferior con coeficientes enteros. Si n es primo, entonces $x^{n-1} + x^{n-2} + ... + x + 1$ siempre es irreducible.
7. Beocia es una región del centro de Grecia. En la época clásica, los atenienses describían a los beocios como lerdos y poco inteligentes, y el nombre se convirtió en referencia proverbial a la simpleza y la estupidez.
8. Tony Rothman, «Genius and biographers: the fictionalization of Évariste Galois», *American Mathematical Monthly*, 89 (1982), pp. 84-106.

9. En el inglés británico se suele usar la ortografía americana (*program*) para distinguir un programa informático de cualquier otro tipo de programa (*programme*, en inglés británico), y es la ortografía estándar en esta industria.

10. June Barrow-Greeb, *Poincaré and the Three Body Problem*, American Mathematical Society, Providence, 1997.

11. La fórmula magistral de Ramanujan dice que si

$$f(x)=\sum_{k=0}^{\infty}\frac{\varphi(k)}{k!}(-x)^k$$

es una función de valores complejos, entonces

$$\int_0^{\infty} x^{s-1} f(x)dx=\Gamma(s)\varphi(-s)$$

donde $\Gamma(s)$ es la función gamma de Euler.

12. Andrew Economou, Atsushi Ohazama, Thantrira Porntaveetus, Paul Sharpe, Shigeru Kondo, Albert Basson, Amel Gritli-Linde, Martyn Cobourne, y Jeremy Green, «Periodic stripe formation by a Turing mechanism operating at growth zones in the mammalian palate», *Nature Genetics* (2012); DOI: 10.1038/ng.1090.

13. Benoit Mandelbrot, *A Maverick's Apprenticeship*, The Wolf Prizes for Physics, Imperial College Press, 2002.

14. Véase la nota anterior.

15. Benoit Mandelbrot, *Information theory and psycholinguistics*, en R. C. Oldfield y J.C. Marchall (eds.), Language, Penguin Books, 1968.

16. Véase nota 13.

17. Sea $c = x + iy$ un número complejo. Comenzamos con $z_0 = 0$ e iteramos la función $z^2 + c$, obteniendo

$$z_1 = (z_0{}^2 + c)$$

$$z_2 = (z_1{}^2 + c)$$

$$\mathrm{z}_3 = (\mathrm{z}_2{}^2 + \mathrm{c})$$

y así sucesivamente. Entonces c está dentro del conjunto de Mandelbrot si y solo si todos los puntos z_n están en alguna región finita del plano complejo, es decir, si la sucesión de iteración está acotada.

18. https://www.youtube.com/watch?v=wO61D9x6lNY.

Lecturas adicionales

Lecturas generales

Eric Temple Bell, *Men of Mathematics*, Simon and Schuster, 1986. (Primera edición, 1937.)

Carl Benjamin Boyer, *A History of Mathematics*, Wiley, 1991 (hay trad. cast.: *Historia de la matemática*, Alianza, Madrid, 2016).

Morris Kline, *Mathematical Thought from Ancient to Modern Times*, Oxford University Press, 1972 (hay trad. cast.: *El pensamiento matemático de la Antigüedad a nuestros días*, Alianza, Madrid, 2012).

MacTutor History of Mathematics archive: http://www-groups.dcs.st-and.ac.uk/~history/

Wikipedia: https://en.wikipedia.org/wiki/Main_Page

Capítulo 1. Arquímedes

Eduard Jan Dijksterhuis, *Archimedes*, Princeton University Press, 1987.

Mary Gow, *Archimedes: Mathematical Genius of the Ancient World*, Enslow, 2005.

Thomas L. Heath, *The Works of Archimedes* (reimpresión), Dover, 1897.

Reviel Netz y William Noel, *The Archimedes Codex*, Orion, 2007 (hay trad. cast.: *El código de Arquímedes*, Temas de Hoy, Madrid, 2007).

Capítulo 2. Liu Hui

George Gheverghese Joseph, *The Crest of the Peacock*, I. B. Tauris, 1991 (hay trad. cast.: *La cresta del pavo real*, Pirámide, Madrid, 1996).

Capítulo 3. Muhamad al-Juarismi

Ali Abdullah al-Daffa. *The Muslim Contribution to Mathematics*, Croom Helm, 1977.

George Gheverghese Joseph, *The Crest of the Peacock*, I. B. Tauris, 1991 (hay trad. cast.: *La cresta del pavo real*, Pirámide, Madrid, 1996).

Roshdi Rashed, *Al-Khwarizmi: The Beginnings of Algebra*, Saqi Books, 2009.

Capítulo 4. Madhava de Sangamagrama

George Gheverghese Joseph, *The Crest of the Peacock*, I. B. Tauris, 1991 (hay trad. cast.: *La cresta del pavo real*, Pirámide, Madrid, 1996).

Capítulo 5. Girolamo Cardano

Girolamo Cardano, *The Book of My Life*, NYRB Classics 2002. (Publicado originalmente en 1576.) (Hay trad. cast.: *Mi vida*, Alianza, Madrid, 1991.)

Girolamo Cardano, *The Rule of Algebra (Ars Magna)* (reimpresión), Dover, 2007. (Publicado originalmente en 1545.)

Capítulo 6. Pierre de Fermat

Michael Sean Mahone, *The Mathematical Career of Pierre de Fermat, 1601–1665* (segunda edición), Princeton University Press, 1994.

Simon Singh, *Fermat's Last Theorem – The Story of a Riddle that Confounded the World's Greatest Minds for 358 Years* (segunda edición), Fourth Estate, 2002 (hay trad. cast.: *El enigma de Fermat: la historia de un teorema que intrigó durante más de trescientos años a los mejores cerebros del mundo*, Ariel, Barcelona, 2015).

Capítulo 7. Isaac Newton

Richard S. Westfall, *The Life of Isaac Newton*, Cambridge University Press, 1994 (hay trad. cast.: *Isaac Newton: una vida*, Cambridge University Press, 2001).

Richard S. Westfall, *Never at Rest*, Cambridge University Press, 1980.

Michael White, *Isaac Newton: The Last Sorcerer*, Fourth Estate, 1997.

Capítulo 8. Leonhard Euler

Ronald S. Calinger, *Leonhard Euler – Mathematical Genius in the Enlightenment*, Princeton University Press, 2015.

William Dunham, *Euler – The Master of Us All*, Mathematical Association of America, 1999 (hay trad. cast.: *Euler, el maestro de todos los matemáticos*, Nivola, Madrid, 2000).

Capítulo 9. Joseph Fourier

Ivor Grattan-Guinness, *Joseph Fourier 1768–1830*, MIT Press, 1972.

John Hervel, *Joseph Fourier – the Man and the Physicist*, Oxford University Press, 1975.

Capítulo 10. Carl Friedrich Gauss

Walter K. Bühler, *Gauss – A Biographical Study*, Springer 1981.

G. Waldo Dunnington, Jeremy Gray y Fritz-Egbert Dohse, *Carl Friedrich Gauss: Titan of Science*, Mathematical Association of America, 2004.

M. B. W. Tent, *The Prince of Mathematics – Carl Friedrich Gauss*, A.K. Peters / CRC Press, 2008.

Capítulo 11. Nikolái Ivánovich Lobachevsky

Athanase Papadopoulos (coordinador), *Nikolai I. Lobachevsky, Pangeometry*, European Mathematical Society, 2010.

Capítulo 12. Évariste Galois

Laura Toti Rigatelli, *Évariste Galois 1811–1832* (*Vita Mathematica*), Springer, 2013.

Capítulo 13. Augusta Ada King

Malcolm Elwin, *Lord Byron's Family: Annabella, Ada and Augusta, 1816–1824*, John Murray, 1975.

James Essinger, *Ada's Algorithm – How Lord Byron's Daughter Ada Lovelace Launched the Digital Age*, Gibson Square Books, 2013 (hay trad. cast.: *El algoritmo de Ada: la vida de Ada Lovelace, hija de Lord Byron y pionera de la era de la informática*, Alba, Barcelona, 2015).

Anthony Hyman, *Charles Babbage – Pioneer of the Computer*, Oxford University Press, 1984.

Sydney Padua, *The Thrilling Adventures of Lovelace and Babbage – The (Mostly) True Story of the First Computer*, Penguin, 2016 (hay trad. cast.: *Las emocionantes aventuras de Lovelace y Babbage*, UOC, Barcelona, 2016).

Capítulo 14. George Boole

Desmond MacHale, *The Life and Work of George Boole* (segunda edición), Cork University Press, 2014.

Gerry Kennedy, *The Booles and the Hintons: Two Dynasties That Helped Shape the Modern World*, Atrium, 2016.

Paul J. Nahin, *The Logician and the Engineer: How George Boole and Claude Shannon Created the Information Age*, Princeton University Press, 2012.

Capítulo 15. Bernhard Riemann

John Derbyshire, *Prime Obsession: Bernhard Riemann and the Greatest Unsolved Problem in Mathematics*, Plume Books, 2004.

Marcus Du Sautoy, *The Music of the Primes: Why an Unsolved Problem in Mathematics Matters* (segunda edición), HarperPerennial, 2004 (hay trad. cast.: *La música de los números primos: el enigma de un problema matemático abierto*, Acantilado, Barcelona, 2013).

Capítulo 16. Georg Cantor

Amir D. Aczel, *The Mystery of the Aleph: Mathematics, the Kabbalah, and the Search for Infinity*, Four Walls Eight Windows, 2000.

Joseph Warren Dauben, *Georg Cantor: His Mathematics and Philosophy of the Infinite* (segunda edición), Princeton University Press, 1990.

Capítulo 17. Sofia Kovalévskaia

Ann Hibner Koblitz, *A Convergence of Lives – Sofia Kovalevskaia: Scientist, Writer, Revolutionary*, Birkhäuser, 1983.

Capítulo 18. Henri Poincaré

Jean-Marc Ginoux y Christian Gerini, *Henri Poincaré: A Biography Through the Daily Papers*, WSPC, 2013.

Jeremy Gray, *Henri Poincaré, A Scientific Biography*, Princeton University Press, 2012.

Jacques Hadamard, *The Psychology of Invention in the Mathematical Field*, Princeton University Press, 1945 (reimpresión: Dover, 1954).

Ferdinand Verhulst, *Henri Poincaré*, Springer, 2012.

Capítulo 19. David Hilbert

Constance Reid, *Hilbert*, Springer, 1970.

Ben Yandell, *The Honors Class: Hilbert's Problems and Their Solvers* (segunda edición), A.K. Peters / CRC Press, 2003.

Capítulo 20. Emmy Noether

Auguste Dick, *Emmy Noether: 1882–1935*, Birkhäuser, 1981.

M. B. W. Tent, *Emmy Noether: The Mother of Modern Algebra*, A.K. Peters / CRC Press, 2008.

Capítulo 21. Srinivasa Ramanujan

Bruce C. Berndt y Robert A. Rankin, *Ramanujan: Letters and Commentary*, American Mathematical Society, 1995.

Robert Kanigel, *The Man Who Knew Infinity – A Life of the Genius Ramanujan*, Scribner's, 1991.

S. R. Ranganathan, *Ramanujan; The Man and the Mathematician* (reimpresión), Ess Ess Publications, 2009.

Capítulo 22. Kurt Gödel

Gabriella Crocco y Eva-Maria Engelen, *Kurt Gödel, Philosopher-Scientist*, Publications de l'Université de Provence, 2016.

John Dawson, *Logical Dilemmas: The Life and Work of Kurt Gödel*, A.K. Peters / CRC Press, 1996.

Capítulo 23. Alan Turing

Andrew Hodges, *Alan Turing: The Enigma*, Burnett Books, 1983.

Michael Smith, *The Secrets of Station X: How the Bletchley Park Codebreakers Helped Win the War*, Biteback Publishing, 2011.

Dermot Turing, *Prof: Alan Turing Decoded*, The History Press, 2016.

Capítulo 24. Benoit Mandelbrot

Michael Frame y Nathan Cohen (coords.), *Benoit Mandelbrot: A Life in Many Dimensions*, World Scientific, Singapore, 2015.

Benoit Mandelbrot, *The Fractalist: Memoir of a Scientific Maverick*, Vintage, 2014.

Capítulo 25. William Thurston

David Gabai y Steve Kerckhoff (coords.), «William P. Thurston, 1946-2012», *Notices of the American Mathematical Society*, 62 (2015), pp. 1318-1332; 63 (2016) pp. 31-41.

Índice alfabético

Índice